自動控制

黃育賢　博士　校閱

蔡瑞昌、陳 維、林忠火　編著

全華圖書股份有限公司

序

　　本書出版至今，歷經多次改版，目前已是第七版了。承蒙學校授課老師的採用，為教科書與自修讀者的參考閱讀，提供予作者群很多寶貴的意見，才能夠讓書本的內容能夠更加的充實與嚴謹。總希望可以做到深入淺出，言簡意賅的境界。雖然作者群在文字表達方面可能還有許多詞不達意、疏漏之處，但總是一個自我期許的目標。因此，誠摯的期盼授課老師與讀者不吝提供改進意見，使得書本的內容能夠朝向精緻與完美的境界。

　　第七版已依據學校授課教師的建議，將書本第七章(狀態變數模型與分析)、第八章(控制系統的設計與補償)的完整內容收錄於附書光碟，在紙本中僅附上簡要說明，期盼讀者能夠對其單元有初步的認知，詳細內容請詳閱附書光碟。另在書本適當位置增加 小櫥窗 的簡短文句，以較口語化方式來說明介紹與該單元有關的知識或想法，目的就是希望在較艱澀無味的數理推導論述中，注入一段清涼音，希望能有助於讀者的學習。本書七版修訂承蒙全華圖書楊素華副理、李文菁小姐大力的協助，方得以順利付梓，作者群敬致謝忱。

作者群　謹識

編輯部序

　　「系統編輯」是我們的編輯方針，我們所提供給您的，絕不只是一本書，而是關於這門學問的所有知識，它們由淺入深，循序漸進。

　　本書循序漸進，以條列方式編撰，易使讀者閱讀及掌握重點。本書內容包括控制系統簡介、數學基礎、物理模型、數學模式推導、穩定度分析、時域分析、頻域分析、動態行為分析、控制系統的設計與補償等。本書適合電機工程等科系修習有關「自動控制」、「控制系統」等課程教學使用。

　　同時，為了使您能有系統且循序漸進研習相關方面的叢書，我們以流程圖方式，列出各有關圖書的閱讀順序，以減少您研習此門學問的摸索時間，並能對這門學問有完整的知識。若您在這方面有任何問題，歡迎來函連繫，我們將竭誠為您服務。

相關叢書介紹

書號：05803037
書名：FX2/FX2N 可程式控制器程式
　　　設計與實務(第四版)
　　　(附範例光碟)
編著：陳正義
16K/480 頁/480 元

書號：06085037
書名：可程式控制器 PLC(含機電整合
　　　實務)(第四版)(附範例光碟)
編著：石文傑.林家名.江宗霖
16K/312 頁/400 元

書號：05919047
書名：MATLAB 程式設計實務
　　　(第五版)(附範例光碟)
編著：莊鎮嘉.鄭錦聰
16K/832 頁/750 元

書號：059240C7
書名：PLC原理與應用實務(第十二版)
　　　(附範例光碟)
編著：宓哲民.王文義.陳文耀.陳文軒
16K/664 頁/660 元

書號：06351017
書名：自動化概論－PLC 與機電整合
　　　丙級術科試題(第二版)
　　　(附範例光碟)
編著：蘇嘉祥.宓哲民
16K/392 頁/420 元

書號：06466007
書名：可程式控制快速進階篇
　　　(含乙級機電整合術科解析)
　　　(附範例光碟)
編著：林文山
16K/360 頁/390 元

◎上列書價若有變動，請以
　最新定價為準。

流程圖

書號：0641801
書名：電路學概論(第二版)
編著：賴柏洲

書號：0301303
書名：自動控制(第四版)
編著：劉柄麟.蔡春益

書號：06085037
書名：可程式控制器 PLC
　　　(含機電整合實務)
　　　(第四版)(附範例光碟)
編著：石文傑.林家名.
　　　江宗霖

書號：02320
書名：電路學(第四版)
編譯：湯君浩

書號：03754067
書名：自動控制(第七版)
　　　(附部分內容光碟)
編著：蔡瑞昌.陳維.林忠火

書號：06182037
書名：可程式控制與設計
　　　(FX3U)(第四版)
　　　(附範例光碟)
編著：楊進成

書號：0626801
書名：工程數學(第二版)
編著：張元翔

書號：03238077
書名：控制系統設計與模擬
　　　－使用 MATLAB/
　　　SIMULINK(第八版)
　　　(附範例光碟)
編著：李宜達

書號：06466007
書名：可程式控制快速
　　　進階篇(含乙級機電
　　　整合術科解析)
　　　(附範例光碟)
編著：林文山

CONTENTS

目　錄

※下列第 7 章與第 8 章之完整內容請參考附書光碟

參考書目　　　　　　　　　　　　　　　　　　　　　**參-1**

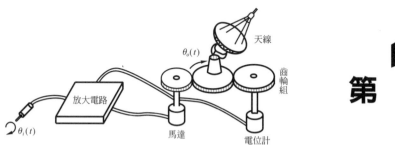

天線

$\theta_o(t)$

齒輪組

放大電路

$\theta_i(t)$

馬達

電位計

控制系統概論

1-1 前 言

一、工商業界推動自動化，可節省人力及時間，提高產品的質與量，降低生產成本，提高競爭力。而自動化的範圍可以概分為

1. 生產自動化

    指將生產作業及各項轉換流程予以自動化。譬如在自動搬運及自動倉儲系統中的微電腦及相關軟體負責硬體的控制、氣壓及油壓設備負責傳動、光電元件負責感測，再將命令施加於工具機，以達到生產自動化。

2. 程序自動化

    指應用在化工、煉油、製糖、鋼鐵、肥料等程序工業的自動化者，可稱之為程序自動化。

3. 業務自動化

    藉由電腦技術、系統科學、通訊科技與事務設備的配合以達成自動化的需求。現今網際網路的蓬勃發展、衛星通訊技術的進步，使得資訊的傳遞溝通已達無遠弗屆的境地。再配合電腦資訊系統等的發展，使得辦公室或工廠的自動化得以精進，對於效率的提昇頗有助益。

二、自動化與自動控制的關係

    自動化是將系統的操作方式改進成自動的方式。自動控制則是為了達成自動化的目標所發展出來的技術。

三、自動控制理論的發展

1. 自動控制系統的創始者係James Watt在1770年發明的離心式飛球調速機，其控制機構如圖1-1所示，其為典型的比例自動控制設備，主要是利用飛球調速器來控制進入引擎的蒸氣流量，當引擎的速度太快時，飛球調速器所連接的機構可使進入引擎的蒸氣流量減少，反之使蒸氣流量增加。當系統達到穩定狀態時，飛球的離心力與彈簧力達到平衡，此時流量控制閥的閥門開度正好可維持引擎所需的轉速。

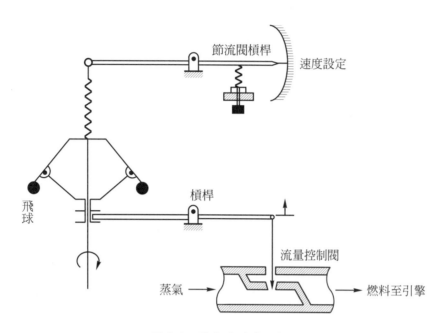

圖 1-1　離心式飛球調速機

　　利用自動控制(有回授)可以提高系統的工作精確度,但其有可能因為設計的不良而使系統在預定的工作點上振盪,造成系統的不穩定。

2.　控制理論的沿革

　(1)　1940 年以前

　　　　自動控制的理論尚未發展成熟,大多以試誤法來設計控制系統。

　(2)　古典控制理論(classical control theory)

　　　　一般是指在 1955 年以前所發展出來的控制系統的分析與設計的理論,其主要係針對單輸入單輸出(SISO)線性非時變系統為討論的對象。利用時域分析法或頻域分析法來進行系統的特性研究。而其中又以頻域分析的作圖方式(如波德圖、尼可士圖等)來表示系統的特性,並藉以改良或設計系統的方法較為便捷。

　(3)　近代控制理論(modern control theory)

　　　　係以狀態方程式在時域中的分析與設計為主,其可藉由電腦輔助設計來改善系統的性能。近代控制可以處理多輸入多輸出(MIMO)系統與非線性時變系統的問題,其所發展出來的理論有最佳控制(optimal control)、適應控制(adaptive control)等。

(4)　後近代控制理論(post modern control theory)

在 1980 年後所發展出來的控制理論，如強健性控制(robust control)、模糊控制(fuzzy control)等理論。

四、控制系統的三大性能要求：穩、快、準。

1.　穩：要求系統為穩定的。

2.　快：要求系統在時域反應上要快速。

3.　準：要求系統在達到穩態時的結果要準確。

1-2　控制系統的表示法

一、控制

　　　　凡能依照所下達的命令，適當的操作或調整某些參數，而可達成所需要的目的或物理狀態者稱之。

二、系統

　　　　由一群元件裝置組合而成，以達到某特定之功能者稱之。

三、控制系統的實例

　1.　定性控制

　　　　圖 1-2 所示為電熱器的定性控制，其動作情形說明如后：

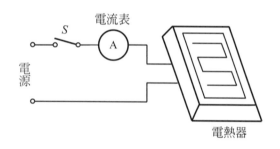

圖 1-2　電熱器的定性控制

　(1)　控制變數：流經電熱器的電流
　(2)　狀態：電熱器是否有電流通過
　(3)　控制命令：設定控制變數所處的狀態
　(4)　受控系統所控制的裝置，如電熱器
　(5)　當開關S切入與否，只可決定電熱器通電或斷電的狀態，此種的控制命令是屬於定性的，因其無法改變流入電熱器的電流，故無法控制其所產生的熱功率。
　(6)　凡只能決定受控對象的物理量狀態為有或無者，皆可稱之為「定性控制」。

　2.　定量控制

　　　　圖 1-3 所示為電熱器的定量控制，其動作情形說明如后：

(1) 可藉由調變與自耦變壓器的接點來連續調整流經電熱器的電流，使電熱器內的溫度保持在設定值，此種控制屬於定量的。

(2) 凡能連續性的調整控制對象，使物理量狀態做大小的變化，稱之為「定量控制」。

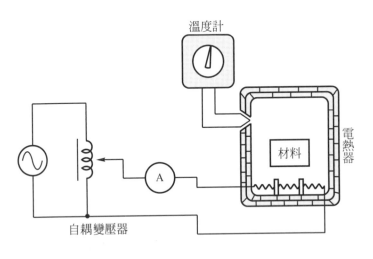

圖 1-3　電熱器的定量控制

3. 手動控制

　　圖1-4所示為電熱器的手動控制，其動作原理為：控制的操作者是經由人的感覺器官(如眼、耳、鼻、手等)及大腦的判斷，再藉由人的手加以控制者，稱為「手動控制」。

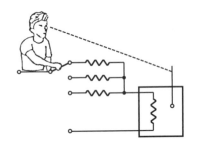

圖 1-4　電熱器的手動控制

4. 自動控制

　　圖1-5所示為電熱器的自動控制，控制對象本身及其附屬裝置，若能自動依控制命令，使其物理量之狀態達到目標者，稱之為「自動控制」。

註：定性控制的自動化稱為「順序控制」。

　　定量控制的自動化稱為「回授控制」。

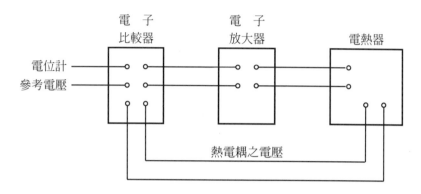

圖 1-5　電熱器的自動控制

四、一般控制系統的表示係以方塊圖(block diagram)為之。典型的方塊圖如圖 1-6 所示：

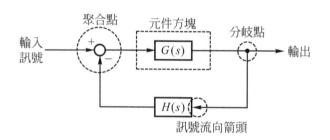

圖 1-6　典型的控制系統方塊圖

方塊圖係由四個部份所組成，其分別為

1.　聚合點(summing point)

　　　代表訊號在該點做相加或相減的運算。

2.　分岐點(branch point)

　　　代表訊號在該點分別向不同的方向傳送。

3.　元件方塊(element block)

　　　代表元件的輸入與輸出的關係。

4.　訊號流向箭頭

　　　代表訊號的流動方向。

　　註：詳細說明請參閱 3-4 節「控制系統的方塊圖」。

五、回授控制系統的方塊圖

圖1-7所示為回授控制系統的方塊圖,其常用的術語說明如后:

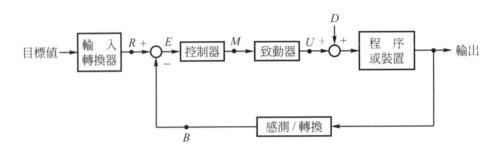

圖1-7 回授控制系統的方塊圖

1. 目標值(指令或期望值)

加入系統的指令,亦即欲控制的物理量之期望值。

2. 輸入轉換器:

將目標值轉換成與回授訊號B之型式相同的訊號,如此方能與回授信號進行加減的運算。

3. 參考輸入(reference input)R

目標值經輸入轉換器作用後所得到的訊號。

4. 誤差訊號(error signal)E

參考輸入訊號與經由感測/轉換作用所得到之回授訊號,二者之間的差值。

5. 控制器(controller)

將誤差訊號轉換成控制本系統所需的操作量M。

6. 致動器(actuator)

系統在接收到操作量M後會產生一物理量U,使得程序(受控設備)產生動作。

7. 程序(process)(裝置或受控設備)

受致動器所動作的部份。

8. 感測/轉換

量測輸出(受控變數),並轉換成適當的訊號B(與R的型式相同),以便能與參考輸入R相比較。

9.　干擾(disturbance)D

　　會導致系統輸出產生不正常的訊號。干擾可能來自系統的外部，例如：在溫控系統中，其周圍環境的溫度突然產生變動(溫升或溫降)的情形。干擾也有可能來自系統的內部，例如：存在於機械系統的摩擦阻力等。

小櫥窗

電冰箱的恆溫控制就是一個簡單的負回授系統

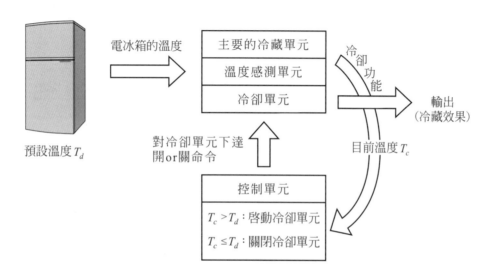

　　電冰箱中的溫度感測單元會擷取主要的冷藏單元中的溫度取樣值(樣本)(輸出訊息)，並送回控制單元做處理；透過控制單元中的邏輯處理(如:機械式邏輯機制 or 電子式邏輯機制)來決定所要採取的動作。這個動作係依控制單元送給冷卻單元的訊號所影響，可以是啟動或關閉冷卻單元(馬達)。

　　控制單元藉由這種方式可以監控電冰箱目前的溫度，並將其與參考值做比較。這種依據反向差值來維持系統平衡的方式即為「負回授」。

1-3　控制系統的分類

一、控制系統可依訊號有無回授、訊號性質、輸出物理量、回授訊號的種類、系統
　　參數、系統設計方式等做區分。

二、依訊號是否回授做區分

　　1.　開迴路控制系統(open loop control system)

　　　(1)　一個控制系統的輸出訊號不會對控制動作產生影響，即無回授訊號者，稱之
　　　　　為開迴路控制系統，如圖 1-8 所示。

參考輸入　R → 輸入轉換器 → 控制器 → 致動訊號 M → 受控設備 → 輸出訊號 Y

圖 1-8　開迴路控制系統方塊圖

　　　(2)　開迴路控制系統實例－如圖 1-9 所示的電鍋煮飯方塊圖。

手動開關 (輸入訊號) → 雙金屬片開關 (控制器) → 通入電流 (致動訊號) → 電熱絲 (受控設備) → 熱能 (輸出訊號)

圖 1-9　開迴路控制－電鍋煮飯方塊圖

　　　　①　電鍋煮飯會因米質關係(吸水性等)或鍋內加水量之多寡等因素，造成無法
　　　　　　每次煮飯均恰到好處。

　　　　②　開迴路控制時，遇有外界干擾時，無法自行即時修正，其精確度無法控
　　　　　　制，但日常一般控制的精確性要求不高，故皆採用開迴路控制。

　　　(3)　開迴路控制的特點

　　　　　優點：①結構簡單，保養容易。

　　　　　　　　②價格便宜。

　　　　　　　　③不需裝感測器。

　　　　　　　　④不必考慮穩定性的問題。

　　　　　缺點：①適用於輸入為已知時，且無干擾存在時。

　②爲保持輸出的品質，需經常做調整。

　③干擾會引起誤差，使輸出與原先的預期產生偏差。

　④無法準確預估出輸出結果，且無法對輸出做修正。

2.　閉迴路控制系統(closed loop system)

⑴　一個控制系統的輸出訊號對控制動作有影響，即有回授訊號者，稱之爲閉迴路控制系統，如圖 1-10 所示。

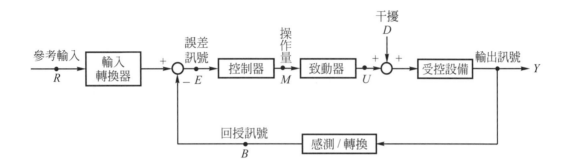

圖 1-10　閉迴路控制系統方塊圖

⑵　閉迴路系統的感測／轉換(回授)元件能將輸出訊號轉換成回授訊號 B，再與參考輸入 R 相比較，若誤差訊號 E 不爲零時，將其輸入控制器產生修正所需的操作量 M，驅使致動器產生一物理量 U，使受控設備產生動作。又系統會持續做回授的動作，使系統達到預期的輸出目標值。

⑶　閉迴路控制系統實例－圖 1-11 所示電動機速率控制方塊圖。

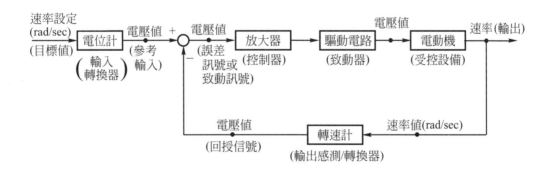

圖 1-11　電動機速率控制方塊圖

① 輸入轉換器是作爲將輸入訊號的形式轉換成控制器可以使用的型式。輸出感測轉換器是作爲將量測所得的輸出響應轉換成控制器可以使用的型式。

② 參考輸入信號與回授信號的差值稱爲致動信號(actuating signal)。當系統的輸入與輸出轉換器均爲單位增益(即放大倍率爲 1 倍)時，致動信號即爲輸入信號與輸出信號的實際差值，在這個情況時的致動信號即可稱爲是誤差。

③ 目標值爲速率控制，其單位爲 rad/sec，經由電位計轉換成電壓訊號。又輸出爲電動機的速率(rad/sec)，經由轉速計將速率轉換成電壓訊號，如此才可以做比較，其所得的誤差訊號送給控制器去做修正的動作。

④ 控制器所產生的操作量不足以驅動受控設備，故需經過驅動電路方可推動電動機。

(4) 閉迴路控制的特點

優點：①降低外界干擾對系統的影響，可提高精確度。

②降低因非線性造成對系統的影響。

③增加系統的頻寬，加快反應速度。

④改善系統的增益、暫態響應、穩態響應。

缺點：①結構複雜，保養不易。

②價格較貴。

③必須考慮穩定性的問題。

(5) 負回授控制系統：誤差訊號 $e = r - b$

正回授控制系統：誤差訊號 $e = r + b$

▼

【例 1】 試描繪電動機速率控制的系統圖，其相關條件爲

(1)利用電位計做爲轉速(目標值)的輸入轉換器

(2)直流電池提供電位計及電動機磁場線圈的電能

(3)電動機的轉動軸未加任何負載

解：

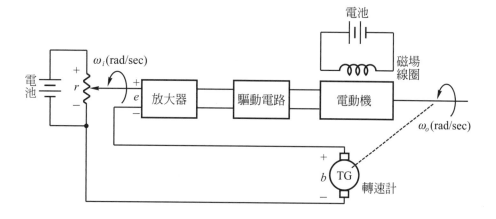

ω_i為目標速率

ω_o為實際輸出速率

r為參考輸入(電壓值)

b為轉速計輸出(電壓值)，係將電動機的輸出速率轉換成電壓訊號

$e=r-b$為參考輸入與實際輸出之誤差量

3.　控制系統工程師在考量是要採用簡單、成本低的開迴路系統或是精確、成本高的閉迴路系統，其必須視實際情況做折衷的處理；例如：烤麵包機，若採用開迴路控制方式是簡單又便宜的做法，若採用閉迴路控制方式就必須量測烤箱內部的溫度、麵包的色澤等，那就變得複雜又昂貴的做法。

三、依訊號性質做區分

1.　連續(類比)控制系統

　　系統所處理的訊號為連續時間的函數，亦即訊號在全部的時間範圍內(非離散瞬間)會改變訊號之值。自然界中的物理量如電壓、電流、溫度、壓力等均可視為連續訊號，如圖 1-12 所示為連續訊號的波形圖。

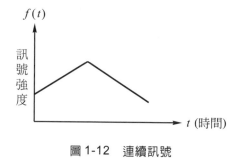

圖 1-12　連續訊號

2. 離散(數位)控制系統

　　訊號的傳遞是利用脈衝序列(pulse train)或數位碼(digital code)的型式來完成。如圖1-13所示為類比訊號$f(t)$與離散訊號$f^*(t)$的關係圖形。

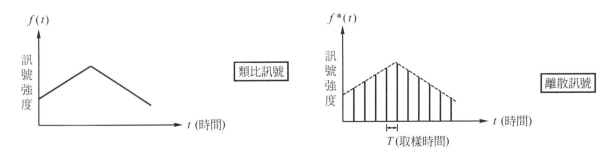

圖 1-13　類比訊號$f(t)$經取樣後得到離散訊號$f^*(t)$

(1) 離散訊號 $f^*(t)$可視為將類比訊號 $f(t)$在特定的間隔時間(即取樣時間T)做一次取樣，經過量化後得到的資料。

(2) 類比型式的訊號若要在離散控制系統中使用，則在訊號進入離散系統前需經過取樣(sampling)的A/D轉換，再經由控制法則送出控制訊號；若受控的系統為連續者，則該控制訊號需再經過D/A轉換成連續訊號，方可送入受控系統。

(3) 由於數位計算機已普遍化，故離散(數位)控制系統勢必成為控制界的主流。

3. 類比控制系統與數位控制系統的比較

(1) 類比控制系統：如同利用機械齒輪帶動的老式鐘錶。

　　數位控制系統：如同每秒鐘變化一次的石英錶。

(2) 類比控制必須依據受控事物的物理定律而定，利用微分方程式做數學分析，並設計出理想的控制方式，但對於複雜的系統，則有控制器不易推得的缺點。

(3) 類比、數位控制系統的實例：如圖1-14所示電熱器加熱系統。

　① 類比控制

　　　如圖 1-14(a)所示，當開關S閉合後，電熱絲會被加熱。若滑動電阻器R具有線性變化的特性時，當滑動帚向右移動時，電熱絲所產生的熱量變小，反之亦然。當滑動帚移到滑動電阻的最右側時，電熱絲所產生的熱量為最小。

② 數位控制

❶ 開、閉控制

　　如圖 1-14(b)所示，當開關S閉合後，電熱絲被加熱，當開關S開啟後，電熱絲停止加熱。

❷ 步進式控制

　　如圖 1-14(c)所示，開關S閉合後，電熱絲被加熱，若SW置於位置"1"時，電熱絲所發出的熱量最多；若SW置於位置"2"時，電熱絲所發出的熱量次之；若SW置於位置"3"時，電熱絲所發出的熱量最低。

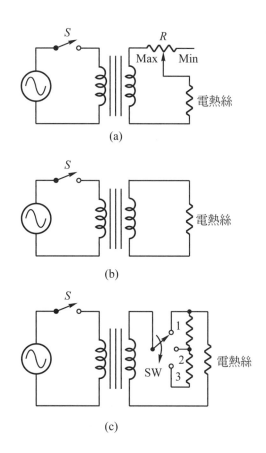

圖 1-14　(a)電熱器加熱的類比控制
　　　　　(b)電熱器加熱的數位控制──開閉控制
　　　　　(c)電熱器加熱的數位控制──步進式控制

說明

1. 在類比控制時，電熱絲的熱量為連續性的變化。

2. 在數位控制中的①開-閉控制，電熱絲產生熱量的方式有二種情況，不是有、就是無(如同 0、1 的狀態)。②步進式控制時，則視 SW 接點配置情形做狀況的分類。

(4) 類比控制與數位控制的比較

控制型式	特性比較
類比(連續)式控制	速度快 準確度低
數位(不連續)式控制	速度慢 準確度較高
計算機(含 A/D，D/A)式控制	速度快慢視介面及 CPU 而定 資料可保存並做分析，故準確度最高

【例 2】 試以加熱溫度控制系統為例說明：
　　　　(1)連續控制
　　　　(2)開－閉控制

解：(1)連續控制

利用熱電耦做為溫度感測器，測量實際溫度與目標值溫度之差值，再根據此一差值，產生一與此差額成正比的控制信號來控制加熱器，使加熱器產生與控制信號成正比的熱量。

(2)開-閉控制

當溫度降到要求的溫度時，恆溫電驛啟動加熱器對系統加熱。當溫度達到要求的溫度時，恆溫電驛切離加熱器，不再對系統加熱。

討論

連續控制系統是在一連續且動態的形式下操作，其響應有可能因回饋而產生不穩定的現象。即使穩定時，也有可能造成振盪過劇或者是反應太過遲緩。

四、依控制變數與時間的關係做區分

　1.　定值控制

　　　　目標值固定，變化模式亦固定的控制。其輸出為非時變系統。如：水槽中利用浮球做水位控制。

　2.　程式控制

　　　　目標值時變，但變化模式已知，且可預先設定。其輸出為時變系統。如：電爐的溫度控制。

　3.　追值控制

　　　　目標值時變且其變化模式無法預知。其輸出為時變系統。如：自動平衡記錄器。

圖示

　　定值控制、程式控制、追值控制的關係如圖 1-15 所示。

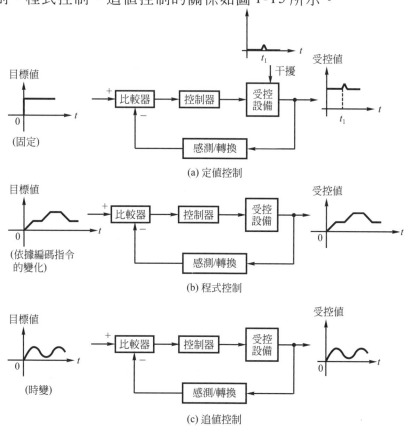

圖 1-15　依控制變數與時間關係區分的控制方式

五、依回授訊號的種類做區分

1. 伺服機構(servo mechanism)

若控制輸出量為機械的位置、角度、方位、速度、加速度等物理量稱為伺服機構。伺服的意思即為依命令行事,主要為追值控制,其次為定值控制。如控制工作母機的工作台之移動、直流馬達的速率控制等。

2. 程序控制(process control)

(1) 程序:係指「將做為原料的物質在特定的環境中保存,並給予物理或化學變化,以便於完成製造的程序或操作」。

(2) 在化工中,將原料與相關能量置於裝置中,並保持該裝置在應有的環境下(如溫度、濃度、壓力、酸鹼度等為固定比例關係),原料在裝置中經過化學反應後,可得到所需之成品。將上述的控制過程予以自動化,即為「程序控制」。

(3) 若控制輸出量為化工上的壓力、流量、濕度、溫度、PH 值等量稱為程序控制。主要為定值控制,其次為追值控制。

3. 自動調整(automatic regulation)

若控制輸出量為電壓、電流、轉速、頻率等電機或機械上的物理量稱為自動調整。自動調整乃保持輸出變數固定在某一特定的準位,當外來干擾或系統參數變動而使輸出值產生變化時,其可自動調整其輸出變數回歸到原準位。其主要為定值控制。如電動機調整速度、發電機電壓調整等。

比較

1. 程序控制與伺服控制,在本質上無差別,只是控制量不同。

2. 程序控制的一些控制量需要同時予以控制,故程序控制系統的組成規模均較伺服機構或自動調整來得大而且複雜。

【例 3】試比較程序控制與伺服機構的差異性。

解:(1)響應速度不同

伺服機構響應非常快,通常以秒或更短的時間做為響應時間的單位,常見的電機、電子、機械系統屬於此類。程序控制響應非常的慢,通常以小時或更長的時間做為響應時間的單位,常見的化工系統屬於此類。

⑵控制器的需求不同

在程序控制方面，目前已發展出一套標準且適合各種方面的 PID 控制器。因此不需再設計新的控制器即可滿足需求，使得建立一個完整的控制系統的成本大幅降低。

六、依控制系統參數是否時變做區分

1. 非時變系統(time-invariant system)

系統所有元件的參數在工作時間內，不會隨時間變化而產生改變者，稱為非時變系統。如封閉水槽內的水量，在彈性限度內的彈簧之彈性係數。

2. 時變系統(time-variant system)

系統內若有元件的參數值在工作時間內，會隨時間變化而產生改變者，稱為時變系統。如行進中的汽車，其燃料會隨行駛時間的增加而減少。

七、依控制系統的設計方法做區分

1. 線性系統(linear system)

凡滿足重疊定理者，即為線性系統，但是一般的系統均含有非線性的成份。但在設計控制系統時，均會限制其操作範圍，使其工作在線性系統的情況下，如此才會便於控制。

2. 非線性系統(nonlinear system)

當系統工作超出線性範圍時，系統就會進入非線性區域，稱之為非線性系統。如摩擦力、齒隙、放大器的飽和效應等，均為非線性的現象。非線性系統在分析及設計上均較困難，一般均設法將其線性化後再做討論。

八、其他

1. 順序控制

能依照預定的動作順序，自動進行每個階段的定性控制。順序控制依照命令處理的方式，可分為二種主要的控制模式，其分別為

⑴ 條件控制

將受控對象所檢測得到的狀態與原先作業命令所預設的狀態做比較，依比較得到的結果來判斷所需下達的控制命令。以電梯為例，控制電梯運行的電動機是要產生正轉、反轉或停止？則依照電梯外的呼叫命令(哪一層

有人要搭電梯)、電梯內的作業命令(欲往哪一樓層)及目前電梯所在的位置，三者來決定控制命令，使電梯能達到所欲到的樓層。由前述的說明可知條件控制的特色是僅具有「判斷」的能力。

   (2)　程式控制

      利用事先已設定好的工作順序，依序的執行控制動作。以自動洗衣機為例，在洗衣服時，將衣物及洗衣粉置入洗衣槽內，下達洗衣命令，則其依序注水、起動馬達洗衣物、沖水、排水、脫水、洗滌，完成動作後蜂鳴器作響。由前述的說明可知程式控制的特色是具有「記憶與判斷」的能力。

2.　適應控制

      當待控系統處於時變環境中，需利用一個隨環境(狀況)而改變的控制器(參數)，來達到控制目標。如：在熱帶或寒帶地區的機車，用不同品質的機油，即可看成是一種適應控制。

3.　最佳控制

      設計符合在某一特定要求條件下，能以最好的效率或方法達成目標的控制系統。如：完成工作所需最短的時間或最低的成本。

4.　模糊控制

      利用人為經驗來推演出控制法則。如：Fuzzy洗衣機－依據衣料材質、污濁程度來決定洗衣程序。

1-4 控制系統的設計步驟

一、控制系統的設計必須滿足實際上的性能需求。但穩定性是控制系統設計的首要
條件，因爲不穩定的系統是不可能被接受的。

二、在控制系統的許多性能要求上往往是相互衝突的，例如既要系統的輸出訊號振
幅不可過大，又要系統的反應速率夠快。故在設計時需做整體的考量，取得各
項要求的平衡點。

三、一般控制系統的設計步驟：

1. 建立模型

    將實際的系統以一具有相同特性的物理模型來取代。

2. 數學模式推導

    將物理模型依定律、法則描述成數學模式。

3. 系統分析

    對系統做定性的穩定性分析、定量的系統響應分析，以了解系統的行爲，
    做爲設計時的依據。

4. 系統設計

    系統的特性若無法滿足需求，則需加入適當的控制器或做其他的補償設
    計，以改善系統的性能。

    註：分析可以視爲決定控制系統性能的程序(如：暫態響應，穩態誤差與規格
    相符否?)。設計可視爲改變系統性能的程序(如：在系統分析時發現暫態
    響應或穩態誤差與規格不相符時，可藉由加入補償來使其符合要求)。

5. 實測

    以實際測試來評估系統的性能。

重點摘要

1. 控制系統的三大性能需求：穩、快、準。

2. 控制系統的分類

 (1) 依訊號是否有回授做區分

  ①開迴路控制系統 ②閉迴路控制系統

 (2) 依訊號性質做區分

  ①連續(類比)控制系統 ②離散(數位)控制系統

 (3) 依控制變數與時間的關係做區分

  ①定值控制 ②程式控制 ③追值控制

 (4) 依回授訊號的種類做區分

  ①伺服機構 ②程序控制 ③自動調整

 (5) 依控制系統參數是否時變做區分

  ①非時變系統 ② 時變系統

 (6) 依控制系統的設計方法做區分

  ①線性系統 ②非線性系統

 (7) 其它

  ①順序控制

   ❶條件控制 ❷程式控制

  ②適應控制 ③最佳控制 ④模糊控制

3. 控制系統的設計步驟

 (1) 建立模型

 (2) 數學模式推導

 (3) 系統分析

 (4) 系統設計

 (5) 實測

習　題

1. 何謂自動化？何謂自動控制？

2. 試解釋下列之名詞：

   ⑴系統　⑵控制器　⑶致動器　⑷回授元件　⑸干擾

   ⑹誤差訊號　⑺線性非時變系統

3. 試比較開迴路控制系統與閉迴路控制系統的優缺點。

4. 試分別列舉五種日常生活中常見之開迴路及閉迴路控制系統。

5. 試說明控制系統之設計步驟。

6. 下圖所示為天線定位控制系統，其中

   $\theta_i(t)$：為希望達成的方位角輸入

   $\theta_o(t)$：方位角輸出

   放大電路由差動放大器及功率放大器所組成

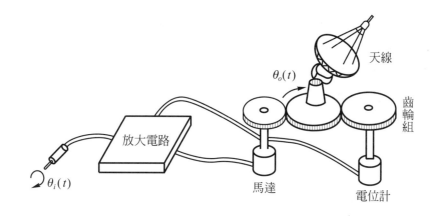

若本系統具有如下圖所示的功能方塊圖

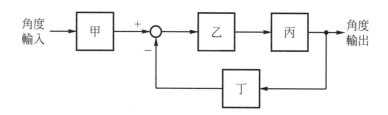

試求

(1)方塊圖中"甲"可視為配置圖中的何種元件？

(2)方塊圖中"甲"具有何種功用？

(3)方塊圖中"乙"可視為配置圖中的何種元件？

(4)方塊圖中"乙"具有何種功用？

(5)方塊圖中"丙"可視為配置圖中的何種元件？

(6)方塊圖中"丙"具有何種功用？

(7)方塊圖中"丁"可視為配置圖中的何種元件？

(8)方塊圖中"丁"具有何種功用？

習題解答

1. 詳請參閱 1-1 前言
2. 詳請參閱 1-2 控制系統的表示法
3. 詳請參閱 1-3 控制系統的分類
4. 詳請參閱 1-3 控制系統的分類
5. 詳請參閱 1-3 控制系統的分類
6. (1)電位計　(2)輸入轉換器　(3)信號及功率放大　(4)控制器　(5)馬達負載及齒輪

    (6)受控設備　(7)電位計　(8)感測器

$$\frac{d^n y(t)}{dt^n} + a_{n-1}\frac{d^{n-1}y(t)}{dt^{n-1}} + \cdots + a_1\frac{dy(t)}{dt} + a_0\,y(t) = u(t)$$

$$\pounds[f(t)] = \int_0^\infty e^{-st}f(t)\,dt$$

第 2 章

控制系統的數學基礎

2-1　前　言

一、研究自動控制系統所需具備的數學基礎，依訊號的型式可分為

1. 連續訊號系統

　　　微分方程式，複數函數，拉氏轉換，反拉氏轉換，矩陣。

2. 離散訊號系統

　　　差分方程式，複數函數，Z 轉換，反 Z 轉換，矩陣。

二、本章介紹控制系統所需具備的數學基礎知識，包括微分方程式、複數函數、拉氏轉換的基本概念，以在控制系統應用時所需為主，不考慮數學理論的嚴謹與完整性。

1. 在古典的連續訊號線性控制系統中，所欲探討的控制元件或受控設備，通常可使用微分方程式來描述其特性，當系統操作在適當的工作點及工作範圍時，其行為可以用常係數常微分方程式來描述，故在線性非時變(L.T.I.)系統，即可使用常係數常微分方程式來探討系統的行為。又在本書中所討論的系統將以線性非時變系統為主，故本章將介紹線性常係數常微分方程式的性質及其解題方法。

2. 在分析古典的連續訊號線性控制系統，另一個非常有用的工具是拉氏轉換，其在求解常係數常微分方程式時非常方便，因為其可將微分方程式轉換成複數代數方程式，再利用代數(加、減、乘、除)的方法來處理。

3. 拉氏轉換因具有複變數的特性，故其在討論系統的轉移函數，判斷系統的穩定度，做頻率響應分析時均佔有非常重要的地位。

2-2　微分方程式(Ordinary Differential Equation)

一、微分方程式

　　　　凡含有未知函數的導數(或微分)之方程式稱之。一般的物理系統均可用微分方程式表示。

　　　　如：函數 $y = f(t)$……y 為 t 的函數，t 稱為自變數。

　　　　微分式：$\dot{y}(t) = y'(t) = \dfrac{dy(t)}{dt} = \dfrac{df(t)}{dt} = f'(t) = \dot{f}(t)$

二、在本節主要討論的常係數線性常微分方程式型如

$$\frac{d^n y(t)}{dt^n} + a_{n-1}\frac{d^{n-1} y(t)}{dt^{n-1}} + \cdots\cdots + a_1\frac{dy(t)}{dt} + a_0 y(t) = u(t)$$

　　所描述的系統通常又可稱為線性非時變系統(在第三章會提及)。

三、常係數線性常微分方程式的解

1. 由動態物理系統所推得的微分方程式，一般均為非線性，經過線性化的處理後，即可轉化成線性微分方程式。

2. 線性微分方程式的解是由二個部份所組成：齊性解及特解。齊性解通常是由系統的初期條件所產生的，其為在系統響應趨於穩定前的行為表現。特解通常是加於系統的外力所產生的，其為在系統響應達到穩定時的行為表現。

3. 線性系統可滿足重疊定理，故線性微分方程式求解的步驟為

(1) 假設沒有外力加入系統時，求得系統的齊性解。

(2) 假設初始狀態為零時，求得系統的特解。

(3) 利用重疊定理，將齊性解及特解合成得到全解，再將初期條件代入全解中，求出在齊性解的式子中之待定係數。

4. 齊性解的求法

　　　　假設系統的輸入訊號為 $u(t)$，輸出變數為 $y(t)$

(1) 一階線性常係數常微分方程式

標準式：$y'(t) + a\,y(t) = u(t)$

系統的齊性解是當沒有外力加入系統時所求得之解的情形，在此處即為令
$u(t) = 0$

故為$y'(t) + a\,y(t) = 0$

選擇$\lambda + a = 0$為此微分方程式的特性方程式

解得$\lambda = -a$

齊性解為$y_h(t) = c\,e^{-at}$

(2)　二階線性常係數常微分方程式

標準式：$y''(t) + 2\zeta\,\omega_n\,y'(t) + \omega_n^2\,y(t) = u(t)$

系統的齊性解是當沒有外力加入系統時所求得之解的情形，在此處即為令
$u(t) = 0$

故為$y''(t) + 2\zeta\,\omega_n\,y'(t) + \omega_n^2\,y(t) = 0$

其中ζ：阻尼比(damping ratio)

　　　ω_n：自然無阻尼頻率(undamped natural frequency)

特性方程式為

$$\lambda^2 + 2\zeta\,\omega_n\,\lambda + \omega_n^2 = 0$$

① 　$0 < \zeta < 1$(欠阻尼，underdamped)時

特性根：$\lambda = -\zeta\,\omega_n \pm j\,\omega_n\sqrt{1 - \zeta^2}$(共軛複根)

齊性解：$y_h(t) = e^{-\zeta\omega_n t}\left[c_1\cos\omega_n\sqrt{1-\zeta^2}\,t + c_2\sin\omega_n\sqrt{1-\zeta^2}\,t\right]$

② 　$\zeta = 1$(臨界阻尼，critically damped)時

特性根：$\lambda = -\omega_n$(重根)

齊性解：$y_h(t) = (c_1 + c_2\,t)\,e^{\lambda t}$

③ 　$\zeta > 1$(過阻尼，overdamped)時

特性根：$\lambda_1 = -\zeta\,\omega_n + \omega_n\sqrt{\zeta^2 - 1}$，

$$\lambda_2 = -\zeta\omega_n - \omega_n\sqrt{\zeta^2-1}\,(相異實根)$$

齊性解：$y_h(t) = c_1 e^{\lambda_1 t} + c_2 e^{\lambda_2 t}$

(3)　在齊性解中的待定係數 c(一階)或 c_1、c_2(二階)均可由最後的完全解代入初期
　　條件來求得。

　　註：在第 5 章「控制系統的時域分析」會提及一階、二階單位回授系統。

5.　特解的求法

　　　一般常見施於線性系統的外力 $u(t)$ 有步級函數、斜坡函數及弦波函數，其
　　輸出響應 $y(t)$ 的情形如下：

(1)　步級函數輸入系統時，其輸出響應亦為步級函數，但其大小值會有所改變，
　　如圖 2-1 所示。

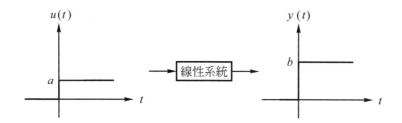

圖 2-1　步級函數輸入線性系統

(2)　斜坡函數輸入系統時，其輸出響應亦為斜坡函數，但斜坡的斜率會有所改
　　變，如圖 2-2 所示。

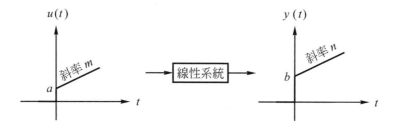

圖 2-2　斜坡函數輸入線性系統

(3)　弦波函數輸入系統時，其輸出響應亦為弦波函數，但其大小值會有所改變，
　　且有可能有相位差出現，如圖 2-3 所示。

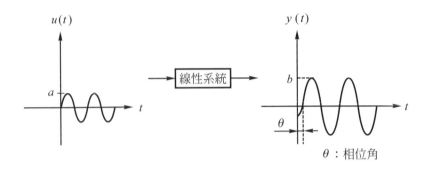

圖 2-3 弦波函數輸入線性系統

(4) 非齊性線性常係數常微分方程式的特解

一階系統：$y'(t) + a\,y(t) = u(t)$

二階系統：$y''(t) + a\,y'(t) + b\,y(t) = u(t)$

其特解以未定係數法求之：

說明

在設定特解$y_p(t)$的函數時，若所設定的函數中有某一項與齊性解相同時，則需將$y_p(t)$中的該項要乘以t^m(m即為齊性解與$y_h(t)$為相同函數時之重複數)。

6. 完全解

由齊性解$y_h(t)$及特解$y_p(t)$組合而成

即 $y(t) = y_h(t) + y_p(t)$

【例 1】 下圖所示RL電路，當$t = 0$時將開關閉合，試求電路的電流 $i(t)$及其波形圖

(1)$e(t) = E$(直流)，初期條件$i(0) = 0$

(2)$e(t) = E \sin\omega\, t$(交流)，初期條件$i(0) = 0$

提醒：本例的輸入訊號是$e(t)$ (即為前面內容的$u(t)$)，輸出變數是$i(t)$(即為前面內容的$y(t)$)，後續的例題或習題，請讀者自行分辨。

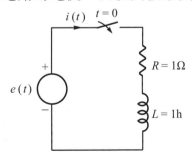

解： 由 KVL 可得方程式

$$e(t) = i(t)R + L\frac{di(t)}{dt}$$

即 $\dfrac{di(t)}{dt} + \dfrac{R}{L}i(t) = \dfrac{1}{L}e(t)$（一階線性常係數常微分方程式）

將 $R = 1\Omega$，$L = 1\text{h}$ 代入上式

得 $\dfrac{di(t)}{dt} + i(t) = e(t)$

⑴輸入訊號 $e(t) = E$ 時

$$\frac{di(t)}{dt} + i(t) = E$$

　①齊性解

　　特性方程式為 $\lambda + 1 = 0 \Rightarrow \lambda = -1$

　　故齊性解為 $i_h(t) = c_1 e^{-t}$

　②特解

　　令 $i_p(t) = K$ 代入 $\dfrac{di(t)}{dt} + i(t) = E$ 中

　　得 $0 + K = E \Rightarrow K = E$

　　故特解為 $i_p(t) = E$

　③完全解

　　$i(t) = i_h(t) + i_p(t)$

　　　　$= c_1 e^{-t} + E$

　　已知初期條件 $i(0) = 0$

　　故 $0 = c_1 e^{-t} + E \mid_{t=0} = c_1 + E \Rightarrow c_1 = -E$

　　得完全解為 $i(t) = E(1 - e^{-t})$，$(t \geqq 0)$

　　欲描繪電流 $i(t)$ 的波形

　　$i(t) = E(1 - e^{-t}) = \underset{(1)}{\underbrace{E}} - \underset{(2)}{\underbrace{E e^{-t}}}$

　　其中⑴：穩態響應或強制響應

　　　　　⑵：暫態響應或自然響應

圖示

　　$i(t)$ 的完全響應

　　‧由自然響應與強制響應組合而成

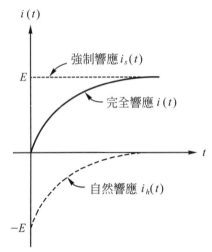

‧亦可視爲由暫態響應與穩態響應的組合。

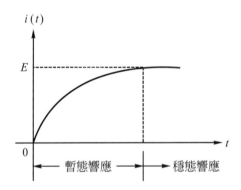

⑵輸入訊號$e(t)=E\sin\omega t$時

$$\frac{di(t)}{dt}+i(t)=E\sin\omega t$$

①齊性解

$i_h(t)=c_1 e^{-t}$(同⑴小題)

②特解

令$i_p(t)=A\sin\omega t+B\cos\omega t$代入$\frac{di(t)}{dt}+i(t)=E\sin\omega t$中可得

$(\omega A\cos\omega t-\omega B\sin\omega t)+(A\sin\omega t+B\cos\omega t)=E\sin\omega t$

$(\omega A+B)\cos\omega t+(A-\omega B)\sin\omega t=E\sin\omega t$

比較係數

$$\begin{cases} \omega A + B = 0 \\ A - \omega B = E \end{cases} \quad 得 A = \frac{E}{\omega^2 + 1} , \ B = \frac{-\omega E}{\omega^2 + 1}$$

故特解為

$$i_p(t) = \frac{E}{\omega^2 + 1} \sin\omega t - \frac{\omega E}{\omega^2 + 1} \cos\omega t$$

$$= \frac{E}{\omega^2 + 1} (\sin\omega t - \omega\cos\omega t)$$

③完全解

$$i(t) = i_h(t) + i_p(t)$$

$$= c_1 e^{-t} + \frac{E}{\omega^2 + 1} (\sin\omega t - \omega\cos\omega t)$$

已知初期條件 $i(0) = 0$

故 $0 = c_1 + \dfrac{E}{\omega^2 + 1}(0 - \omega) \Rightarrow c_1 = \dfrac{\omega E}{\omega^2 + 1}$

得完全解為

$$i(t) = \frac{\omega E}{\omega^2 + 1} e^{-t} + \frac{E}{\omega^2 + 1} (\sin\omega t - \omega\cos\omega t)$$

$$= \frac{\omega E}{\omega^2 + 1} e^{-t} + \frac{E}{\sqrt{\omega^2 + 1}}\left(\frac{1}{\sqrt{\omega^2 + 1}}\sin\omega t - \frac{\omega}{\sqrt{\omega^2 + 1}}\cos\omega t \right)$$

$$= \frac{\omega E}{\omega^2 + 1} e^{-t} + \frac{E}{\sqrt{\omega^2 + 1}}\sin(\omega t - \alpha)$$

其中 $\alpha = \tan^{-1}\omega$

又 $Z = R + j\omega L \mid_{\substack{R=1\Omega \\ L=1\text{h}}} = 1 + j\omega$

$\Rightarrow |Z| = \sqrt{1 + \omega^2}$

則 $i(t)$ 可表示成

$$i(t) = \underbrace{\frac{\omega E}{|Z|^2} e^{-t}}_{暫態響應} + \underbrace{\frac{E}{|Z|} \sin(\omega t - \alpha)}_{穩態響應}$$

描繪電流 $i(t)$ 的波形

(1)暫態響應

$$i_t(t) = \frac{\omega E}{|Z|^2} e^{-t}$$

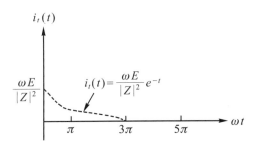

(2)穩態響應

$$i_s(t) = \frac{E}{|Z|} \sin(\omega t - \alpha) \Big|_{\text{選擇}\alpha = \frac{\pi}{4}\text{討論}}$$

$$= \frac{E}{|Z|} \sin\left(\omega t - \frac{\pi}{4}\right)$$

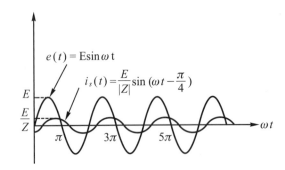

(3)完全響應

$$i(t) = i_t(t) + i_s(t)$$

$$= \frac{\omega E}{|Z|^2} e^{-t} + \frac{E}{|Z|} \sin\left(\omega t - \frac{\pi}{4}\right)$$

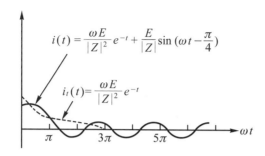

討論

　　由$i(t)$的圖形可知暫態項很快的消失掉(在 2～3 個週期內)，系統即可進入穩態。由此例可知，在電路學中的交流網路分析為什麼都只討論「弦式穩態分析」的原因了吧！

【例 2】 某系統的微分方程式為$\dfrac{d^2v}{dt^2}+4\dfrac{dv}{dt}+3v=i(t)$，試求下列各情況的解，當(1)

　　$i(t)=3$　(2)$i(t)=5t$　(3)$i(t)=2\cos 5t$

　　(4)$i(t)=5e^{-2t}$　(5)$i(t)=5e^{-3t}$

解：系統的特性方程式為

$\lambda^2+4\lambda+3=0$

$(\lambda+1)(\lambda+3)=0$

$\lambda=-1，-3$

可得本系統的微分方程式之齊性解

故$v_h(t)=A_1e^{-t}+A_2e^{-3t}$

接著來求各小題的特解

(1)令$v_p(t)=k$代入$\dfrac{d^2v}{dt^2}+4\dfrac{dv}{dt}+3v=3$中

　得$\dfrac{d^2k}{dt^2}+4\dfrac{dk}{dt}+3k=3$，化簡為$k=1$

　即$v_p(t)=1$

故 $v(t) = v_h(t) + v_p(t)$

$\qquad = (A_1 e^{-t} + A_2 e^{-3t}) + 1$

(2)令 $v_s(t) = k_1 t + k_2$ 代入 $\dfrac{d^2 v}{dt^2} + 4\dfrac{dv}{dt} + 3v = 5t$ 中

得 $\dfrac{d^2}{dt^2}(k_1 t + k_2) + 4\dfrac{d}{dt}(k_1 t + k_2) + 3(k_1 t + k_2) = 5t$

即 $3k_1 t + (3k_2 + 4k_1) = 5t$

故 $\begin{cases} 3k_1 = 5 \\ 3k_2 + 4k_1 = 0 \end{cases} \Rightarrow k_1 = \dfrac{5}{3} , \ k_2 = -\dfrac{20}{9}$

即 $v_p(t) = \dfrac{5}{3}t - \dfrac{20}{9}$

故 $v(t) = v_h(t) + v_p(t)$

$\qquad = (A_1 e^{-t} + A_2 e^{-3t}) + \dfrac{5}{3}t - \dfrac{20}{9}$

(3)令 $v_p(t) = A\sin 5t + B\cos 5t$ 代入

$\dfrac{d^2 v}{dt^2} + 4\dfrac{dv}{dt} + 3v = 2\cos 5t$ 中

其中 $\dfrac{dv_p}{dt} = \dfrac{d}{dt}(A\sin 5t + B\cos 5t) = 5A\cos 5t - 5B\sin 5t$

$\qquad \dfrac{d^2 v_p}{dt^2} = \dfrac{d^2}{dt^2}(A\sin 5t + B\cos 5t)$

$\qquad\qquad = -25A\sin 5t - 25B\cos 5t$

可得 $\quad (-25A\sin 5t - 25B\cos 5t)$

$\qquad + 4(5A\cos 5t - 5B\sin 5t)$

$\qquad + 3(A\sin 5t + B\cos 5t)$

$\rule{8cm}{0.4pt}$

$\qquad (-22A - 20B)\sin 5t + (20A - 22B)\cos 5t = 2\cos 5t$

即 $\begin{cases} -22A - 20B = 0 \\ 20A - 22B = 2 \end{cases} \Rightarrow A = \dfrac{10}{221} , \ B = \dfrac{-11}{221}$

得 $v_p(t) = \dfrac{10}{221}\sin 5t + \dfrac{-11}{221}\cos 5t$

故 $v(t) = v_h(t) + v_p(t)$

$\qquad = (A_1 e^{-t} + A_2 e^{-3t}) + \dfrac{10}{221}\sin 5t + \dfrac{-11}{221}\cos 5t$

(4) 令 $v_p(t) = Ke^{-2t}$ 代入 $\dfrac{d^2 v}{dt^2} + 4\dfrac{dv}{dt} + 3v = 5e^{-2t}$ 中

得 $\dfrac{d^2}{dt^2}(Ke^{-2t}) + 4\dfrac{d}{dt}(Ke^{-2t}) + 3(Ke^{-2t}) = 5e^{-2t}$

$\quad (4K - 8K + 3K)e^{-2t} = 5e^{-2t} \Rightarrow K = -5$

即 $v_p(t) = -5e^{-2t}$

故 $v(t) = v_h(t) + v_p(t)$

$\qquad = (A_1 e^{-t} + A_2 e^{-3t}) - 5e^{-2t}$

(5) 令 $v_p(t) = Kte^{-3t}$ [因 $i(t)$ 式與 $v_h(t)$ 式有一項 (e^{-3t}) 為相同]

代入 $\dfrac{d^2 v}{dt^2} + 4\dfrac{dv}{dt} + 3v = 5e^{-3t}$ 中

得 $\dfrac{d^2}{dt^2}(Kte^{-3t}) + 4\dfrac{d}{dt}(Kte^{-3t}) + 3(Kte^{-3t}) = 5e^{-3t}$

$\quad (-12K + 9K + 3K)te^{-3t} + (4K - 3K - 3K)e^{-3t} = 5e^{-3t}$

則 $K = \dfrac{-5}{2}$

即 $v_p(t) = \dfrac{-5}{2}te^{-3t}$

故 $v(t) = v_h(t) + v_p(t)$

$\qquad = (A_1 e^{-t} + A_2 e^{-3t}) + \dfrac{-5}{2}te^{-3t}$

討論

線性非時變系統的完全響應

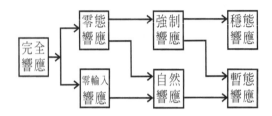

① 零態響應：

系統初始狀態為零時，只由外加激勵訊號產生的響應。

② 零輸入響應

系統無外加激勵訊號，只由系統的初始狀態所引起的響應。

③ 強制響應

微分方程式的特解

④ 自然響應

微分方程式的齊性解

⑤ 穩態響應

完全響應中不隨時間遞減為零的響應

⑥ 暫態響應

完全響應中會隨時間遞減為零的響應

　　註：完全響應＝零態響應＋零輸入響應

　　　　　＝強制響應＋自然響應

　　　　　＝穩態響應＋暫態響應

· 系統中同時存在"外加激勵訊號"及"初始狀態"時，求得之零輸入響應與自然響應可能會有些差異，但二者必為暫態響應。

· 系統中只有"外加激勵訊號"則只有零態響應。

　系統中只有"初始狀態"，則只有零輸入響應。

· 自然響應可視為描述系統消耗或是獲得能量的方法(它不是輸入)。強制響應則是依輸入來決定。

‧ 一個可以被使用的控制系統，其自然響應必須是最終趨近於零(亦即響應只剩下強制響應)或震盪。

小櫥窗

　　某些的控制系統之自然響應會無限制的增加(不是逐步的縮減到零或有振盪的現象)，造成最後其自然響應比強制響應還要大，代表這個系統不再被控制，這種情形就是所謂的不穩定之情況。其有可能導致裝置受損，例如:升降梯失控而墜落至底層或脫離頂層。雷達車的天線之指引目標變為可旋轉的，天線對著目標產生振盪及繼續增加速度，直到驅動天線的馬達或放大電路達到其能力的極限為止，或者是造成天線結構的受損。

【例 3】下圖所示電路，若電容器的初值為 V_o，試以三種表示法來說明本電路的完全響應。

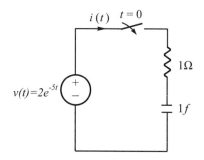

解：利用 KVL 列出方程式

$$v_R(t) + v_C(t) = v(t) - V_o$$

即　$i(t)R + \dfrac{1}{C}\displaystyle\int_0^t i(\tau)d\tau = 2e^{-5t} - V_o\Big|_{R=1\Omega，C=1f}$

$$i(t) + \int_0^t i(\tau)d\tau = 2e^{-5t} - V_o$$

二側對 t 微分

$$i'(t) + i(t) = -10e^{-5t}$$

(i)自然響應

$$i'(t) + i(t) = 0$$

特性方程式$\lambda + 1 = 0 \Rightarrow \lambda = -1$

解得$i_h(t) = Ke^{-t}$

(ii)強制響應

$$i'(t) + i(t) = -10e^{-5t}$$

令特解$i_p(t) = Ae^{-5t}$代入上式

$$-5Ae^{-5t} + Ae^{-5t} = -10e^{-5t}$$

$$-4Ae^{-5t} = -10e^{-5t} \Rightarrow A = \frac{5}{2}$$

解得$i_p(t) = \frac{5}{2}e^{-5t}$

(iii)完全響應

$$i(t) = i_h(t) + i_p(t)$$

$$= Ke^{-t} + \frac{5}{2}e^{-5t} \cdots \cdots \text{ⓐ}$$

代入初值$i(0) = \dfrac{2e^{-5t}\Big|_{t=0} - V_o}{1} = 2 - V_o \cdots \cdots \text{ⓑ}$

由ⓐ＝ⓑ

$$Ke^{-t} + \frac{5}{2}e^{-5t} \Rightarrow K = \frac{-1}{2} - V_o$$

故$i(t) = \left(\frac{-1}{2} - V_o\right)e^{-t} + \frac{5}{2}e^{-5t}$

第一種表示法

完全響應＝[自然響應]＋強制響應

$$= \left[\left(\frac{-1}{2} - V_o\right)e^{-t}\right] + \frac{5}{2}e^{-5t}$$

第二種表示法

完全響應＝[零輸入響應]＋零態響應

$$=[-V_o e^{-t}]+\left(\frac{5}{2}e^{-5t}-\frac{1}{2}e^{-t}\right)$$

第三種表示法

完全響應＝[暫態響應]＋穩態響應

$$=\left[\left(\frac{-1}{2}-V_o\right)e^{-t}+\frac{5}{2}e^{-5t}\right]+0$$

註：雖然自然響應與零輸入響應都是齊性方程式的解，但二者的係數不盡相同。因為自然響應的係數是由外加的激勵與初始狀態共同決定的(亦即縱使初始條件為 0，自然響應不一定會是 0)，而零輸入響應的係數則只由系統的初始狀態決定。

2-3 複數及複變函數

一、複數s由二個部份組成：一個實部σ_1，另一為虛部ω_1。

   1. $s=$ 實部 $+j$虛部 $=\sigma_1+j\omega_1$

$$= \text{大小} \underline{/\text{相角}} = r \underline{/\theta} = \sqrt{\sigma_1^2+\omega_1^2} \underline{\left/ \tan^{-1}\frac{\omega_1}{\sigma_1}\right.}$$

   2.   複數s平面的水平軸σ代表實部，垂直軸($j\omega$軸)代表虛部，如圖 2-4 所示。

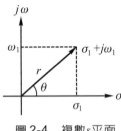

圖 2-4　複數s平面

例如：$s = 3 + j4$

$$= \sqrt{3^2+4^2} \underline{\left/ \tan^{-1}\frac{4}{3}\right.} = 5 \underline{/53°} \text{ (如圖 2-5 所示)}$$

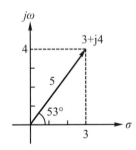

圖 2-5　$s = 3 + j4$的複數s平面

二、複變函數

      在複數平面(s平面)上的每一個s值，經由函數$F(s)$映射至複平面$F(s)$上，若將$F(s)$表示成

$$F(s) = \text{Re}\,[F] + j\text{Im}\,[F]$$

其中 Re $[F]$代表$F(s)$的實部，Im $[F]$代表$F(s)$的虛部

1.　從s平面到$F(s)$平面的單值映像，如圖 2-6 所示。

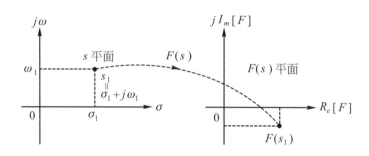

圖 2-6　s平面到$F(s)$平面的單值映像

2.　解析函數

如果函數$F(s)$與其所有的導數在s平面的區域內皆存在的話，則函數$F(s)$可被稱為解析函數。

如：$F(s) = s^2 + 3s + 5$在所定的s平面上的每一個點均可解析，

$F(s) = \dfrac{1}{s(s+3)}$在s平面上除$s = 0$、$s = -3$外的點均可解析。

討論

解析函數是複變函數中最重要的一類函數。如果$F(s)$在s平面上的s_1點不可解析，但在s_1的相鄰區域內$F(s)$是可解析的，則稱s_1為$F(s)$的奇異點(singular point)。一般我們所講的解析函數是允許存在有奇異點的，因為在其所討論的區域中，除了一些奇異點外，其餘均為可解析的。亦即必定存在有可解析點。解析函數對分析而言是很重要的，譬如說：一函數在某點為可解析時，表示此函數在該點的各階導數均存在(即可解析)，則此函數即可展成冪級數的形式。

3.　複變函數的極點

指在s平面上使函數$F(s)$值或其導數不存在的點。如果函數$F(s)$除了s_i點外，在s_i附近是可解析且單值存在，其數學表示式為

$$\lim_{s \to s_i} [(s - s_i)^r F(s)] \neq 0 ，r 為正數$$

則稱$s = s_i$處有一個r階的極點。

4. 複變函數的零點

　　函數$F(s)$在$s = s_i$處為可解析，其滿足

$$\lim_{s \to s_i} [(s - s_i)^{-r} F(s)] \neq 0，r為正數$$

則稱$s = s_i$處有一個r階的零點。

如：$F(s) = \dfrac{5(s + 2)}{s(s + 1)(s + 3)^2}$

在$s = 0$、-1為單極點，$s = -3$為一個二階極點，$s = -2$為單零點。

5. 如果把極點、零點在無窮處及有限值皆考慮進去的話，則極點數目等於零點數目

如：$F(s) = \dfrac{5(s + 2)}{s(s + 1)(s + 3)^2}$

　　極點數目有 4 個(分別為 0，-1，-3，-3)

　　零點數目有 4 個(一個為有限零點$s = -2$，三個為無窮零點)

　　說明$F(s)$具有三個無窮零點：

　　因為$\displaystyle\lim_{s \to \infty} F(s) = \lim_{s \to \infty} \dfrac{5s\left(1 + \dfrac{2}{s}\right)}{s^4\left(1 + \dfrac{1}{s}\right)\left(1 + \dfrac{3}{s}\right)^2}$

　　　　　　　　　$= \displaystyle\lim_{s \to \infty} \dfrac{5}{s^3} = 0$

　　表示$s \to \infty$時，會使$F(s)$的函數值趨近於 0，故$s \to \infty$為零點，又其位於$F(s)$的分母為s的三次方，故$F(s)$有三個無窮零點。

6. 複變函數的極點、零點與解析性的關係

(1) 極點為使轉移函數等於∞(分母為 0)的s值，其會造成系統的不穩定，為系統不可解析的點。

(2) 零點為使轉移函數等於 0(分子為 0)的s值，其對函數而言是可以解析的點。

【例1】　試求下列各小題的解析性、極點、零點。

$$(1) F(s) = \frac{1}{s(s+2)}$$

$$(2) F(s) = \frac{10(s+2)}{s(s+1)(s+3)^2}$$

$$(3) F(s) = \frac{5(s+2)}{s(s+1)}$$

解：(1)極點：$s = 0$，$s = -2$

零點：無窮遠處有二個

除 $s = 0$，$s = -2$ 外均可解析

(2)極點：$s = 0$，$s = -1$，$s = -3$(二階極點)

零點：$s = -2$，無窮遠處有三個

除 $s = 0$，$s = -1$，$s = -3$ 外均可解析

(3)極點：$s = 0$，$s = -1$

零點：$s = -2$，無窮遠處有一個

除 $s = 0$，$s = -1$ 外均可解析

2-4 拉氏轉換

一、轉換的意義

　　爲了要解決一個問題，如果甲方案不可行，則我們會設法改變以另一個方法來解決，例如設法以乙方案來達成目標，此即爲轉換的意義。

二、拉氏轉換的定義

　　若$f(t)$爲已知函數，且$f(t)$在$t>0$的定義域中均有定義，若其滿足

$$\int_0^\infty |e^{-st}f(t)|\,dt < \infty (其必爲s之函數)$$

即$F(s)=£[f(t)]=\int_0^\infty e^{-st}f(t)\,dt$，

則函數$F(s)$稱之爲原函數$f(t)$的拉氏轉換。

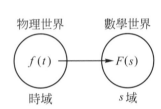

物理世界　　數學世界

$f(t) \longrightarrow F(s)$

時域　　　　s域

【例1】 試求下列函數的拉氏轉換式

　　(1)$u_s(t)=\begin{cases}0 & (t<0)\\ 1 & (t\geqq0)\end{cases}$

　　(2)指數函數$f(t)=e^{at}$ ($a\geqq0$，a爲常數)

解： $F(s)=£[f(t)]=\int_0^\infty e^{-st}f(t)\,dt$

　　(1)$U_s(s)=£[u_s(t)]$

　　　　$=\int_0^\infty (e^{-st})(1)dt$

　　　　$=\dfrac{e^{-st}}{-s}\Big|_0^\infty = \Big[0+\dfrac{1}{s}\Big]=\dfrac{1}{s}$

　　(2)$F(s)=\int_0^\infty (e^{-st})(e^{at})dt$

　　　　$=\int_0^\infty e^{-(s-a)t}\,dt$

　　　　$=\dfrac{e^{-(s-a)t}}{-(s-a)}\Big|_0^\infty = 0+\dfrac{1}{s-a}=\dfrac{1}{s-a}$

三、拉氏運算式$F(s)$存在的二項基本條件

1. $f(t)$需為分段連續函數，如圖 2-7 所示在$a^+<t_1<t_1{}^-$時，函數$f(t)$為連續，在$t_1{}^+$$<t<b^-$時，函數$f(t)$亦為連續，故$a^+<t<b^-$的函數$f(t)$可視為分段連續函數。

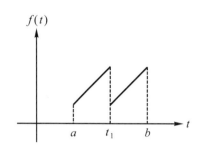

圖 2-7　分段連續函數

　　函數$f(t)$在t_1為不連續點，但在其次區間端點t_1的極限存在；即$\lim\limits_{t\to t_1^-}f(t)$存在，$\lim\limits_{t\to t_1^+}f(t)$存在。

2. $f(t)$需為指數次方的函數

　　函數$f(t)$具有指數次方者，須滿足的條件為

$$e^{-\alpha t}\,|\,f(t)\,|\,<M(\text{當}\,t>T\text{，其中}\alpha\text{、}M\text{、}T\text{均為常數})$$

　　當$t>T$時，適合上述條件的$f(t)$常被稱之為指數次方函數。凡滿足指數次方的函數，其函數的拉氏轉換存在於$s>\alpha$。

【例2】　試判斷下列各小題拉氏轉換是否存在

　　　　⑴$f(t)=t^n$（n為自然數）

　　　　⑵$f(t)=e^{t^2}$

解：判斷函數$f(t)$是否為指數次方函數

$$\begin{aligned}
⑴\lim_{t\to\infty}(e^{-\alpha t})(t^n)&=\lim_{t\to\infty}\left[\frac{t^n}{e^{\alpha t}}\right]\\
&=\lim_{t\to\infty}\left[\frac{nt^{n-1}}{\alpha e^{\alpha t}}\right]\\
&=\lim_{t\to\infty}\left[\frac{n(n-1)t^{n-1}}{\alpha\alpha e^{\alpha t}}\right]
\end{aligned}$$

$$\vdots$$

$$= \lim_{t \to \infty} \left[\frac{n(n-1)(n-2)\cdots}{\alpha\alpha\alpha\cdots e^{\alpha t}} \right]$$

$$= 0(利用羅必達法則)$$

故t^n屬於指數次方函數，其可以拉氏轉換

$$(2)\lim_{t \to \infty} \left[e^{-\alpha t} e^{t^2} \right] = \lim_{t \to \infty} \left[e^{t(t-\alpha)} \right]$$

$$= \infty$$

故e^{t^2}不是指數次方函數，故其拉氏轉換不存在

四、在一般的控制系統只討論輸出響應與時間的關係。若是利用頻率(或角速度ω)來討論輸出響應與頻率間的關係，可稱之為拉氏轉換。

【例3】 下圖所示電路系統，試求當$v_i = 110\sqrt{2}\sin 377t$時其轉移函數$A_v(s) = \dfrac{V_o(s)}{V_i(s)}$，並說明拉氏系統與時間系統的關聯性。

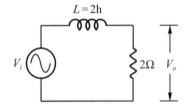

解：阻抗$Z_L = j\omega L = sL = 2s$，$Z_R = 2$

轉移函數

$$A_v(s) = \frac{V_o(s)}{V_i(s)} = \frac{2}{2s+2} = \frac{1}{s+1}$$

拉氏系統與時間系統間的關係為

$$A_v(t) = e^{-t}$$

五、在電路控制系統中常見電路函數的拉氏轉換，固然可依前述的拉氏轉換定義求得，但若每次使用時，就依定義來求解，則甚為費時耗事，茲將需記憶的常見函數的拉氏式摘錄於后。

函數名稱	$f(t)$	$F(s)$	參考圖形
單位脈衝函數	$\delta(t)$	1	面積=1
單位步階函數	$u_s(t)$	$\dfrac{1}{s}$	
單位斜坡函數	$tu_s(t)$	$\dfrac{1}{s^2}$	
拋物線函數 ⋮	$t^2u_s(t)$ ⋮ $t^nu_s(t)$	$\dfrac{2!}{s^3}$ ⋮ $\dfrac{n!}{s^{n+1}}$	
餘弦函數	$\cos\omega tu_s(t)$	$\dfrac{s}{s^2+\omega^2}$	
正弦函數	$\sin\omega tu_s(t)$	$\dfrac{\omega}{s^2+\omega^2}$	
指數函數	$e^{-at}u_s(t)$	$\dfrac{1}{s+a}$	

相關的拉氏轉換表請參閱附錄 A。

六、拉氏轉換的基本性質

1.　線性關係

已知 $f(t)$ 的拉氏轉換式為 $F(s)$

$g(t)$ 的拉氏轉換式為 $G(s)$

則 $£[af(t) \pm bg(t)] = a£[f(t)] \pm b£[g(t)]$

【例 4】　試求下列各小題的拉氏轉換

(1) $f(t) = 3 + 5e^{-7t} + 2t^3$，$(t > 0)$

(2) $f(t) = \sin\omega t$

(3) $f(t) = \cos(\omega t + \theta)$

解：(1) $£[f(t)] = £[3 + 5e^{-7t} + 2t^3]$

$= £[3] + 5£[e^{-7t}] + 2£[t^3]$

$= \dfrac{3}{s} + \dfrac{5}{s+7} + \dfrac{(2)(3!)}{s^4} = \dfrac{3}{s} + \dfrac{5}{s+7} + \dfrac{12}{s^4}$

(2) $£[f(t)] = £[\sin\omega t]$

$= £\left[\dfrac{e^{j\omega t} - e^{-j\omega t}}{2j}\right]$

$= \dfrac{1}{2j}£[e^{j\omega t}] - \dfrac{1}{2j}£[e^{-j\omega t}]$

$= \dfrac{1}{2j}\dfrac{1}{s-j\omega} - \dfrac{1}{2j}\dfrac{1}{s+j\omega}$

$= \dfrac{1}{2j}\dfrac{(s+j\omega) - (s-j\omega)}{s^2 + \omega^2} = \dfrac{\omega}{s^2 + \omega^2}$

(3) $£[f(t)] = £[\cos(\omega t + \theta)]$

$= £[\cos\omega t\cos\theta - \sin\omega t\sin\theta]$

$= \dfrac{s}{s^2 + \omega^2}\cos\theta - \dfrac{\omega}{s^2 + \omega^2}\sin\theta = \dfrac{s\cos\theta - \omega\sin\theta}{s^2 + \omega^2}$

2.　導數的拉氏轉換

已知 $f(t)$ 的拉氏轉換式為 $F(s)$

則 $£[f'(t)] = sF(s) - f(0)$

$£[f''(t)] = s^2F(s) - sf(0) - f'(0)$

$£[f'''(t)] = s^3F(s) - s^2f(0) - sf'(0) - f''(0)$

$$\vdots \qquad\qquad \vdots$$

$£[f^{(n)}(t)] = s^nF(s) - s^{n-1}f(0) - s^{n-2}f'(0) - \cdots\cdots$

$\qquad\qquad - sf^{(n-2)}(0) - f^{(n-1)}(0)$

【例 5】試求下列各小題的拉氏轉換

(1) $f(t) = \sin^2 t$

(2) $f(t) = t\sin\omega t$

解：(1) $f(t) = \sin^2 t$，$f(0) = 0$

$f'(t) = 2\sin t\cos t = \sin 2t$

由 $£[f'(t)] = sF(s) - f(0)$

$£[\sin 2t] = sF(s) - 0$

$\dfrac{2}{s^2 + 2^2} = sF(s)$

故　$F(s) = \dfrac{2}{s(s^2 + 4)}$

(2) $f(t) = t\sin\omega t$，$f(0) = 0$

$f'(t) = \sin\omega t + \omega t\cos\omega t$，$f'(0) = 0$

$f''(t) = \omega\cos\omega t + \omega\cos\omega t - \omega^2 t\sin\omega t = 2\omega\cos\omega t - \omega^2 f(t)$

由 $£[f''(t)] = s^2F(s) - sf(0) - f'(0)$

$£[2\omega\cos\omega t - \omega^2 f(t)] = s^2F(s) - 0 - 0$

$2\omega\,\dfrac{s}{s^2 + \omega^2} - \omega^2 F(s) = s^2F(s)$

故　$F(s) = \dfrac{2\omega\,\dfrac{s}{s^2 + \omega^2}}{s^2 + \omega^2} = \dfrac{2\omega s}{(s^2 + \omega^2)^2}$

3.　積分的拉氏轉換

已知 $f(t)$ 的拉氏轉換為 $F(s)$

則

(1)　$\pounds\left[\displaystyle\int_0^t f(\tau)\,d\tau\right]=\dfrac{F(s)}{s}$

$f(t)\rightarrow\boxed{\text{積分}}\rightarrow\displaystyle\int_0^t f(\tau)\,d\tau$（時域）

$F(s)\rightarrow\boxed{\dfrac{1}{s}}\rightarrow\dfrac{F(s)}{s}$（$s$域）

(2)　$\pounds\left[\displaystyle\int_a^t f(\tau)\,d\tau\right]=\dfrac{F(s)}{s}-\dfrac{1}{s}\displaystyle\int_0^a f(\tau)\,d\tau$

【例6】試求 $\pounds\left[\displaystyle\int_{\frac{\pi}{\omega}}^t \cos\omega\tau\,d\tau\right]$

解：原式 $=\dfrac{1}{s}\pounds[\cos\omega t]-\dfrac{1}{s}\displaystyle\int_0^{\frac{\pi}{\omega}}\cos\omega\tau\,d\tau$

$=\dfrac{1}{s}\dfrac{s}{s^2+\omega^2}-\dfrac{1}{s}\dfrac{1}{\omega}\sin\omega\tau\,\Big|_0^{\frac{\pi}{\omega}}$

$=\dfrac{1}{s^2+\omega^2}-\dfrac{1}{s}\dfrac{1}{\omega}(0-0)=\dfrac{1}{s^2+\omega^2}$

推廣

$$\pounds\underbrace{\left[\int_0^t\int_0^\tau\cdots\cdots\int_0^\lambda f(\alpha)\,d\alpha\,d\lambda\cdots\cdots du\,d\tau\right]}_{n\text{ 重積分}}=\dfrac{F(s)}{s^n}$$

【例7】已知 $\pounds[f(t)]=\dfrac{5}{s^2(s^2+9)}$，試求 $f(t)$

解：

因 $\pounds^{-1}\left[\dfrac{5}{s^2+9}\right]=\pounds^{-1}\left[\dfrac{\left(\dfrac{5}{3}\right)(3)}{s^2+3^2}\right]=\dfrac{5}{3}\pounds^{-1}\left[\dfrac{3}{s^2+3^2}\right]=\dfrac{5}{3}\sin3t$

又 $\pounds^{-1}\left[\dfrac{5}{s^2(s^2+9)}\right]=\pounds^{-1}\left[\dfrac{1}{s^2}\dfrac{5}{s^2+9}\right]$

$$= \int_0^t \left[\int_0^\tau \frac{5}{3}\sin 3\lambda d\lambda \right] d\tau$$

$$= \int_0^t \left(-\frac{5}{9}\cos 3\lambda \right) \Big|_0^\tau d\tau = \frac{5}{9} \int_0^t (1 - \cos 3\tau) d\tau$$

$$= \frac{5}{9} \left(\tau - \frac{1}{3}\sin 3\tau \right) \Big|_0^t = \frac{5}{9} \left(t - \frac{1}{3}\sin 3t \right)$$

4.　拉氏轉換的導數

　　已知$f(t)$的拉氏轉換式為$F(s)$

　　則$£[tf(t)] = -F'(s)$

　　　$£[t^2 f(t)] = F''(s)$

　　　$\vdots$

　　　$£[t^n f(t)] = (-1)^n F(s)$

【例 8】試求下列各小題的拉氏轉換

　　(1)$f(t) = t\sin\omega t$

　　(2)$f(t) = t^2 e^{3t}$

解：(1)已知$£(\sin\omega t) = \dfrac{\omega}{s^2 + \omega^2}$

　　　則$£(t\sin\omega t) = -\dfrac{d}{ds} \left(\dfrac{\omega}{s^2 + \omega^2} \right)$

　　　　　　　$= -\dfrac{-\omega(2s)}{(s^2 + \omega^2)^2} = \dfrac{2\omega s}{(s^2 + \omega^2)^2}$

　　(2)已知$£(e^{3t}) = \dfrac{1}{s - 3}$

　　　則$£(t^2 e^{3t}) = (-1)^2 \dfrac{d^2}{ds^2} \left(\dfrac{1}{s - 3} \right)$

　　　　　　　$= \dfrac{2}{(s - 3)^3}$

5. 拉氏轉換的積分

已知$f(t)$的拉氏轉換為$F(s)$

$\lim\limits_{t\to 0}\dfrac{f(t)}{t}$存在

則$£\left[\dfrac{f(t)}{t}\right]=\displaystyle\int_s^\infty F(\lambda)d\lambda$

6. 移位定理

已知$f(t)$的拉氏轉換為$F(s)$

(1) s軸的移位(第一移位定理)

$$£(e^{at}f(t))=F(s-a)$$

如：$\sin\omega t=\dfrac{\omega}{s^2+\omega^2}$，$e^{at}\sin\omega t=\dfrac{\omega}{(s-a)^2+\omega^2}$

▼

【例9】 試求下列各小題的拉氏轉換或原函數$f(t)$

(1)$f(t)=t^2 e^{3t}$

(2)$£[f(t)]=\dfrac{2s+9}{s^2+4s+13}$

解：(1)已知$£(t^2)=\dfrac{2}{s^3}$

由s軸的移位定理，知

$$£[t^2 e^{3t}]=\dfrac{2}{s^3}\bigg|_{s=s-3}=\dfrac{2}{(s-3)^3}$$

(2)$F(s)=\dfrac{2s+9}{s^2+4s+13}=\dfrac{2(s+2)+5}{(s+2)^2+3^2}$

$$=2\left[\dfrac{s+2}{(s+2)^2+3^2}\right]+\dfrac{5}{3}\left[\dfrac{3}{(s+2)^2+3^2}\right]$$

$f(t)=£^{-1}[F(s)]$

$$=2e^{-2t}\cos 3t+\dfrac{5}{3}e^{-2t}\sin 3t=e^{-2t}\left(2\cos 3t+\dfrac{5}{3}\sin 3t\right)$$

(2)　t軸的移位

①　平移觀念

圖 2-8 所示為將函數$f(t)$右移a單位，可得$f(t-a)$的圖形；將函數$u_s(t)$右移a單位，可得$u_s(t-a)$的圖形。

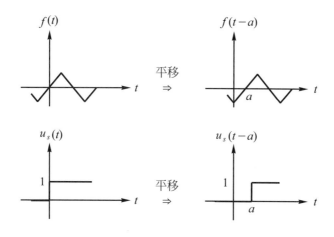

圖 2-8　函數的平移

圖 2-9 所示分別為$f(t)$與$u_s(t-a)$、$f(t-a)$與$u_s(t-a)$做相乘運算後的結果。

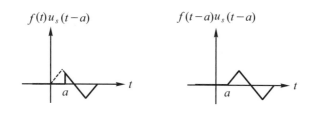

圖 2-9　函數的相乘

②　t軸的移位(第二移位定理)

$$£[f(t-a)u_s(t-a)] = e^{-as}F(s)$$

$$f(t)u_s(t) \rightarrow \boxed{\text{延遲}a\text{單位}} \rightarrow f(t-a)u_s(t-a) \text{ (時域)}$$

$$F(s) \rightarrow \boxed{e^{-as}} \rightarrow e^{-as}F(s) \text{ (}s\text{域)}$$

【例 10】試求下列各小題的拉氏轉換

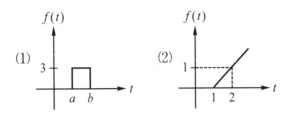

(1)

(2)

(3)$f(t) = t^2 - 2t + 3$，則 £$[f(t)u_s(t-2)]$ 之值

解：(1)

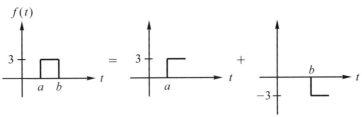

$f(t) = 3u_s(t-a) - 3u_s(t-b)$

$F(s) = e^{-as}\dfrac{3}{s} - e^{-bs}\dfrac{3}{s} = \dfrac{3}{s}(e^{-as} - e^{-bs})$

(2)

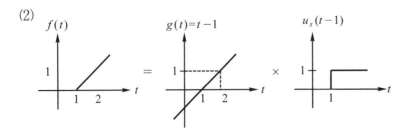

$f(t) = g(t)\,u_s(t-1) = (t-1)\,u_s(t-1)$

$F(s) = e^{-s}\dfrac{1}{s^2} = \dfrac{e^{-s}}{s^2}$

(3)本小題在求 $[f(t)u_s(t-2)]$ 的拉氏轉換式，我們儘可能的將其表示成

$[f(t-a)u_s(t-a)]$ 的模式，以便利用第二移位定理來推求其拉氏轉換式。

£$[f(t)u_s(t-2)]$

$= £[(t^2 - 2t + 3)\,u_s(t-2)]$

$= £\{[(t-2)^2 + 2(t-2) + 3]\,u_s(t-2)\}$

$$= £[(t-2)^2 u_s(t-2)] + 2£[(t-2)u_s(t-2)] + 3£[u_s(t-2)]$$

$$= e^{-2s}\frac{2}{s^3} + 2e^{-2s}\frac{1}{s^2} + 3e^{-2s}\frac{1}{s}$$

$$= e^{-2s}\frac{2 + 2s + 3s^2}{s^3}$$

7.　時間的增縮

已知 $f(t)$ 的拉氏轉換為 $F(s)$

則 $£[f(at)] = \dfrac{1}{a}F\left(\dfrac{s}{a}\right)$（$a$ 為任意正數）

【例 11】試求下列函數的拉氏轉換

(1) $f(t) = t + 1$，則 $£[f(3t)]$

(2) $f(t) = \sin t + \cos t$，則 $£[f(3t)]$

解：(1) 因 $£[f(t)] = £[(t+1)] = \dfrac{1}{s^2} + \dfrac{1}{s} = F(s)$

則 $£[f(3t)] = \dfrac{1}{3}F\left(\dfrac{s}{3}\right)$

$$= \frac{1}{3}\left[\frac{1}{s^2}+\frac{1}{s}\right]\Big|_{s=\frac{s}{3}} = \frac{1}{3}\left[\frac{1}{\left(\frac{s}{3}\right)^2}+\frac{1}{\left(\frac{s}{3}\right)}\right] = \frac{3}{s^2}+\frac{1}{s}$$

(2) 因 $£[f(t)] = £[\sin t + \cos t] = \dfrac{1}{s^2+1} + \dfrac{s}{s^2+1}$

$$= \frac{s+1}{s^2+1} = F(s)$$

則 $£[f(3t)] = \dfrac{1}{3}F\left(\dfrac{s}{3}\right)$

$$= \frac{1}{3}\left[\frac{s+1}{s^2+1}\right]\Big|_{s=\frac{s}{3}} = \frac{1}{3}\frac{\left(\frac{s}{3}\right)+1}{\left(\frac{s}{3}\right)^2+1} = \frac{s+3}{s^2+9}$$

8. 初值定理

   已知$f(t)$的拉氏轉換為$F(s)$

   則$\lim\limits_{t \to 0} f(t) = \lim\limits_{s \to \infty} sF(s)$　（若其時間極限存在）

9. 終值定理

   已知$f(t)$的拉氏轉換為$F(s)$

   且如果$sF(s)$在s平面的右半平面及虛軸上可解析，則$\lim\limits_{t \to \infty} f(t) = \lim\limits_{s \to 0} sF(s)$

【例 12】已知複變函數$F(s) = \dfrac{2s}{(s+2)^2(s^2+2s+2)}$，試求$f(0)$及$f(\infty)$之值。

解：$f(0) = \lim\limits_{s \to \infty} sF(s) = \lim\limits_{s \to \infty} s\,\dfrac{2s}{(s+2)^2(s^2+2s+2)} = 0$

$f(\infty)$：需檢查$sF(s)$的極點是否在s平面的左半側

$\because sF(s) = \dfrac{2s^2}{(s+2)^2(s^2+2s+2)}$

極點在$s = -2$，-2，$-1 \pm j$均在s平面左半側，適用終值定理。

$\therefore f(\infty) = \lim\limits_{s \to 0} sF(s) = \lim\limits_{s \to 0} s\,\dfrac{2s}{(s+2)^2(s^2+2s+2)} = 0$

【例 13】已知某訊號的拉氏轉換式為$F(s) = \dfrac{s+2}{s^2+2s+1}$試求(a)$\displaystyle\int_0^\infty f(t)dt$ (b)$\displaystyle\int_0^\infty tf(t)dt$

解：(a)本題可視為$g(t) = \displaystyle\int_0^t f(t)dt$，求$\lim\limits_{t \to \infty} g(t)$

故$\lim\limits_{t \to \infty} g(t) = \lim\limits_{s \to \infty} sG(s)$

$\qquad = \lim\limits_{s \to 0} s\left[\dfrac{F(s)}{s}\right] = \lim\limits_{s \to 0} \dfrac{s+2}{s^2+2s+1} = 2$

（$s^2 + 2s + 1 = 0$的極點均在s平面左半側）

(b)本題可視為

$h(t) = \displaystyle\int_0^t tf(t)dt$求$\lim\limits_{t \to \infty} h(t)$

已知$\pounds[f(t)] = F(s)$，則$\pounds[tf(t)] = -F'(s)$

則

$$\pounds[h(t)] = \frac{-F'(s)}{s}$$

$$故 \lim_{t \to \infty} h(t) = \lim_{s \to 0} s\left[\frac{-F'(s)}{s}\right] = \lim_{s \to 0}\left[\frac{s^2 + 4s + 3}{s^2 + 2s + 1}\right] = 3$$

$(s^2 + 2s + 1 = 0$的極點均在s平面左半側$)$

10. 實數迴旋定理

已知$f(t)$的拉氏轉換式為$F(s)$

$g(t)$的拉氏轉換式為$G(s)$

則$\pounds[f(t) * g(t)] = F(s)G(s)$

又$f(t) * g(t) = \int_0^t f(\tau)g(t-\tau)d\tau$

$g(t) * f(t) = \int_0^t g(\tau)f(t-\tau)d\tau$

$f(t) * g(t) = g(t) * f(t)$　（滿足交換律）

【例 14】已知$E(s) = \dfrac{1}{s(s-4)^2}$，試求原函數$e(t)$的表示式。

解：利用迴旋定理求解

選擇$F(s) = \dfrac{1}{s}$，$G(s) = \dfrac{1}{(s-4)^2}$

即$f(t) = 1$，$g(t) = e^{4t}(t) = te^{4t}$

$$\pounds^{-1}[E(s)] = \pounds^{-1}[F(s)G(s)] = \pounds^{-1}\left[\frac{1}{s}\frac{1}{(s-4)^2}\right]$$

$$= 1 * te^{4t} = \int_0^t (\tau e^{4\tau})(1)d\tau$$

$$= \frac{1}{4}\left(\tau e^{4\tau} - \frac{1}{4}e^{4\tau}\right)\bigg|_0^t = \frac{1}{4}\left(te^{4t} - \frac{1}{4}e^{4t} + \frac{1}{4}\right)$$

$$= \frac{e^{4t}}{4}\left(t - \frac{1}{4}\right) + \frac{1}{16}$$

【例 15】試解 $f(t) = t^2 + \int_0^t f(\tau)\sin(t-\tau)d\tau$

解：$f(t) = t^2 + \int_0^t f(\tau)\sin(t-\tau)d\tau$

$\qquad = t^2 + f(t) * \sin t$

對上式取拉氏轉換

$F(s) = \dfrac{2}{s^3} + F(s)\dfrac{1}{s^2+1}$

$F(s) = \dfrac{2(s^2+1)}{s^5} = \dfrac{2}{s^3} + \dfrac{2}{s^5}$

即 $f(t) = t^2 + 2\left(\dfrac{t^4}{4!}\right) = t^2 + \dfrac{1}{12}t^4$

2-5　反拉氏轉換

一、反拉氏轉換係將拉氏轉換的結果換成時域的表示式。

　　即 $£^{-1}[F(s)] = f(t)$

二、利用基本公式求反拉氏轉換

　　如：$£^{-1}\left[\dfrac{1}{s^{n+1}}\right] = \dfrac{t^n}{n!}$，$n = 0,1,2,3,\cdots\cdots$

　　　　$£^{-1}\left[\dfrac{1}{s-a}\right] = e^{at}$

　　　　$£^{-1}\left[\dfrac{1}{s^2+\omega^2}\right] = \dfrac{\sin\omega t}{\omega}$

　　　　$£^{-1}\left[\dfrac{s}{s^2+\omega^2}\right] = \cos\omega t$

【例 1】　試求下列各小題的反拉氏轉換

　　　　$(1)£^{-1}\left[\dfrac{1}{s^4}\right]$

　　　　$(2)£^{-1}\left[\dfrac{3}{s^2+22}\right]$

　　　　$(3)£^{-1}\left[\dfrac{3}{s-2}\right]$

解：$(1)£^{-1}\left[\dfrac{1}{s^4}\right] = \dfrac{t^3}{3!} = \dfrac{t^3}{6}$

　　　$(2)£^{-1}\left[\dfrac{3}{s^2+22}\right] = 3£^{-1}\left[\dfrac{1}{s^2+22}\right]$

　　　　　　　　　$= (3)\dfrac{1}{\sqrt{22}}£^{-1}\left[\dfrac{\sqrt{22}}{s^2+(\sqrt{22})^2}\right] = \dfrac{3}{\sqrt{22}}\sin(\sqrt{22}t)$

　　　$(3)£^{-1}\left[\dfrac{3}{s-2}\right] = 3e^{2t}$

三、利用部份分式法求反拉氏轉換

1. $F(s)$ 可表示成複變有理函數的型式

$$F(s) = \frac{P(s)}{Q(s)}$$

$$= \frac{P(s)}{s^n + a_{n-1}s^{n-1} + a_{n-2}s^{n-2} + \cdots\cdots + a_1 s + a_0}$$

其中 a_0，a_1，$\cdots\cdots$，a_{n-1} 為實係數。

2. $F(s)$ 的極點均為單階且為實數的部份分式展開法

$$F(s) = \frac{P(s)}{Q(s)} = \frac{P(s)}{(s - s_1)(s - s_2)\cdots\cdots(s - s_n)}$$

$$= \frac{k_1}{s - s_1} + \frac{k_2}{s - s_2} + \cdots\cdots + \frac{k_n}{s - s_n}$$

其中：$k_1 = \left. \dfrac{P(s)}{(s - s_2)\cdots\cdots(s - s_n)} \right|_{s = s_1}$

$k_2 = \left. \dfrac{P(s)}{(s - s_1)(s - s_3)\cdots\cdots(s - s_n)} \right|_{s = s_2}$

$\vdots$

$k_n = \left. \dfrac{P(s)}{(s - s_1)(s - s_2)\cdots\cdots(s - s_{n-1})} \right|_{s = s_n}$

又 $\dfrac{k_i}{s - s_i}$ 的時域解為 $k_i e^{s_i t}$

故 $f(t) = k_1 e^{s_1 t} + k_2 e^{s_2 t} + \cdots\cdots + k_n e^{s_n t}$

【例 2】試求 $F(s) = \dfrac{s + 3}{(s + 1)(s + 2)}$ 的反拉氏轉換。

解：$F(s) = \dfrac{s + 3}{(s + 1)(s + 2)}$

$\qquad = \dfrac{k_1}{s + 1} + \dfrac{k_2}{s + 2}$

其中 $k_1 = \dfrac{s+3}{s+2}\bigg|_{s=-1} = \dfrac{-1+3}{-1+2} = 2$

$\quad k_2 = \dfrac{s+3}{s+1}\bigg|_{s=-2} = \dfrac{-2+3}{-2+1} = -1$

故 $F(s) = \dfrac{2}{s+1} + \dfrac{-1}{s+2}$

$\quad f(t) = 2e^{-t} - e^{-2t}$，$(t \geqq 0)$

3.　$F(s)$ 有多階極點的部份分式展開法

$$F(s) = \frac{P(s)}{Q(s)} = \frac{P(s)}{(s-a)^k(s-b)(s-c)\cdots\cdots}$$

$$= \left[\frac{A_k}{(s-a)^k} + \frac{A_{k-1}}{(s-a)^{k-1}} + \frac{A_{k-2}}{(s-a)^{k-2}} + \cdots\cdots \right.$$

$$\left. + \frac{A_1}{(s-a)} \right] + \frac{B}{s-b} + \frac{C}{s-c} + \cdots\cdots$$

令 $H(s) = \dfrac{P(s)}{(s-b)(s-c)\cdots\cdots}$

係數 A_k、A_{k-1}、A_{k-2}、$\cdots\cdots$、A_1 滿足

$$A_{k-i} = \frac{1}{i!} H^{(i)}(a) \text{(推導過程請參閱附錄 B)}$$

係數 B、C、$\cdots\cdots$ 均可利用前述的單階極點的方法求得。

【例 3】試求 $F(s) = \dfrac{s^2 + 2s + 3}{(s+1)^3}$ 的反拉氏轉換

解：$F(s) = \dfrac{s^2 + 2s + 3}{(s+1)^3}$

$\qquad = \dfrac{A_3}{(s+1)^3} + \dfrac{A_2}{(s+1)^2} + \dfrac{A_1}{(s+1)}$

其中 $H(s) = s^2 + 2s + 3$

$$A_3 = \frac{1}{0!}H(s)\bigg|_{s=-1} = (s^2 + 2s + 3)\big|_{s=-1} = 1 - 2 + 3 = 2$$

$$A_2 = \frac{1}{1!}H'(s)\bigg|_{s=-1} = (2s + 2)\big|_{s=-1} = -2 + 2 = 0$$

$$A_1 = \frac{1}{2!}H''(s)\bigg|_{s=-1} = \frac{1}{2!}(2)\bigg|_{s=-1} = 1$$

故 $F(s) = \dfrac{2}{(s+1)^3} + \dfrac{0}{(s+1)^2} + \dfrac{1}{(s+1)}$

$f(t) = t^2e^{-t} + e^{-t}$，$(t \geqq 0)$

【例4】 試求 $F(s) = \dfrac{4s^2 + 3s - 2}{(s-2)^2(s+3)}$ 的反拉氏轉換。

解：$F(s) = \dfrac{4s^2 + 3s - 2}{(s-2)^2(s+3)}$

$\qquad = \dfrac{A_2}{(s-2)^2} + \dfrac{A_1}{(s-2)} + \dfrac{B}{s+3}$ ……①

【法一】比較係數法

對①式右側通分得

$$\frac{4s^2 + 3s - 2}{(s-2)^2(s+3)}$$

$$= \frac{A_2(s+3) + A_1(s-2)(s+3) + B(s-2)^2}{(s-2)^2(s+3)}$$

比較左右二側分子係數

$$\begin{cases} A_1 + B = 4 \\ A_2 + A_1 - 4B = 3 \\ 3A_2 - 6A_1 + 4B = -2 \end{cases}$$

解得 $A_1 = 3$，$A_2 = 4$，$B = 1$

故 $F(s) = \dfrac{4}{(s-2)^2} + \dfrac{3}{(s-2)} + \dfrac{1}{s+3}$

$f(t) = 4te^{2t} + 3e^{2t} + e^{-3t}$，$(t \geqq 0)$

【法二】公式法

$$A_2 = \frac{1}{0!} \left. \frac{4s^2 + 3s - 2}{(s + 3)} \right|_{s=2} = \frac{4 \times 2^2 + 3 \times 2 - 2}{(2 + 3)} = 4$$

$$A_1 = \frac{1}{1!} \left. \frac{d}{ds} \left[\frac{4s^2 + 3s - 2}{(s + 3)} \right] \right|_{s=2}$$

$$= \left. \frac{(s + 3)(8s + 3) - (4s^2 + 3s - 2) \times 1}{(s + 3)^2} \right|_{s=2}$$

$$= \frac{5 \times 19 - 20 \times 1}{5^2} = 3$$

$$B = \left. \frac{4s^2 + 3s - 2}{(s - 2)^2} \right|_{s=-3} = \frac{36 - 9 - 2}{25} = 1$$

故 $F(s) = \dfrac{4}{(s - 2)^2} + \dfrac{3}{(s - 2)} + \dfrac{1}{s + 3}$

$$f(t) = 4te^{2t} + 3e^{2t} + e^{-3t} \text{，} (t \geqq 0)$$

4. $F(s)$的極點為單共軛複數的部份分式展開法

$$F(s) = \frac{P(s)}{Q(s)} = \frac{P(s)}{[(s - a)^2 + b^2](s - c)(s - d)\cdots\cdots}$$

$$= \frac{As + B}{(s - a)^2 + b^2} + \frac{C}{s - c} + \frac{D}{s - d} + \cdots\cdots$$

解題步驟：

① 令 $H(s) = \dfrac{P(s)}{(s - c)(s - d)\cdots\cdots}$

② 共軛複數根為 $(s - a)^2 + b^2 = 0$，可得 $s = a \pm jb$

③ 令 $s = a + jb$ 代入 $H(s)$ 中，即

　$H(s) \big|_{s=a+jb} = U + jV$

④ $\dfrac{As + B}{(s - a)^2 + b^2}$ 項的反拉氏運算結果為

$$\frac{e^{at}}{b}[V\cos bt + U\sin bt]\text{(推導過程請參閱附錄 B)}$$

⑤ 至於係數C、D、⋯⋯可依前述的單階極點的方法求得。

【例 5】試求$F(s) = \dfrac{s + 1}{s(s^2 + s + 1)}$的反拉氏轉換。

解：

$$F(s) = \frac{s + 1}{s(s^2 + s + 1)}$$

$$= \frac{1}{s} + \frac{As + B}{\left(s + \dfrac{1}{2}\right)^2 + \left(\dfrac{\sqrt{3}}{2}\right)^2}$$

考慮$\dfrac{As + B}{\left(s + \dfrac{1}{2}\right)^2 + \left(\dfrac{\sqrt{3}}{2}\right)^2}$的式子

特性根$s = \dfrac{-1}{2} \pm j\dfrac{\sqrt{3}}{2} = a \pm jb$

$$H(s) = \frac{s + 1}{s}\Bigg|_{s = \frac{-1}{2} + j\frac{\sqrt{3}}{2}}$$

$$= 1 + \frac{1}{s}\Bigg|_{s = \frac{-1}{2} + j\frac{\sqrt{3}}{2}} = \frac{1}{2} - j\frac{\sqrt{3}}{2} = U + jV$$

本項的時域結果為

$$\frac{e^{at}}{b}(V\cos bt + U\sin bt) = \frac{e^{\frac{-1}{2}t}}{\frac{\sqrt{3}}{2}}\left(\frac{-\sqrt{3}}{2}\cos\frac{\sqrt{3}}{2}t + \frac{1}{2}\sin\frac{\sqrt{3}}{2}t\right)$$

$$= e^{-\frac{t}{2}}\left(-\cos\frac{\sqrt{3}}{2}t + \frac{1}{\sqrt{3}}\sin\frac{\sqrt{3}}{2}t\right)$$

故原式的反拉氏轉換，結果為

$$f(t) = 1 + e^{-\frac{t}{2}}\left(-\cos\frac{\sqrt{3}}{2}t + \frac{1}{\sqrt{3}}\sin\frac{\sqrt{3}}{2}t\right)，\ (t \geqq 0)$$

2-6　拉氏轉換的應用

一、拉氏轉換可應用在求解微分或積分方程式，其有許多優點：

1. 在利用拉氏轉換後，原來的微分或積分運算均可改由代數方式進行。

2. 在微分方程式中同時含有積分式者，可一併處理。

3. 聯立微分方程組亦可利用拉氏轉換的方法求解。

4. 齊次方程式的齊性解及特解可在一次運算中求出，拉氏轉換係將微分方程式轉換成以s為變數的代數方程式，以代數規則運算，可求得s域的解，再藉由反拉氏轉換可得到時域解。

▼

【例1】　試以拉氏轉換法求下列各微分方程式的解

(1) $\dfrac{dy}{dt} + 2y(t) = 0$，$y(0) = 1$

(2) $\dfrac{d^2y(t)}{dt^2} + 3\dfrac{dy(t)}{dt} + 2y(t) = 5u_s(t)$

其中 $u_s(t) = \begin{cases} 1 , t \geqq 0 \\ 0 , t < 0 \end{cases}$

初期條件：$y(0) = -1$

$\qquad\qquad y'(0) = 2$

解：(1) $\dfrac{dy}{dt} + 2y(t) = 0$

取拉氏轉換

$[sY(s) - y(0)] + 2Y(s) = 0$

$(s + 2)Y(s) - 1 = 0 \Rightarrow Y(s) = \dfrac{1}{s + 2}$

取反拉氏轉換

$y(t) = e^{-2t}$，$(t \geqq 0)$

(2) $\dfrac{d^2y(t)}{dt^2} + 3\dfrac{dy(t)}{dt} + 2y(t) = 5u_s(t)$

取拉氏轉換

$$[s^2 Y(s) - sy(0) - y'(0)] + 3[s Y(s) - y(0)] + 2 Y(s) = \frac{5}{s}$$

$$[s^2 Y(s) + s - 2] + 3[s Y(s) + 1] + 2 Y(s) = \frac{5}{s}$$

$$\Rightarrow Y(s) = \frac{1}{s^2 + 3s + 2} \left(\frac{5}{s} - s - 1 \right)$$

$$= \frac{-s^2 - s + 5}{s(s^2 + 3s + 2)} = \frac{-s^2 - s + 5}{s(s + 2)(s + 1)}$$

$$= \frac{\frac{5}{2}}{s} + \frac{\frac{3}{2}}{s + 2} + \frac{-5}{s + 1}$$

$$y(t) = \pounds^{-1}[Y(s)]$$

$$= \frac{5}{2} + \frac{3}{2} e^{-2t} - 5 e^{-t} \, (t \geqq 0)$$

重點摘要

1. 控制系統的數學基礎

   (1)　連續信號系統

      微分方程式、複變函數、拉氏函數、矩陣

   (2)　離散訊號系統

      差分方程式、複變函數、Z 轉換、矩陣

2. 常係數線性常微分方程式的解

   一階系統：$y'(t) + a\,y(t) = u(t)$

   二階系統：$y''(t) + a\,y'(t) + b\,y(t) = u(t)$

   (1)　齊性解 $y_h(t)$：系統沒有外力時(即 $u(t) = 0$)的解

     ①　一階系統特性方程式 $\lambda + a = 0$ 可得其解性 $y_h(t) = c_1 e^{\lambda t}$

     ②　二階系統特性方程式 $\lambda^2 + a\lambda + b = 0$

        特性根 $\lambda = \lambda_1,\ \lambda_2$

        當 $\lambda_1 \neq \lambda_2$(相異實根)，$y_h(t) = c_1 e^{\lambda_1 t} + c_2 e^{\lambda_2 t}$

          $\lambda_1 = \lambda_2 = \lambda$(重根)，$y_h(t) = (c_1 + c_2\,t)\,e^{\lambda t}$

          $\lambda_1,\ \lambda_2 = a \pm jb$(共軛複根)，$y_h(t) = e^{at}(c_1 \cos bt + \sin bt)$

   (2)　特解 $y_p(t)$：系統初始狀態為零時的解，利用未定係數法求之。

$u(t)$	$y_p(t)$的設法
k (常數)	A
t^n	$c_n t^n + c_{n-1} t^{n-1} + \cdots + c_2 t^2 + c_1 t + c_0$
e^{at}	$k e^{at}$
$k \cos at$ 或 $k \sin at$	$A \sin at + b \cos at$
$e^{at} t^n$	$e^{at}(c_n t^n + c_{n-1} t^{n-1} + \cdots + c_2 t^2 + c_1 t + c_0)$

  註：在設特解 $y_p(t)$ 時，若所設函數中有某一項與齊性解相同時，則需將 $y_p(t)$ 中的該項乘上 t^m(m 為齊性解，其係與 $y_h(t)$ 為相同函數時的重複數)

3. 複變函數

   (1)　極點：令複變函數的分母為零所得到的根值

   (2)　零點：令複變函數的分子為零所得到的根值

(3) 解析性：除複變函數的極點外均可解析

4. 拉氏轉換

(1) 基本常見函數的拉氏轉換式

$f(t)$	$\delta(t)$	$u_s(t)$	$tu_s(t)$	$\cdots$	$t^n u_s(t)$
$F(s)$	1	$\dfrac{1}{s}$	$\dfrac{1}{s^2}$	$\cdots$	$\dfrac{n!}{s^{n+1}}$

$f(t)$	$\sin\omega t$	$\cos\omega t$	e^{at}
$F(s)$	$\dfrac{\omega}{s^2+\omega^2}$	$\dfrac{s}{s^2+\omega^2}$	$\dfrac{1}{s-a}$

(2) 基本性質

已知 $f(t)$ 的拉氏轉換式為 $F(s)$

已知 $g(t)$ 的拉氏轉換式為 $G(s)$

① 線性關係　$\pounds[af(t)\pm bg(t)]=aF(s)\pm bG(s)$

② 導數的拉氏轉換

$$\pounds[f'(t)]=sF(s)-f(0)$$

$$\pounds[f''(t)]=s^2F(s)-sf(0)-f'(0)$$

$$\pounds[f'''(t)]=s^3F(s)-s^2f(0)-sf'(0)-f''(0)$$

③ 積分的拉氏轉換　$\pounds\left[\displaystyle\int_0^t f(\tau)\,d\tau\right]=\dfrac{F(s)}{s}$

④ 拉氏轉換的導數　$\pounds[tf(t)]=-F'(s)$，$\pounds[t^2f(t)]=F''(s)$

⑤ 移位定理

(a) s 軸的移位　$\pounds[e^{at}f(t)]=F(s-a)$

(b) t 軸的移位　$\pounds[f(t-a)u_s(t-a)]=e^{-as}F(s)$

⑥ 時間的增縮　$\pounds[f(at)]=\dfrac{1}{a}F\left(\dfrac{s}{a}\right)$

⑦ 初值定理　$\displaystyle\lim_{t\to 0}f(t)=\lim_{s\to\infty}sF(s)$

⑧ 終值定理　$\displaystyle\lim_{t\to\infty}f(t)=\lim_{s\to 0}sF(s)$　（必須 $sF(s)$ 的極點均落在 s 平面的左半側）

5. 反拉氏轉換

(1) 利用基本公式求解

$$\pounds^{-1}\left[\dfrac{1}{s^n}\right]=\dfrac{t^{n-1}}{(n-1)!}\,,\ (n=0,1,2,\cdots\cdots) \qquad \pounds^{-1}\left[\dfrac{1}{s^2+\omega^2}\right]=\dfrac{1}{\omega}\sin\omega t$$

$$\pounds^{-1}\left[\dfrac{1}{s-a}\right]=e^{at} \qquad\qquad\qquad\qquad \pounds^{-1}\left[\dfrac{s}{s^2+\omega^2}\right]=\cos\omega t$$

(2)　利用部份分式求解

① $F(s)$ 極點均為單階且為實數

$$F(s) = \frac{P(s)}{(s-s_1)(s-s_2)(s-s_3)\cdots}$$

$$= \frac{k_1}{s-s_1} + \frac{k_2}{s-s_2} + \frac{k_3}{s-s_3} + \cdots$$

其中 $k_i = \dfrac{P(s)}{(s-s_1)(s-s_2)\cdots(s-s_{i-1})(s-s_{i+1})\cdots}\Big|_{s=s_i}$

可得 $f(t) = k_1 e^{s_1 t} + k_2 e^{s_2 t} + k_3 e^{s_3 t} + \cdots$

② $F(s)$ 極點為多階且為實數

$$F(s) = \frac{P(s)}{(s-a)^k(s-b)(s-c)\cdots\cdots}$$

$$= \left[\frac{A_k}{(s-a)^k} + \frac{A_{k-1}}{(s-a)^{k-1}} + \cdots \frac{A_1}{(s-a)} \right] + \frac{B}{s-b} + \frac{C}{s-c} + \cdots$$

其中 $A_{k-i} = \dfrac{1}{i!}\dfrac{d^i}{ds^i}\left[\dfrac{P(s)}{(s-b)(s-c)\cdots}\right]$

可得 $f(t) = A_k e^{at}\dfrac{t^{k-1}}{(k-1)^i} + A_{k-1}e^{at}\dfrac{t^{k-2}}{(k-2)^i} + \cdots\cdots + A_1 e^{at} + B e^{bt} + C e^{ct} + \cdots$

③ $F(s)$ 極點均為單共軛複數

$$F(s) = \frac{P(s)}{Q(s)} = \frac{P(s)}{[(s-a)^2+b^2](s-c)(s-d)\cdots\cdots}$$

$$= \frac{As+B}{(s-a)^2+b^2} + \frac{C}{s-c} + \frac{D}{s-d} + \cdots\cdots$$

解題步驟

(a)　令 $H(s) = \dfrac{P(s)}{(s-c)(s-d)\cdots\cdots}$

(b)　共軛複數根為 $(s-a)^2 + b^2 = 0$，可得 $s = a \pm jb$

(c)　令 $s = a + jb$ 代入 $H(s)$ 中，即 $H(s)\big|_{s=a+jb} = U + jV$

(d)　$\dfrac{As+B}{(s-a)^2+b^2}$ 項的反拉氏運算結果為 $\dfrac{e^{at}}{b}[V\cos bt + U\sin bt]$

(e)　係數 C、D、$\cdots\cdots$ 可依前述的單階極點的方式求得。

習 題

1. 系統 $\ddot{y}(t) + t\dot{y}(t) + 2y(t) = r(t)$，$t \geq 0$，其中 $y(t)$ 爲輸出信號，$r(t)$ 爲輸入信號；試判別此系統之特性？(屬於線性或非線性、時變或非時變)

2. 試求解下述微分方程式

   (1) $\dfrac{dy}{dt} + 2y = 2e^{-t}$，$y(0) = 1$

   (2) $\dfrac{dy}{dt} + 2y = e^{-2t}$，$y(0) = 1$

   (3) $\dfrac{dy}{dt} + 2y = 5\cos t$

   (4) $\dfrac{d^2y}{dt^2} + 3\dfrac{dy}{dt} + 2y = 0$，$y(0) = 1$，$y'(0) = 0$

   (5) $\dfrac{d^2y}{dt^2} + 4\dfrac{dy}{dt} + 4y = 0$，$y(0) = 1$，$y'(0) = 2$

   (6) $\dfrac{d^2y}{dt^2} + 2\dfrac{dy}{dt} + 10y = 0$，$y(0) = 1$，$y'(0) = -2$

3. 某系統的輸入輸出微分方程式爲 $\dot{y}(t) + \alpha y(t) = \beta u_s(t)$，其中 $\alpha > 0$，$\beta > 0$，當系統的初始值 $y(0^+) = 0$ 且輸入 $u_s(t)$ 爲單位步階函數(unit-step function)時，

   (1) 其輸出響應 $y(t)$ 的初始速度 $\dot{y}(0^+)$ 爲何？

   (2) 其穩態輸出 $y_{ss} = \lim\limits_{t \to \infty} y(t)$ 爲何？

4. 試求 $G(s) = \dfrac{3(s+2)}{s(s+1)(s+3)^2}$ 的極點、零點、解析度。

5. 試求下列各小題的拉氏轉換

   (1) $\pounds\{3t^2 + \sin(2t)\}$

   (2) $\pounds\{t^2 e^{-3t}\}$

   (3) $f(t) = \begin{cases} \sin(3t - 2) & , \ t \geq \dfrac{2}{3} \\ 0 & , \ t < \dfrac{2}{3} \end{cases}$

   (4) $\pounds\{t\sin(3t)\}$

   (5) 已知 $F(s) = \dfrac{5}{s^2 + 2s + 3}$，求 $f(2t)$ 的拉氏式

   (6) $\pounds\{t^2 * t^2 * t^2\}$

6. (1)若$G(s) = (2s + 1)/[s(s^2 + 4s + 1)]$，且$G(s)$之反拉氏轉換為$g(t)$，試求當$t \to \infty$時，$g(t)$之值。

   (2)有一信號$f(t)$，當$t < 0$時，$f(t) = 0$；若$f(t)$之拉氏轉換為

   $$F(s) = \frac{4}{s(s^2 + 3s - 4)}$$，試求當$t \to 0^+$及$t \to \infty$時，$f(t)$之值。

7. 已知函數$f(t)$的拉氏轉換為$F(s) = \dfrac{5}{s + 2}$，則$\dfrac{df}{dt}$在$t = 0$時之值為何？

8. 試利用拉氏轉換的基本性質，求解下列各題：

   (1)$\pounds^{-1}\left\{ \dfrac{2}{s + 4} + \dfrac{4s}{s^2 + 9} \right\}$　　　　(4)$\pounds^{-1}\left\{ \dfrac{s}{(s^2 + 4)^2} \right\}$

   (2)$\pounds^{-1}\left\{ \dfrac{s + 2}{(s + 2)^2 + 9} \right\}$　　　　(5)$\pounds^{-1}\left\{ \dfrac{1}{(s - 2)(s - 3)} \right\}$

   (3)$\pounds^{-1}\left\{ \dfrac{e^{-s}}{(s + 2)^2} \right\}$　　　　(6)$\pounds^{-1}\left\{ s e^{-as} \right\}$

9. 試利用部份分式求下列各小題的逆轉換

   (1)$F(s) = \dfrac{11s + 7}{s^2 - 1}$　　　　(4)$F(s) = \dfrac{2s - 1}{s^2 + 2s + 8}$

   (2)$F(s) = \dfrac{s^3 + 4s^2 + 12s}{(s + 2)^4}$　　　　(5)$F(s) = \dfrac{3s + 1}{(s - 1)(s^2 + 1)}$

   (3)$F(s) = \dfrac{s + 1}{s(s^2 + 2s + 2)}$

10. 試利用拉氏轉換求解微分方程式

    $$\frac{d^2 x}{dt^2} + 4\frac{dx}{dt} + 3x = e^{-3t}，x(0) = \frac{1}{2}，x'(0) = -2$$

11. 某RC串聯電路，其中電阻$R = 2000\Omega$及電容$C = 0.001\text{F}$，外接 3 伏特的直流電源，若初值$q(0) = 0$，試求電容器的跨壓。

12. 若一系統之輸出與輸入間之轉移函數為$G(s) = \dfrac{-s + 6}{s + 2}$，當輸入訊號為$\sin 2t$，

    $t \geq 0$時，試求輸出響應在穩態時之值。

    提醒：轉移函數在第 3 章 3-3 節會做完整的說明。

    $$系統的轉移函數 = \frac{\pounds(輸出響應)}{\pounds(輸入訊號)}$$

習題解答

1. 線性時變系統

2. (1)$y(t) = -e^{-2t} + 2e^{-t}\,(t \ge 0)$ (4)$y(t) = 2e^{-t} - e^{-2t}\,(t \ge 0)$

   (2)$y(t) = (1 + t)\,e^{-2t}\,(t \ge 0)$ (5)$y(t) = (1 + 4t)e^{-2t}\,(t \ge 0)$

   (3)$c_1\,e^{-2t} + \sqrt{5}\sin(t + \tan^{-1}2)\,(t \ge 0)$ (6)$y(t) = e^{-t}(\cos 3t - \frac{1}{3}\sin 3t)(t \ge 0)$

3. (1)$\dot{y}(0^+) = \beta$ (2)$y_{ss} = \dfrac{\beta}{\alpha}$

4. 極點：$s = 0$、-1、-3(二階極點)，零點：$s = -2$，在s平面上除了$s = 0$、-1、
   -3點外均可解析

5. (1)$\dfrac{6}{s^3} + \dfrac{2}{s^2 + 4}$ (2)$\dfrac{2}{(s + 3)^3}$ (3)$\dfrac{3e^{-2s/3}}{s^2 + 9}$ (4)$\dfrac{6s}{(s^2 + 9)^2}$ (5)$\dfrac{10}{s^2 + 4s + 12}$ (6)$\dfrac{8}{s^9}$

6. (1) 1   (2) 0，不存在

7. -10

8. (1)$2e^{-4t} + 4\cos(3t)\,(t \ge 0)$ (4)$\dfrac{t}{4}\sin(2t)\,(t \ge 0)$

   (2)$\cos(3t)\,e^{2t}\,(t \ge 0)$ (5)$-e^{2t} + e^{3t}\,(t \ge 0)$

   (3)$(t - 1)e^{-2(t - 1)}u_s(t - 1)$ (6)$\delta'(t - a)$

9. (1)$f(t) = 9e^t + 2e^{-t}\,(t \ge 0)$

   (2)$f(t) = e^{-2t}\left(-\dfrac{8}{3}t^3 + 4t^2 - 2t + 1\right)(t \ge 0)$

   (3)$f(t) = \dfrac{1}{2}[1 + e^{-t}(\sin t - \cos t)](t \ge 0)$

   (4)$f(t) = e^{-t}\left[2\cos\left(\sqrt{7}\,t\right) - \dfrac{3}{\sqrt{7}}\sin\left(\sqrt{7}\,t\right)\right](t \ge 0)$

   (5)$f(t) = 2e^t - 2\cos t + \sin t\,(t \ge 0)$

10. $x(t) = -\dfrac{1}{2}t\,e^{-3t} + \dfrac{1}{2}e^{-3t} = \dfrac{e^{-3t}}{2}(1 - t)\,(t \ge 0)$

11. $3(1 - e^{-0.5t})\,(t \ge 0)$

12. $\sin 2t - 2\cos 2t\,(t \ge 0)$

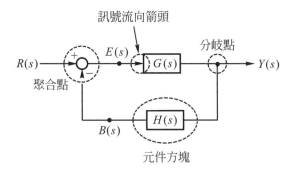

訊號流向箭頭

分岐點

$R(s)$ $E(s)$ $G(s)$ $Y(s)$

聚合點

$B(s)$ $H(s)$

元件方塊

第**3**章

古典控制的系統描述

3-1 前 言

一、在建立物理系統時所做的「適當、合理」假設，是指系統爲線性(linear)、非時變(time invariant)、集中(lumped)的系統。如此在推導數學模式時才會較爲便捷。

二、在系統的分析或設計時，必需將物理系統予以數學化。也就是藉由「適當的、合理的」假設，將實際的系統轉換成物理系統，以便進行數學模型的推導，此即爲所謂的建模(modelling)。

三、對於相同的系統，可以利用不同的方法來建立不同的數學模型，雖然它們在形式上不同，但實質上是相同的。會有不同的形式，乃是在於使用場合不同之故，所以會有多種模型同時存在。

四、在控制系統領域中用來建立系統與其組成元件間特性關係數學模型的方法有很多種，將其簡述如后。至於要選擇哪一種型式的數學模型，視研究探討問題的方向及準確性要求等因素而定。

    1. 以數學表示式來呈現

        如：利用微分方程式、差分方程式、轉移函數、狀態變數表示式來呈現。

    (1) 微分方程式(differential equation)

        在第二章中已介紹過(物理系統的反應是隨時間而變化的，故其所得到的數學模型是微分方程式，而非代數方程式)。雖然微分方程與系統的輸入及輸出有關，但就系統整體特性的觀點而言，若仍利用微分方程式來表達，則顯得相當的繁雜，故其並非最理想的表示方式。

    (2) 轉移函數(transfer function)

        利用拉氏轉換的多項式代數型式來表達一個完整線性非時變的物理系統之輸出與輸入間的因果關係。因其係以代數多項式的方式表現，故在分析及設計會較爲簡單。

    (3) 狀態空間表示法(state space representation)

        係時域的表示方法，其可適用於線性、非線性、時變、非時變、單輸入、單輸出、多輸入、多輸出系統，爲近代控制的處理模式，其可做爲分析系統的控制性、觀測性等問題。此部份在第七章中再詳述。

2. 以圖示型態來呈現

　　如：利用方塊圖、訊號流程圖方式來呈現。

(1) 方塊圖(block diagram)

　　直接利用圖形來描述線性非時變控制系統的組成及其特性，其轉移函數可直接以代數運算方式求得。

(2) 訊號流程圖(signal flow graph)

　　亦為利用圖形的方式來描述線性非時變控制系統的組成與特性，其可利用梅生公式求得系統的轉移函數。

3. 利用計算機做程序的綜合。

小櫥窗

　　以數學理論來解決自動控制系統的問題，在東歐與蘇聯是採用系統的微分方程式來推演出各種的控制理論(時域控制理論的濫觴)，在西歐與美國則是以系統就傳遞訊號頻率的影響情形來設計系統(頻域控制理論的濫觴)。據此，控制理論的發展可以被區分為時域控制理論及頻域控制理論的二個主軸方向。

　　時域控制是以系統的微分方程式做為分析的依據，而微分方程式可以描述線性及非線性、時變及非時變的控制系統之動態變化特性，故其所發展出來的理論相對亦較為複雜。而頻域控制通常是建立在線性非時變系統之分析與設計。

▨▨▨▨

3-2 系統的分類

一、系 統

由元件組合而成，以執行某特定的功能。

如：電路系統－由電源、電阻元件組成，如圖 3-1 所示。

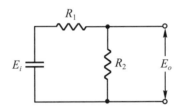

圖 3-1 電路系統

$$E_o = E_i \frac{R_2}{R_1 + R_2} (分壓定理)$$

執行電壓分配的特定功能。

如：機械系統－由彈簧、質量元件組成，如圖 3-2 所示。

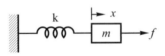

圖 3-2 機械系統

$$f - kx = m\ddot{x}$$

執行平移運動的功能。

討論

　　系統的輸入$u(t)$與輸出$y(t)$之間所存在的關係可能是：

1. 簡單的靜態行爲，即爲靜態系統(static system)，如圖 3-1 的電路系統即是。本類系統在數學上的表現即是代數方程式的型態。

2. 複雜的動態行爲，即爲動態系統(dynamic system)，如圖 3-2 的機械系統即是。本類系統在數學上的表現是微分方程式的型態。

二、系統的分類

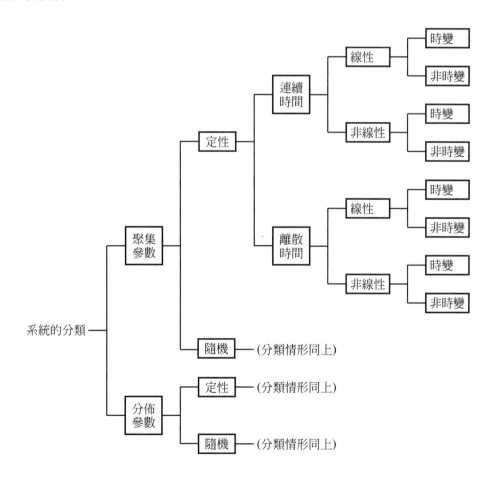

1. 聚集參數的形式之數學模型爲常微分方程式

   分佈參數的形式之數學模型爲偏微分方程式

2. 隨機模式係指系統的參數只可以用數理統計的方式來分析。

3. 線性系統(Linear system)

   (1) 輸入及輸出可以滿足重疊定理者稱之。

   (2) 以數學式表達

$$u(t) \longrightarrow \boxed{H} \longrightarrow y(t)$$

   若輸入爲$u_1(t)$時，系統的輸出爲$y_1(t)$

   　輸入爲$u_2(t)$時，系統的輸出爲$y_2(t)$

   則輸入爲$\alpha u_1(t) + \beta u_2(t)$時，系統的輸出可滿足$\alpha y_1(t) + \beta y_2(t)$。

   以簡式表達如下：

   若$u_1(t) \rightarrow y_1(t)$

   　$u_2(t) \rightarrow y_2(t)$

   則$\alpha u_1(t) + \beta u_2(t) \rightarrow \alpha y_1(t) + \beta y_2(t)$

   (3) 一般的物理系統均爲非線性系統。

   　　非線性系統不滿足重疊定理

【例1】 右圖所示RC網路，若輸入電流爲$i(t)$，輸出電壓爲$e(t)$，試判別其是否爲線性系統(設電容無初值)？

解：假設電容端電壓爲$v_c(t)$，電阻端電壓爲$v_R(t)$，由克希荷夫電壓定律可得

$$e(t) = v_c(t) + v_R(t) = \frac{1}{C} \int_0^t i(\tau)d\tau + i(t)R$$

利用線性系統需滿足重疊定理的特性來做判別

(1)當輸入$i_1(t)$時，其輸出爲$e_1(t) = \frac{1}{C} \int_0^t i_1(\tau)d\tau + i_1(t)R$

(2)當輸入$i_2(t)$時，其輸出爲$e_2(t) = \frac{1}{C} \int_0^t i_2(\tau)d\tau + i_2(t)R$

(3)當輸入 $\alpha i_1(t) + \beta i_2(t)$ 時，其輸出爲

$$e(t) = \frac{1}{C} \int_0^t [\alpha i_1(\tau) + \beta i_2(\tau)] d\tau + [\alpha i_1(t) + \beta i_2(t)] R$$

$$= \alpha \left[\frac{1}{C} \int_0^t i_1(\tau) d\tau + i_1(t) R \right] + \beta \left[\frac{1}{C} \int_0^t i_2(\tau) d\tau + i_2(t) R \right]$$

恰好與 $\alpha e_1(t) + \beta e_2(t)$ 合成(即將(1)、(2)的結果分別乘以 α 倍、β 倍做合成)的式子相同，亦即滿足重疊定理，故爲線性系統。

【例 2】　試判斷下圖所示二極體電路是否爲線性系統？

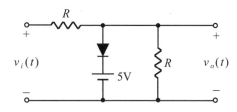

解：(1)若二極體爲截止時，其等效電路爲

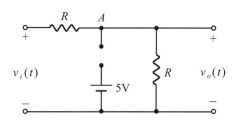

輸出值 $v_o = v_A = \dfrac{R}{R + R} v_i = \dfrac{1}{2} v_i$

故其臨界點爲 $v_A = 5$ 伏 $\Rightarrow 5 = \dfrac{1}{2} v_i$，$\therefore v_i = 10$ 伏

(2)當 $v_i \geqq 10$ 伏時，二極體爲導通，其輸出值爲 $v_o = 5$ 伏

(3)系統的輸入 v_i —輸出 v_o 的關係圖如下：

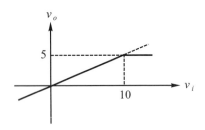

當$v_i(t) < 10$伏時，系統爲線性系統

結論

線性系統的基本條件

(1)系統沒有初始值。(電感、電容無貯存起始能量)(如例1)

(2)輸出—輸入曲線無轉折點。(二極體有截波現象)(如例2)

(3)$\dfrac{輸出}{輸入} =$一次式。$\left(如例2：\dfrac{v_o}{v_i} = \dfrac{1}{2}，當 v_i < 10 伏特時\right)$

4. 非時變系統(time-invariant system)

  (1) 系統的特性不隨時間而改變者稱之爲非時變系統。

  (2) 以數學式表達

      若$u(t) \rightarrow y(t)$

      則$u(t-\tau) \rightarrow y(t-\tau)$

  (3) 圖解表示

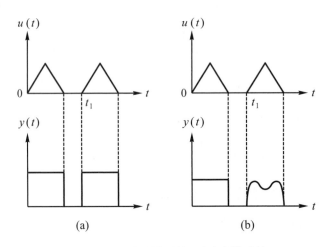

圖3-3   (a)非時變系統   (b)時變系統

　　觀察圖 3-3(a)，在 $t=0$ 時，將三角波訊號外加於系統(即 $u(t)$ 爲三角波)，所對應得到系統的輸出 $y(t)$ 爲方波訊號，又當 $t=t_1$ 時，再送入與 $t=0$ 相同的三角波訊號，此時系統的輸出仍爲同樣的方波訊號，如此繼續相同的動作，若亦可得到相同的結果，則可稱此系統爲非時變系統。亦即輸出波形不會隨時間改變，只會產生移位的現象。反觀圖 3-3(b)，如同前述之分析，其輸出的結果並不相同，故其爲時變系統。亦即輸出波形會隨時間而改變。

【例3】若 $y(t)=au(t)+b$，其中 a、b 爲常數，試問在何種條件下爲線性非時變系統？

解：(1)先判別線性系統

　　①輸入爲 $u_1(t)$ 時，其輸出爲 $y_1(t)=au_1(t)+b$

　　②輸入爲 $u_2(t)$ 時，其輸出爲 $y_2(t)=au_2(t)+b$

　　③輸入爲 $\alpha u_1(t)+\beta u_2(t)$ 時，其輸出爲

　　$$y(t)=a(\alpha u_1(t)+\beta u_2(t))+b$$
　　$$=\alpha au_1(t)+\beta au_2(t)+b\cdots\cdots(a)$$

　　若要滿足線性系統，則其輸出應爲

　　$$y(t)=\alpha y_1(t)+\beta y_2(t)$$
　　$$=\alpha(au_1(t)+b)+\beta(au_2(t)+b)$$
　　$$=\alpha au_1(t)+\beta au_2(t)+(\alpha+\beta)b\cdots\cdots(b)$$

　　比較(a)、(b)，可得知必需 $b=0$ 時，方爲線性系統

　　亦即 $y(t)=au(t)$ 時才滿足線性系統的條件

(2)再判別非時變系統(由(1)的結果得知線性系統需爲 $y(t)=au(t)$)

　　①輸入爲 $u(t)$ 時，其輸出爲 $y(t)=au(t)$

　　②輸入爲 $u(t-\tau)$ 時，其輸出爲 $au(t-\tau)$，恰好與 $y(t-\tau)$ 之值相同，故其滿足非時變系統的條件

(3)線性非時變系統爲

　　$$y(t)=au(t)$$

　　即輸出 $y(t)$ 與輸入 $u(t)$ 的關係曲線爲過原點的直線時，該系統即爲線性非時變系統。

【例4】　試判定下述系統為時變或非時變系統

　　　　(1)$y(t) = 2\dfrac{d[u(t)]}{dt}$

　　　　(2)$y(t) = t\dfrac{d[u(t)]}{dt}$

解：(1)當輸入為$u(t-\tau)$時

　　　輸出 $= 2\dfrac{du(t-\tau)}{dt}$

　　　　　 $= 2\dfrac{du(t-\tau)}{d(t-\tau)}\dfrac{d(t-\tau)}{dt}$　（鏈鎖律）

　　　　　 $= 2\dfrac{du(t-\tau)}{d(t-\tau)}(1) = 2\dfrac{du(t-\tau)}{d(t-\tau)}\cdots\cdots$①

　　　又由題目知$y(t-\tau) = 2\dfrac{du(t-\tau)}{d(t-\tau)}\cdots\cdots$②

　　　①＝②，故系統為非時變系統

　　(2)當輸入為$u(t-\tau)$時

　　　輸出 $= t\dfrac{du(t-\tau)}{dt}$

　　　　　 $= t\dfrac{du(t-\tau)}{d(t-\tau)}\dfrac{d(t-\tau)}{dt}$　（鏈鎖律）

　　　　　 $= t\dfrac{du(t-\tau)}{d(t-\tau)}(1) = t\dfrac{du(t-\tau)}{d(t-\tau)}\cdots\cdots$③

　　　又$y(t-\tau) = (t-\tau)\dfrac{du(t-\tau)}{d(t-\tau)}$(由題目的$y(t)\,|_{t=t-\tau}$)$\cdots\cdots$④

　　　因為③ ≠ ④，故系統為時變系統

【例5】　下述的輸入—輸出系統是否為線性非時變系統

　　　　(1)$y(t) = au(t+b)$，a、b為常數

　　　　(2)$y(t) = \begin{cases} 0 & , t < T_0 \\ \alpha u(t) & , t \geqq T_o\,(\alpha 為常數) \end{cases}$

解：(1)先判斷系統是否爲線性

①輸入$u_1(t)$時，輸出爲$y_1(t)=au_1(t+b)$

②輸入$u_2(t)$時，輸出爲$y_2(t)=au_2(t+b)$

③輸入$\alpha u_1(t)+\beta u_2(t)$時，輸出爲

$$y(t)=a[\alpha u_1(t+b)+\beta u_2(t+b)]$$
$$=\alpha au_1(t+b)+\beta au_2(t+b)$$
$$=\alpha y_1(t)+\beta y_2(t)$$

滿足重疊定理，故其爲線性系統

再判斷系統是否爲非時變

①輸入爲$u(t)$時，輸出爲$y(t)=au(t+b)$

②輸入爲$u(t-\tau)$時，輸出爲$au(t-\tau+b)$，恰好與$y(t-\tau)$的結果(將$y(t)\big|_{t=t-\tau}$代入)相同，故系統屬於非時變。

綜合上述結果可知系統屬於線性非時變系統。

(2)將輸出$y(t)$，輸入$u(t)$的關係圖表示如下：

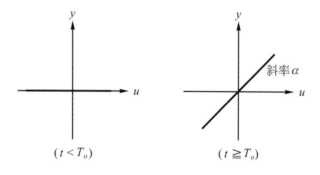

$(t<T_o)$　　　　　$(t\geqq T_o)$

在任何時刻，輸出$y(t)$及輸入$u(t)$的平面上皆爲通過原點的直線，由例 3 的結果可推論其確屬於線性非時變系統。

5.　線性非時變系統的應用

若某系統已知爲線性非時變時，其具有重疊及移位的特性。下面以例子來說明本觀念。

【例6】下圖所示為一線性非時變系統輸入$u(t)$、輸出$y(t)$的訊號波形

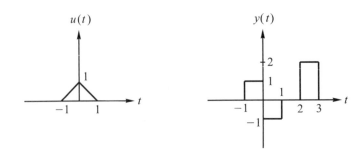

試繪當系統的輸入訊號為$2u(t+4)$時的輸出訊號波形。

解：線性非時變系統具有重疊、移位的特性

輸入$u_1(t)=2u(t+4)$代表將原輸入$u(t)$向左移4單位，再將其放大2倍。

故其圖形為

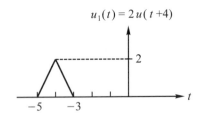

輸出$y_1(t)$則為將原輸出$y(t)$向左移位4單位，再將其放大2倍可得。亦即$y(t)=2y(t+4)$

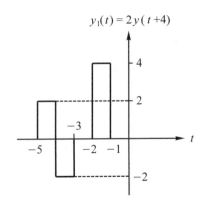

【例 7】　下圖所示為一線性非時變系統輸入 $u(t)$、輸出 $y(t)$ 的訊號波形

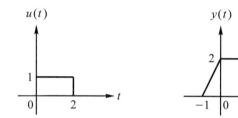

試繪出如下圖所示輸入訊號時的輸出訊號波形。

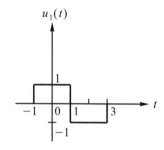

解：已知線性非時變系統，故其滿足重疊、移位的特性。

由 $u_1(t) = u(t + 1) - u(t - 1)$

可推論 $y_1(t) = y(t + 1) - y(t - 1)$

其輸出波形如下：

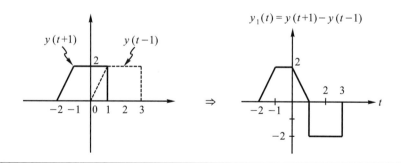

6.　因果系統(causal system)

(1)　先有輸入，才有輸出。

(2)　系統目前的輸出只與現在及過去的輸入有關，而與未來輸入無關。

(3)　圖解表示

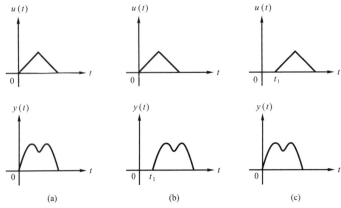

圖 3-4　(a)(b)因果系統　(c)非因果系統

　　觀察圖 3-4(a)，當輸入$u(t)$在$t=0$送入系統時，同時間就有輸出訊號$y(t)$產生，又圖 3-4(b)則當輸出訊號在延後t_1秒後才產生，此即為前述的「系統目前的輸出只與現在(如(a))及過去(如(b))的輸入有關」，故二者均為因果系統。又在圖 3-4(c)，輸入是在t_1秒才加入系統，而其輸出在$t=0$時就有存在，此即表示輸出與未來的輸入有關，故其為非因果系統。

【例 8】　下列線性系統是否為因果系統？

(1)$y(t)=u(t-\tau)$，$\tau \geqq 0$

(2)$y(t)=u(-t)$

(3)$y(t)=3u(t+3)$

(4)$y(t)=4u(t-2)+3u(t-3)$

解：以圖解說明

　　假設系統的輸入$u(t)$為

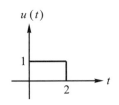

則各小題的輸出結果分別為

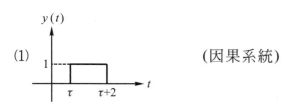

(1)   (因果系統)

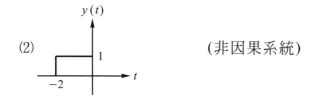

(2)   (非因果系統)

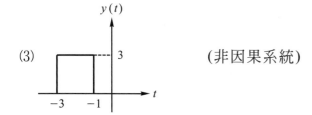

(3)   (非因果系統)

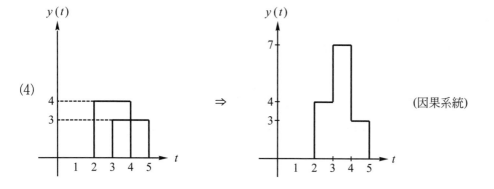

(4)   (因果系統)

7. 鬆弛系統(relaxed system)

   (1)   泛指一切不貯存能量的物理系統。

   (2)   在控制系統而言,其初值為零者,稱之為鬆弛系統。

   (3)   數學表示法

$$u(t) \longrightarrow \boxed{H} \longrightarrow y(t)$$

若 $u(t) = 0$，$\forall t$

則 $y(t) = H[u(t)] = 0$，$\forall t$

討論

測試某系統是否爲鬆弛的方法爲

若 $u(t) = 0$，$\forall t \in [t_0, \infty]$

則 $y(t) = 0$，$\forall t \in [t_0, \infty]$

(4) 鬆弛系統的輸出唯一由系統的輸入所決定。

(5) 任何的物理系統，一般均假設在 $t = -\infty$ 時爲鬆弛系統。

(6) 線性系統必爲鬆弛系統，但鬆弛系統不一定是線性系統。

【例9】 某系統的輸入－輸出關係爲：(1)$y(t) = 3u(t)$　(2)$y(t) = 3u(t) + 5$，試判別是否爲鬆弛系統。

解：(1)$y(t) = 3u(t)$

當 $u(t) = 0$ 時，則 $y(t) = 0$，屬於鬆弛系統。

[又 $y(t) = 3u(t)$ 爲線性系統，故可驗證：「線性系統必爲鬆弛系統」]

(2)$y(t) = 3u(t) + 5$

當 $u(t) = 0$ 時，則 $y(t) = 5$，不屬於鬆弛系統。

[$y(t) = 3u(t) + 5$，其中 $u(t)$ 爲輸入，5 爲初值，$y(t)$ 爲輸出]

3-3　轉移函數

一、轉移函數是古典控制學的表現模式，系統以方塊圖表示

　　其中輸入變數$r(t)$代表參考輸入，輸出變數$y(t)$代表受控變數。

二、在控制系統中的轉移函數，其所具備的性質為

　1.　只適用於線性非時變系統。

　2.　代表系統的行為，與系統的輸入及輸出無關。

　3.　在零初始條件(令系統所有的初值為零)。

　4.　系統的轉移函數 $= \dfrac{£(輸出響應)}{£(輸入訊號)}$。

　5.　無法由轉移函數來分析系統內部的電氣特性。

　6.　系統的轉移函數可定義為系統脈衝響應的拉氏轉換式。

【證明】

$$轉移函數 = \frac{£(h(t))}{£(\delta(t))}$$
$$= £(h(t)) \cdots\cdots 脈衝響應的拉氏轉換式$$
$$= H(s)$$

【例1】　關於轉移函數(transfer function)之特性，下列何者不正確？

　　　　(A)轉移函數適用於線性非時變系統　(B)轉移函數之計算法為輸出訊號之拉氏轉換與輸入訊號之拉氏轉換之比　(C)定義系統轉移函數時，系統的初值設定為零　(D)轉移函數與輸入激勵訊號有關　(E)系統的轉移函數為該系統脈衝響應的拉氏轉換　(F)轉移函數為純量函數

解：(D)選項：轉移函數代表系統的行為，與系統的輸入訊號無關。又(F)選項：參考7-10節得知其為向量函數。

　　答：(D)(F)

【例 2】 (1)某線性系統的脈衝響應為$e^{-3t} - e^{-5t}$

(2)某線性系統的單位步級響應為$e^{-3t} - e^{-5t}$

試求轉移函數

解：(1)$£[h(t)] = £(e^{-3t} - e^{-5t})$

$$= \frac{1}{s+3} - \frac{1}{s+5} = \frac{2}{(s+3)(s+5)}$$

(2)$\dfrac{£(e^{-3t} - e^{-5t})}{£(u_s(t))} = \dfrac{\dfrac{1}{s+3} - \dfrac{1}{s+5}}{\dfrac{1}{s}} = \dfrac{2s}{(s+3)(s+5)}$

【例 3】 某線性非時變系統的單位步級函數響應為$y(t) = u_s(t) + 2e^{-t}u_s(t)$ (其中$u_s(t)$為單位步級函數)，則系統的脈衝響應為何？

解：【法一】依轉移函數的基本定義求解

$$轉移函數 = \frac{£(u_s(t) + 2e^{-t}u_s(t))}{£(u_s(t))}$$

$$= \frac{\dfrac{1}{s} + 2\dfrac{1}{s+1}}{\dfrac{1}{s}} = 3 + \frac{-2}{s+1}$$

$$脈衝響應 h(t) = £^{-1}\left(3 + \frac{-2}{s+1}\right)$$

$$= 3\delta(t) - 2e^{-t}u_s(t)$$

【法二】利用線性非時變的性質求解

若 $u_s(t)$ ⟶ 線性非時變 ⟶ $y(t)$

則 $\delta(t)$ ⟶ 線性非時變 ⟶ $h(t) = \dfrac{dy(t)}{dt}$

即 $h(t) = \dfrac{dy(t)}{dt}$

$$= \frac{d}{dt}(u_s(t) + 2e^{-t}u_s(t))$$

$$= \delta(t) - 2e^{-t}u_s(t) + 2e^{-t}\delta(t)$$

$$= \delta(t) - 2e^{-t}u_s(t) + 2\delta(t)$$

$$= 3\delta(t) - 2e^{-t}u_s(t)$$

討論

1. 對於線性非時變系統而言，若已知某輸入時的輸出結果，當另一輸入為上述已知某輸入微分時，則其輸出即為上述輸出結果的微分，同樣的當另一輸入為上述已知其輸入積分時，則其輸出即為上述輸出結果的積分。將其圖示如下：

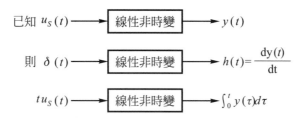

因為 $\delta(t) = \dfrac{du_s(t)}{dt}$　（$u_s(t)$ 的微分）

$tu_s(t) = \displaystyle\int_0^t u_s(\tau)d\tau$　（$u_s(t)$ 的積分）

故其輸出分別由 $y(t)$ 的微分或積分得出。

2. $\delta(t)$：脈衝函數，$f(t)$ 為任意函數

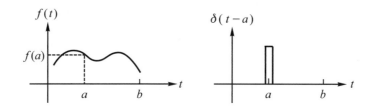

$$f(t)\,\delta(t-a) = f(a)\,\delta(t-a)$$

$$\int_0^b f(t)\,\delta(t-a)dt = f(a)\int_0^b \delta(t-a)dt = f(a)$$

在本例的解法(法二)中

$$2e^{-t}\delta(t) = 2e^{-t}\delta(t)\mid_{t=0} = 2\delta(t)$$

【例4】　已知某系統的轉移函數為$\dfrac{e^{-2s}}{s+5}$，若其初值為零，且其輸入為$u_s(t)$(單位步階函數)時，試求系統的輸出。

解：轉移函數$=\dfrac{e^{-2s}}{s+5}=\dfrac{Y(s)}{U(s)}\mid_{U(s)=\frac{1}{s}}$

故 $Y(s)=\dfrac{e^{-2s}}{s+5}\cdot\dfrac{1}{s}$

$$=\left[\dfrac{\dfrac{-1}{5}}{s+5}+\dfrac{\dfrac{1}{5}}{s}\right]e^{-2s}$$

$$=\dfrac{\dfrac{-1}{5}e^{-2s}}{s+5}+\dfrac{\dfrac{1}{5}e^{-2s}}{s}\cdots(甲)$$

接著利用第2章第2-4節→六、拉氏轉換／6.移位定理／(2)t軸的移位／②t軸的移位(第二移位定理)

£$[f(t-a)u_s(t-a)]=e^{-as}F(s)$求解

(1)考慮$\dfrac{\dfrac{1}{5}e^{-2s}}{s}$項

s 域 $\longrightarrow$	t 域
$\dfrac{1}{s}$ $\longrightarrow$	$1\cdot u_s(t)$
$\dfrac{1}{s}\cdot e^{-2s}$ $\longrightarrow$	$1\cdot u_s(t-2)$
$\dfrac{1}{5}\cdot\dfrac{1}{s}\cdot e^{-2s}\longrightarrow$	$\dfrac{1}{5}u_s(t-2)$

(2)考慮$\dfrac{\dfrac{-1}{5}e^{-2s}}{s+5}$項

	s 域 $\longrightarrow$ t 域	
$\dfrac{1}{s}$	$\longrightarrow$	$1 \cdot u_s(t)$
$\dfrac{1}{s+5}$	$\longrightarrow$	$1 \cdot e^{-5t}u_s(t)$
$\dfrac{1}{s+5} \cdot e^{-2s}$	$\longrightarrow$	$1 \cdot e^{-5(t-2)}u_s(t-2)$
$\dfrac{-1}{5}\dfrac{1}{s+5} \cdot e^{-2s}$	$\longrightarrow$	$\dfrac{-1}{5} \cdot e^{-5(t-2)}u_s(t-2)$

※利用第 2 章第 2-4 節→六、拉氏轉換 / 6.移位定理 / (1)s軸的移位

$\pounds(e^{at}f(t)) = F(s-a)$

將結果代入(甲)，求得反拉氏轉換

$$y(t) = \frac{-1}{5}e^{-5(t-2)}u_s(t-2) + \frac{1}{5}u_s(t-2)$$

$$= [-0.2e^{-5(t-2)} + 0.2]u_s(t-2)$$

三、n階線性非時變微分方程式

$$a_n\frac{d^n y(t)}{dt^n} + a_{n-1}\frac{d^{n-1}y(t)}{dt^{n-1}} + \cdots\cdots + a_0 y(t)$$

$$= b_m\frac{d^m r(t)}{dt^m} + b_{m-1}\frac{d^{m-1}r(t)}{dt^{m-1}} + \cdots\cdots + b_0 r(t) \tag{3-3-1}$$

其中：$y(t)$：輸出，$r(t)$：輸入

a_i、b_i表示此系統微分方程式的參數

對式(3-3-1)二側取拉氏轉換

$a_n s^n Y(s) + a_{n-1}s^{n-1}Y(s) + \cdots\cdots + a_0 Y(s) + y(t)$的初始條件項

$= b_m s^m R(s) + b_{m-1}s^{m-1}R(s) + \cdots\cdots + b_0 R(s) + r(t)$的初始條件項 $\tag{3-3-2}$

(3-3-2)式屬於純代數表示式，若再令所有的初值為零，則可得

$$(a_n s^n + a_{n-1} s^{n-1} + \cdots\cdots + a_0) Y(s)$$
$$= (b_m s^m + b_{m-1} s^{m-1} + \cdots\cdots + b_0) R(s) \qquad (3\text{-}3\text{-}3)$$

故系統的轉移函數為

$$\frac{Y(s)}{R(s)} = G(s) = \frac{b_m s^m + b_{m-1} s^{m-1} + \cdots\cdots + b_0}{a_n s^n + a_{n-1} s^{n-1} + \cdots\cdots + a_0} \qquad (3\text{-}3\text{-}4)$$

其中參數a_0、a_1、$\cdots\cdots a_{n-1}$、a_n和b_0、b_1、$\cdots\cdots b_{m-1}$、b_m代表系統的固有特性。所以轉換函數$G(s)$也代表系統的固有特性。

若將轉移函數表示成方塊圖的模式

$$R(s) \longrightarrow \boxed{\dfrac{(b_m s^m + b_{m-1} s^{m-1} + \cdots + b_o)}{(a_n s^n + a_{n-1} s^{n-1} + \cdots + a_o)}} \longrightarrow Y(s)$$

【例5】 已知某系統的輸入輸出關係式為

(1) $\dfrac{dy(t)}{dt} + 3y(t) = 2u(t)$，試求其轉移函數

(2) $\dfrac{d^2 y(t)}{dt^2} + 4\dfrac{dy(t)}{dt} + 3y(t) = \dfrac{du(t)}{dt} + 2u(t)$，試求此系統的脈衝響應。

解：(1)對兩邊取拉氏轉換，並令初始條件為零，可得

$$sY(s) + 3Y(s) = 2U(s)$$

故轉移函數$G(s)$為

$$G(s) = \frac{Y(s)}{U(s)} = \frac{2}{s+3}$$

(2) $\dfrac{d^2 y(t)}{dt^2} + 4\dfrac{dy(t)}{dt} + 3y(t) = \dfrac{du(t)}{dt} + 2u(t)$

對上式二側取拉氏轉換，並令所有的初值為零，可得

$$s^2 Y(s) + 4sY(s) + 3Y(s) = sU(s) + 2U(s)$$

故轉移函數為

$$G(s) = \frac{Y(s)}{U(s)} = \frac{s+2}{s^2+4s+3}$$

$$= \frac{s+2}{(s+1)(s+3)} = \frac{\frac{1}{2}}{s+1} + \frac{\frac{1}{2}}{s+3}$$

$$\therefore 脈衝響應 = \pounds^{-1}[G(s)] = \frac{1}{2}e^{-t} + \frac{1}{2}e^{-3t}\ (t \geqq 0)$$

討論

　　由本例(2)可以得知，並未給予輸入$u(t)$具體的函數式子，卻仍可求得轉移函數$G(s)$。此即為轉移函數所具備的性質：「代表系統行為，與系統的輸入無關」，由本例可獲得印證。

四、電路系統的轉移函數

　　依相關的定律列出方程式，再依轉移函數的定義求解。

【例 6】　試求下圖所示電路中，輸入電壓$V(s)$與電容電壓$V_c(s)$間的轉移函數

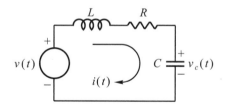

解：【法一】利用時域方式求解

　　　　　利用 KVL(克希荷夫電壓定律)

$$v(t) = L\frac{di(t)}{dt} + Ri(t) + \frac{1}{C}\int_0^t i(\tau)d\tau \cdots\cdots ①$$

　　　　　由$i(t) = \dfrac{dq(t)}{dt}$代入①中，得

$$v(t) = L\frac{d^2q(t)}{dt^2} + R\frac{dq(t)}{dt} + \frac{1}{C}q(t)\cdots\cdots ②$$

　　　　　又$q(t) = Cv_c(t)$代入②中，得

$$v(t) = LC\frac{d^2v_c(t)}{dt^2} + RC\frac{dv_c(t)}{dt} + v_c(t)$$

　　　　　取拉氏轉換，令所有的初值為零，可得

$$V(s) = (LCs^2 + RCs + 1)V_c(s)$$

故轉移函數為

$$\frac{V_c(s)}{V(s)} = \frac{1}{LCs^2 + RCs + 1} = \frac{\dfrac{1}{LC}}{s^2 + \dfrac{R}{L}s + \dfrac{1}{LC}}$$

【法二】利用s域方式求解

將各元件以阻抗的形式來表示，由克希荷夫電壓定律

$$\begin{cases} V(s) = I(s)\left[Ls + R + \dfrac{1}{sC}\right] \\[3mm] V_c(s) = I(s)\dfrac{1}{sC} \end{cases}$$

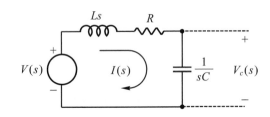

故 $\dfrac{V_c(s)}{V(s)} = \dfrac{I(s)\dfrac{1}{sC}}{I(s)\left[Ls + R + \dfrac{1}{sC}\right]} = \dfrac{1}{LCs^2 + RCs + 1}$

$$= \frac{\dfrac{1}{LC}}{s^2 + \dfrac{R}{L}s + \dfrac{1}{LC}}$$

五、頻率轉移函數

當輸入訊號為正弦波時，且其輸出訊號亦為正弦波時，其頻率轉移函數為

$$G(j\omega) = G(s)\big|_{s = j\omega}$$

【例 7】　試求下圖所示電路的頻率轉移函數 $\dfrac{I_2(j\omega)}{E(j\omega)}$ 之值。

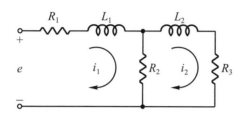

解： 就左右二迴圈，利用 KVL(克希荷夫電壓定律)表示

$$\begin{cases} L_1\dfrac{di_1}{dt} + (R_1 + R_2)i_1 - R_2 i_2 = e \\ -R_2 i_1 + L_2\dfrac{di_2}{dt} + (R_2 + R_3)i_2 = 0 \end{cases}$$

取拉氏轉換，並令初值為零

$$\begin{cases} L_1 s I_1(s) + (R_1 + R_2)I_1(s) - R_2 I_2(s) = E(s) \quad\cdots\cdots① \\ -R_2 I_1(s) + L_2 s I_2(s) + (R_2 + R_3)I_2(s) = 0 \quad\cdots\cdots② \end{cases}$$

由①可得 $I_1(s) = \dfrac{E(s) + R_2 I_2(s)}{L_1 s + (R_1 + R_2)}$ 再代入②中，可得

$$\frac{I_2(s)}{E(s)} = \frac{R_2}{[L_1 s + (R_1 + R_2)][L_2 s + (R_2 + R_3)] - R_2{}^2}\Bigg|_{s=j\omega}$$

$$\frac{I_2(j\omega)}{E(j\omega)} = \frac{R_2}{[j\omega L_1 + (R_1 + R_2)][j\omega L_2 + (R_2 + R_3)] - R_2{}^2}$$

3-4 控制系統的方塊圖

一、控制系統是由許多元件所組成，每個元件的輸出與輸入間皆具有因果關係(可用轉移函數來表示)。而方塊圖(Block Diagram)是用來表示各組成元件間的相互關係與訊號流向情形。一個具有因果關係的線性非時變系統即可利用方塊圖來表示。

二、線性非時變系統的方塊圖可藉由元件方塊、聚合點、分歧點、訊號流向箭頭來描述，亦即方塊圖可由上述四個部份所組成。方塊圖所表達的關係可視為各元件自身的因果關係、各元件之間的相互關係、系統與外界的關係的組合。

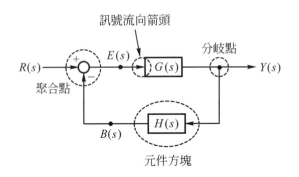

圖 3-5　回授控制系統方塊圖

　　圖 3-5 所示為回授控制系統的方塊圖。

1. 各變數的意義說明如下

　　$R(s)$為輸入訊號

　　$Y(s)$為輸出訊號

　　$B(s)$為回授訊號：以負(正)值進入聚合點，稱為負(正)回授。

　　$E(s)$為誤差訊號

2. 一些常使用的名稱如下

(1) $G(s)$為順向路徑轉移函數，其關係式為

$$G(s) = \frac{Y(s)}{E(s)}$$

(3-4-1)

(2) $H(s)$為回授路徑轉移函數，其關係式為

$$H(s) = \frac{B(s)}{Y(s)} \tag{3-4-2}$$

(3) $GH(s)$爲開迴路轉移函數，其關係式爲

$$GH(s) = \frac{B(s)}{E(s)} \tag{3-4-3}$$

(4) $T(s)$爲閉迴路轉移函數，其關係式爲

$$T(s) = \frac{Y(s)}{R(s)} = \frac{G(s)}{1 + GH(s)} \tag{3-4-4}$$

三、方塊圖代數

1. 串聯

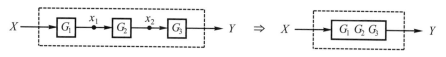

圖 3-6　方塊圖的串聯

【證明】 $x_1 = G_1 X$ (3-4-5)

$x_2 = G_2 x_1$ (3-4-6)

$Y = G_3 x_2$ (3-4-7)

(3-4-5)代入(3-4-6)可得 $x_2 = G_2 G_1 X$ (3-4-8)

(3-4-8)代入(3-4-7)可得 $Y = G_3 G_2 G_1 X$，可得如圖 3-6 方塊圖串聯後合併成一個方塊的結果。

2. 並聯

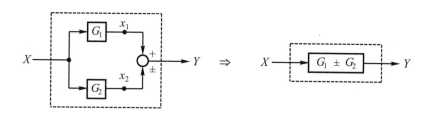

圖 3-7　方塊圖的並聯

【證明】$x_1 = G_1X$ (3-4-9)

$x_2 = G_2X$ (3-4-10)

$Y = x_1 \pm x_2$ (3-4-11)

(3-4-9)、(3-4-10)代入(3-4-11)可得 $Y = G_1X \pm G_2X = (G_1 \pm G_2)X$，可得如圖 3-7 方塊圖並聯後合併成一個方塊的結果。

結論

方塊圖的串並聯代數

(1) 串聯方塊的化簡：元件值相乘

(2) 並聯方塊的化簡：元件值相加(減)

3. 閉迴路

(1) 負回授(如圖 3-8 所示)

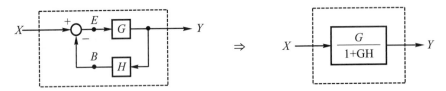

圖 3-8　負回授方塊圖

【證明】依方塊圖的因果關係可得

$$\begin{cases} Y = EG & (3\text{-}4\text{-}12) \\ E = X - B & (3\text{-}4\text{-}13) \\ B = HY & (3\text{-}4\text{-}14) \end{cases}$$

將(3-4-14)代入(3-4-13)，可得

$E = X - HY$ (3-4-15)

將(3-4-15)代入(3-4-12)，可得

$Y = (X - HY)G$ (3-4-16)

再整理可得

$$\frac{Y}{X} = \frac{G}{1 + GH}$$ (3-4-17)

(2)　正回授(如圖 3-9 所示)

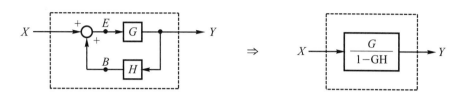

圖 3-9　正回授方塊圖

　　圖 3-9 正回授方塊圖的推導方式與負回授方塊圖類似，請讀者自行演練。

4.　利用上述三種方塊圖代數化簡的基本方法，即可完成一些單純的方塊圖的簡化，求得系統的轉移函數。較複雜的方塊圖簡化可依下述的化簡原則來求解，如果再更複雜的方塊圖則可藉由§3-5 訊號流程圖來解題。

小櫥窗

　　正回授的主要做法就是利用正向差值來取代在負回授中的反向差值，來增加系統在平衡的差異位移。常見的公共廣播系統，經常會產生令耳朵不舒服的爆裂聲音，它就是一種正回授的例子；其理由是從擴音器傳出的聲音被麥克風擷取後，又再度的被送給擴大器作爲輸入之用。在某些情況時，訊號會因爲共鳴現象使得聲音愈變愈大，其音量會增加到擴大器的極限爲止。所以，受到正回授控制的系統，其本身是比較不穩定的，在其所增加的差值不符合需求時，整個系統會無法達到控制的目標。

四、方塊圖的化簡

1.　化簡的原則

(1)　設法移動有交叉的迴路的起點、終點，使其沒有交叉的現象。

(2)　使方塊圖形成標準的負回授型式，再利用閉迴路公式計算。

2.　爲使系統具有標準的負回授型式，故需使回授節點儘可能向左移到第一個聚合點，分歧點儘可能向右移到最後一個分歧點，如此才有機會形成標準的負回授方塊圖。

(1)　聚合點左移

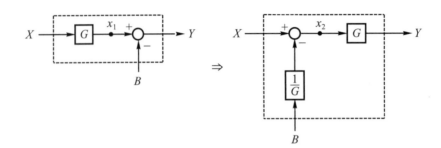

圖 3-10　聚合點左移

【證明】由圖 3-10 的左圖可得知

$$x_1 = GX \tag{3-4-18}$$

$$Y = x_1 - B \tag{3-4-19}$$

將(3-4-18)代入(3-4-19)可得 $Y = GX - B$ (3-4-20)

由圖 3-10 的右圖可得知

$$x_2 = X - (B)\left(\frac{1}{G}\right) \tag{3-4-21}$$

$$Y = Gx_2 \tag{3-4-22}$$

將(3-4-21)代入(3-4-22)可得

$$Y = G\left[X - (B)\left(\frac{1}{G}\right)\right] = GX - B \tag{3-4-23}$$

比較(3-4-20)、(3-4-23)可知，圖 3-10 的左、右二圖是等效的。

(2)　分岐點右移

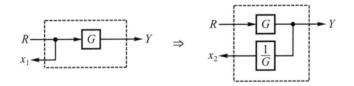

圖 3-11　分岐點右移

【證明】由圖 3-11 的左圖可得知

$$x_1 = \frac{Y}{G} \tag{3-4-24}$$

由圖 3-11 的右圖可得知

$$x_2 = Y\left(\frac{1}{G}\right) = \frac{Y}{G} \tag{3-4-25}$$

比較(3-4-24)、(3-4-25)可知，圖 3-11 的左、右二圖是等效的。

討論

1.　將聚合點左移、分歧點右移的目的就是要使原來的方塊圖能夠轉換成標準的負回授方塊圖，以便利用負回授的公式$\left(\dfrac{G}{1+GH}\right)$。

2.　方塊圖的等效轉換如表 3-1 所示。

表 3-1　方塊圖的等效轉換

轉換		原方塊圖	等效方塊圖
串聯			
並聯			
分歧點	右移		
	左移		

(續前表)

轉換		原方塊圖	等效方塊圖
聚合點	右移	$R_1 \xrightarrow{+} \bigcirc \xrightarrow{+} \boxed{G} \xrightarrow{} Y$ R_2	$R_1 \xrightarrow{} \boxed{G} \xrightarrow{+} \bigcirc \xrightarrow{+} Y$ $\boxed{G}$ R_2
	左移	$R_1 \xrightarrow{} \boxed{G} \xrightarrow{+} \bigcirc \xrightarrow{+} Y$ R_2	$R_1 \xrightarrow{+} \bigcirc \xrightarrow{+} \boxed{G} \xrightarrow{} Y$ $\boxed{\dfrac{1}{G}}$ R_2
典型負回授系統		$R \xrightarrow{+} \bigcirc \xrightarrow{-} \boxed{G} \xrightarrow{} Y$ $\boxed{H}$	$R \xrightarrow{} \boxed{\dfrac{G}{1+GH}} \xrightarrow{} Y$

【例1】 試求下圖所示方塊圖系統的轉移函數

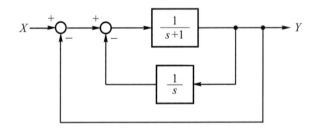

解：【法一】先考慮方塊圖的內迴圈部份，設其輸入為X_1

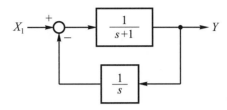

由標準的負回授公式求解

$$\frac{Y}{X_1} = \frac{\dfrac{1}{s+1}}{1 + \dfrac{1}{s+1}\dfrac{1}{s}} = \frac{s}{(s+1)s+1} = \frac{s}{s^2+s+1}$$

即內迴圈部份可以如下所示的元件方塊取代

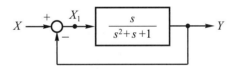

則可將原方塊圖簡化成

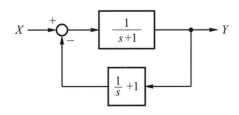

再由標準的負回授公式，可得

$$\frac{Y}{X} = \frac{\dfrac{s}{s^2+s+1}}{1 + \dfrac{s}{s^2+s+1}} = \frac{s}{s^2+2s+1} = \frac{s}{(s+1)^2}$$

【法二】利用方塊圖代數的並聯關係，將回授部份合成得到如下所示新的方塊圖

再利用標準的負回授公式

$$\frac{Y}{X} = \frac{\dfrac{1}{s+1}}{1 + \dfrac{1}{s+1}\left(\dfrac{1}{s}+1\right)} = \frac{\dfrac{1}{s+1}}{1 + \dfrac{1}{s+1}\dfrac{s+1}{s}}$$

$$= \frac{s}{(s+1)^2}$$

【例 2】　試求下圖的轉移函數 $\dfrac{C(s)}{R(s)}$

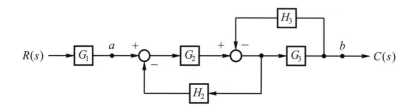

解：將 a、b 間的聚合點左移，分岐點右移，則可使原方塊圖化簡成

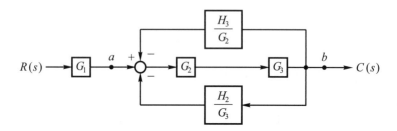

在 a、b 間的順向路徑的二個方塊屬於串聯模式(相乘)

在 a、b 間的回授路徑的二個方塊屬於並聯模式(相加)

可得如下的方塊圖

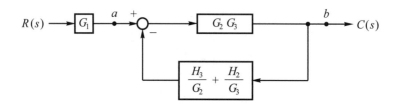

對 a、b 間的閉迴路部份，再利用標準的負回授公式化簡

最後可得完整系統的轉移函數

$$\frac{C(s)}{R(s)} = G_1 \frac{G_2 G_3}{1 + G_2 G_3 \left(\dfrac{H_3}{G_2} + \dfrac{H_2}{G_3} \right)} = \frac{G_1 G_2 G_3}{1 + G_3 H_3 + G_2 H_2}$$

【例 3】試求下圖所示方塊圖的轉移函數。

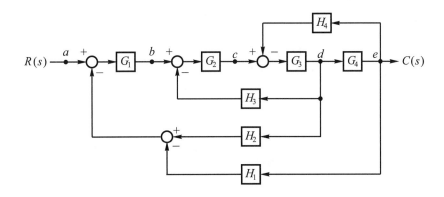

解：將 a、e 間的聚合點往左移、分岐點往右移，請特別注意在負回授分支(元件方塊為 H_1 及 H_2)的化簡，可使原方塊圖化簡成

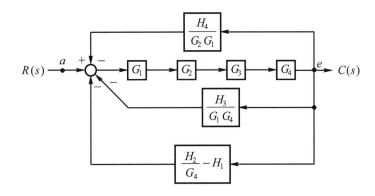

再利用標準的負回授公式及並聯支路的合成，將 a、e 間簡化成

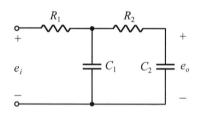

整理得全系統的轉移函數為

$$\frac{C(s)}{R(s)} = \frac{G_1 G_2 G_3 G_4}{1 + (G_1 G_2 G_3 G_4)\left(\dfrac{H_4}{G_1 G_2} + \dfrac{H_3}{G_1 G_4} + \dfrac{H_2}{G_4} - H_1\right)}$$

$$= \frac{G_1 G_2 G_3 G_4}{1 + G_3 G_4 H_4 + G_2 G_3 H_3 + G_1 G_2 G_3 H_2 - G_1 G_2 G_3 G_4 H_1}$$

【例 4】 下圖所示電路系統的方塊圖為何？

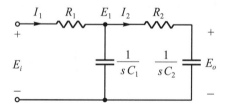

解：將電路元件以阻抗及拉氏轉換來表示，描繪如下圖所示

利用因果關係來描述各變數間的相互作用情形，其因果關係為：

$E_i \rightarrow I_1 \rightarrow E_1 \rightarrow I_2 \rightarrow E_0$

利用基本的電路原理可得

$$
\begin{cases}
I_1 = \dfrac{E_i - E_1}{R_1} \\[2mm]
E_1 = (I_1 - I_2)\dfrac{1}{s\,C_1} \\[2mm]
I_2 = \dfrac{E_1 - E_0}{R_2} \\[2mm]
E_0 = I_2\dfrac{1}{s\,C_2}
\end{cases}
$$

可將系統的方塊圖描繪如下：

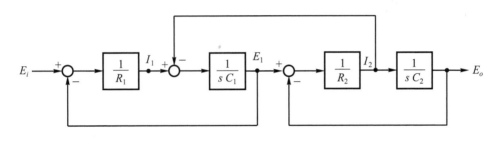

【例 5】如圖所示的電路系統

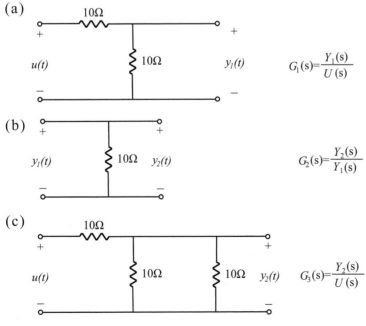

(a)　$u(t)$　10Ω　10Ω　$y_1(t)$　$G_1(s)=\dfrac{Y_1(s)}{U(s)}$

(b)　$y_1(t)$　10Ω　$y_2(t)$　$G_2(s)=\dfrac{Y_2(s)}{Y_1(s)}$

(c)　$u(t)$　10Ω　10Ω　10Ω　$y_2(t)$　$G_3(s)=\dfrac{Y_2(s)}{U(s)}$

試求：⑴各小題的轉移函數

(2) $G_3(s)$ 是否為 $G_1(s)$ 與 $G_2(s)$ 的乘積，如果不是，應如何使其滿足 $G_3(s) = G_1(s)G_2(s)$ 的要求？

解：

(1)(a) $G_1(s) = \dfrac{Y_1(s)}{U(s)} = \dfrac{10}{10+10} = \dfrac{1}{2}$

(b) $G_2(s) = \dfrac{Y_2(s)}{Y_1(s)} = 1$

(c) $G_3(s) = \dfrac{Y_2(s)}{U(s)} = \dfrac{(10//10)}{10+(10//10)} = \dfrac{1}{3}$

(2) $G_3(s) \neq G_1(s)G_2(s)$（因為負載效應的關係）。欲滿足 $G_3(s) = G_1(s)G_2(s)$ 的條件，需將負載效應隔離，即加入如下圖所示的緩衝電路(Buffer Circuit)來實現。

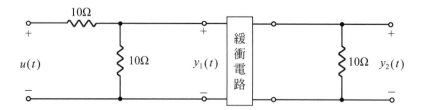

討論

系統組成屬於串聯結構時：

1. 單輸入單輸出系統滿足 $G_2(s)G_1(s) = G_1(s)G_2(s)$

2. 多輸入多輸出系統為 $G_2(s)G_1(s) \neq G_1(s)G_2(s)$

3. $G_1(s)$ 與 $G_2(s)$ 可以直接相乘的條件時
   $G_1(s)$ 與 $G_2(s)$ 之間不存在負載效應

4. 消降負載效應的做法，就是在二個串聯系統之間設計緩衝電路或隔離系統，右圖即為一個利用運算放大器的緩衝電路。

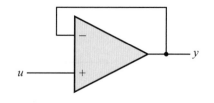

$\dfrac{y}{u} = 1$

在二個串聯系統間加入本緩衝電路，則其轉移函數即可直接相乘。

3-5　訊號流程圖

一、訊號流程圖為一種利用圖解方式來表達系統組成元件間的彼此關係。

二、訊號流程圖可做為複雜方塊圖的化簡。

三、訊號流程圖只可應用在線性非時變系統。

四、訊號流程圖的組成

　　由節點、路徑、路徑增益所組成，其說明分別敘述如下：

　1.　節點(node)

　　(1)　輸入節點(源點)

　　　　　只有訊號流出的節點。

　　(2)　輸出節點(匯點)

　　　　　只有訊號流入的節點。

　　(3)　混合節點(一般節點)

　　　　　既有訊號流入，亦有訊號流出的節點。

　2.　路徑(path)

　　　　　單一方向連接的支路，且沿支路上的節點只可被經過一次。

　　(1)　順向路徑：由輸入節點至輸出節點的路徑。

　　(2)　回授路徑：起點及終點均為同一點的路徑。

　　(3)　自環路徑：只有單一分支的路徑。

　3.　路徑增益

　　　　　在路徑中各分支路徑增益的乘積。

　4.　圖 3-12 所示為訊號流程圖實例。

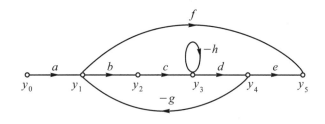

圖 3-12　訊號流程圖實例

(1) 輸入節點：y_0

(2) 輸出節點：y_5

(3) 順向路徑

　　有二條，分別為$y_0 - y_1 - y_2 - y_3 - y_4 - y_5$

　　　　　　　　$y_0 - y_1 - y_5$

(4) 順向路徑增益

　　有二組，分別為$abcde$、af

(5) 回授路徑：$y_1 - y_2 - y_3 - y_4 - y_1$

(6) 回授路徑增益：$bcd(-g)$

(7) 自環路徑：$y_3 - y_3$

(8) 自環路徑增益：$(-h)$

五、訊號流程圖代數

　1. 加法(圖 3-13)

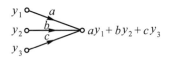

圖 3-13　訊號流程圖的加法

　2. 乘法(圖 3-14)

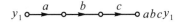

圖 3-14　訊號流程圖的乘法

　3. 閉迴路(圖 3-15)

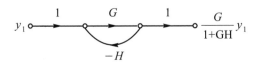

圖 3-15　訊號流程圖的閉迴路運算

【例 1】　試就下述代數方程組描繪訊號流程圖

$$5x_1 + 2x_2 + x_3 = 1$$

$$x_1 - 2x_2 + x_3 = 0$$

$$2x_2 - x_3 = 0$$

解：【法一】
$$\begin{cases} 5x_1 + 2x_2 + x_3 = 1 & \Rightarrow x_1 = \dfrac{1}{5} - \dfrac{2}{5}x_2 - \dfrac{1}{5}x_3 \\[2mm] x_1 - 2x_2 + x_3 = 0 & \Rightarrow x_2 = \dfrac{1}{2}x_1 + \dfrac{1}{2}x_3 \\[2mm] 2x_2 - x_3 = 0 & \Rightarrow x_3 = 2x_2 \end{cases}$$

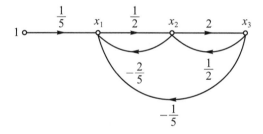

【法二】
$$\begin{cases} 5x_1 + 2x_2 + x_3 = 1 & \Rightarrow x_2 = \dfrac{1}{2} - \dfrac{5}{2}x_1 - \dfrac{1}{2}x_3 \\[2mm] x_1 - 2x_2 + x_3 = 0 & \Rightarrow x_1 = 2x_2 - x_3 \\[2mm] 2x_2 - x_3 = 0 & \Rightarrow x_3 = 2x_2 \end{cases}$$

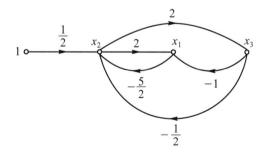

討論

　　本例以不同的方法求解，可得到相異的訊號流程圖，故可得知：相同的代數方程組，其訊號流程圖的表示法並非唯一。

【例2】　下圖所示訊號流程圖，試求

　　　　　(1)輸入節點

　　　　　(2)輸出節點

　　　　　(3)欲使y_2為輸出節點，重繪訊號流程圖

　　　　　(4)欲使y_2為輸入節點，重繪訊號流程圖

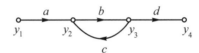

解：(1)輸入節點為y_1

　　　(2)輸出節點為y_4

　　　(3)只需由y_2節點引出一訊號線即可使節點y_2變為輸出節點。

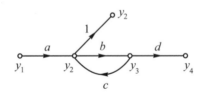

　　　(4)想辦法使節點y_2由其它節點來表示，由原訊號流程圖可得知

$$\begin{cases} y_2 = ay_1 + cy_3 \Rightarrow y_1 = \dfrac{1}{a}y_2 - \dfrac{c}{a}y_3 \\ y_3 = by_2 \\ y_4 = dy_3 \end{cases}$$

　　　重繪訊號流程圖如下

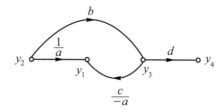

討論

　　只要不是輸入節點者，均可視爲輸出節點。

【例 3】　試描繪下圖所示 RC 二階網路的訊號流程圖。

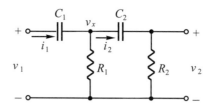

解：首先找出系統的因果關係如下：

$$v_1 \rightarrow i_1 \rightarrow v_x \rightarrow i_2 \rightarrow v_2$$

利用電路的基本定理，寫出相鄰變數間的關係式，可得

$$\begin{cases} i_1 = \dfrac{v_1 - v_x}{\dfrac{1}{sC_1}} = sC_1 v_1 - sC_1 v_x \\[3mm] v_x = (i_1 - i_2)R_1 = i_1 R_1 - i_2 R_1 \\[3mm] i_2 = \dfrac{v_x - v_2}{\dfrac{1}{sC_2}} = sC_2 v_x - sC_2 v_2 \\[3mm] v_2 = i_2 R_2 \end{cases}$$

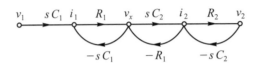

六、梅生增益公式

訊號流程圖中輸出變數與輸入變數間的增益關係，其公式為

$$M = \frac{y_{\text{out}}}{y_{\text{in}}} = \frac{\sum\limits_{k=1}^{N} M_k \, \Delta_k}{\Delta}$$

其中：

y_{out}：輸出節點變數

y_{in}：輸入節點變數

N　：順向路徑的總數

M_k：第k個順向路徑的增益

$\Delta = 1 -$(所有個別迴路增益的和)

$\quad\quad +$(所有兩個未接觸的迴路增益乘積之和)

$\quad\quad -$(所有三個未接觸的迴路增益乘積之和)

$\quad\quad + \cdots\cdots$

$\Delta_k =$ 與第k個順向路徑未接觸部份的Δ

【例4】　利用梅生公式求下圖之轉移函數。

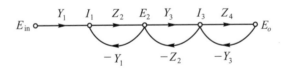

解：欲利用梅生公式，需將原來訊號流程圖中的一般節點E_o改變為輸出節點(直接拉一條訊號線出來即可)

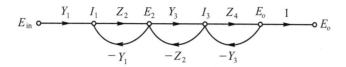

個別迴路

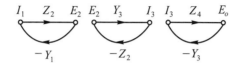

兩個未接觸的迴路

$$\Delta = 1 - (-Y_1 Z_2 - Y_3 Z_2 - Y_3 Z_4) + [(-Y_1 Z_2)(-Y_3 Z_4)]$$

$$= 1 + Y_1 Z_2 + Y_3 Z_2 + Y_3 Z_4 + Y_1 Y_3 Z_2 Z_4$$

$$M_1 = Y_1 Z_2 Y_3 Z_4 \text{，} \Delta_1 = 1$$

故系統的轉移函數為

$$\frac{E_o(s)}{E_i(s)} = \frac{M_1 \Delta_1}{\Delta} = \frac{Y_1 Z_2 Y_3 Z_4}{1 + Y_1 Z_2 + Y_3 Z_2 + Y_3 Z_4 + Y_1 Y_3 Z_2 Z_4}$$

【例 5】 ⑴如圖所示之控制系統訊號流程圖，其轉移函數 $\frac{Y(s)}{R(s)}$ 為　(A) $\frac{1}{s^2 + 3s + 1}$

(B) $\frac{1}{s^2 + 2s + 1}$ 　(C) $\frac{s}{s + 3}$ 　(D) $\frac{1}{(s + 3)}$ 。

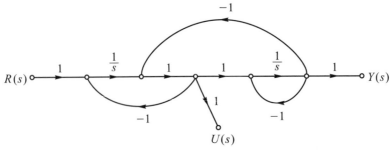

(2)承上題，轉移函數$\dfrac{U(s)}{R(s)}$為　(A)$\dfrac{1}{s^2 + 3s + 1}$　(B)$\dfrac{s + 1}{s^2 + 3s + 1}$　(C)$\dfrac{s}{s + 3}$

(D)$\dfrac{1}{s(s + 3)}$　　　　　　　　　　　　　　　　【81 二技電機】

解：個別迴路

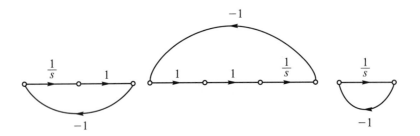

兩個未接觸的迴路

$$\Delta = 1 - \left(\dfrac{-1}{s} + \dfrac{-1}{s} + \dfrac{-1}{s} \right) + \left[\left(\dfrac{-1}{s} \right) \left(\dfrac{-1}{s} \right) \right]$$

$$= 1 + \dfrac{3}{s} + \dfrac{1}{s^2}$$

(1)$M_1 = \dfrac{1}{s} \, \dfrac{1}{s} = \dfrac{1}{s^2}$ ，$\Delta_1 = 1$

$$\frac{Y(s)}{R(s)} = \frac{M_1 \Delta_1}{\Delta} = \frac{\dfrac{1}{s^2}}{1 + \dfrac{3}{s} + \dfrac{1}{s^2}} = \frac{1}{s^2 + 3s + 1} \quad 答：(A)$$

(2) $M_1 = \dfrac{1}{s}$, $\Delta_1 = 1 - \left(\dfrac{-1}{s}\right) = 1 + \dfrac{1}{s}$

$$\frac{U(s)}{R(s)} = \frac{M_1 \Delta_1}{\Delta} = \frac{\dfrac{1}{s}\left(1 + \dfrac{1}{s}\right)}{1 + \dfrac{3}{s} + \dfrac{1}{s^2}} = \frac{s + 1}{s^2 + 3s + 1} \quad 答：(B)$$

【例 6】　下圖所示訊號流程圖，試求 $\dfrac{y_7}{y_4}$

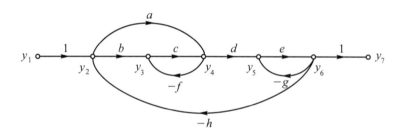

解：【法一】因為 y_4 不是輸入節點，故不可以直接利用梅生增益公式求解 $\dfrac{y_7}{y_4}$ 的值。

又本例的輸入節點為 y_1，故可考慮利用下述的數學恆等式來求解

因為 $\dfrac{y_7}{y_4} = \dfrac{\dfrac{y_7}{y_1}}{\dfrac{y_4}{y_1}}$，可利用梅生增益公式分別求解 $\dfrac{y_7}{y_1}$ 及 $\dfrac{y_4}{y_1}$ 的答案，再代

回前述的恆等式可求得 $\dfrac{y_7}{y_4}$ 之值。

系統的 Δ 值為

$$\Delta = 1 - [(-bcdeh) + (-adeh) + (-cf) + (-eg)] + [(-cf)(-eg)]$$

$$= 1 + bcdeh + adeh + cf + eg + cfeg$$

又可將節點y_4拉出一條訊號線，使其可視為輸出節點，如下圖所示，可得到節點y_4、節點y_7皆為輸出節點，節點y_1為輸入節點。

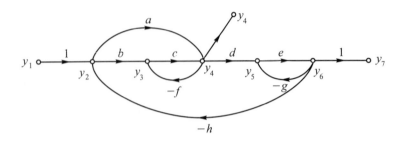

(1) $\dfrac{y_7}{y_1}$ 的求法

$M_1 = bcde$，$\Delta_1 = 1$

$M_2 = ade$，$\Delta_2 = 1$

$$\frac{y_7}{y_1} = \frac{M_1\Delta_1 + M_2\Delta_2}{\Delta} = \frac{bcde + ade}{\Delta}$$

$$= \frac{de(bc + a)}{\Delta} \cdots\cdots ①$$

(2) $\dfrac{y_4}{y_1}$ 的求法

$M_3 = bc$，$\Delta_3 = 1 - (-eg) = 1 + eg$

$M_4 = a$，$\Delta_4 = 1 - (-eg) = 1 + eg$

$$\frac{y_4}{y_1} = \frac{M_3\Delta_3 + M_4\Delta_4}{\Delta} = \frac{bc(1 + eg) + a(1 + eg)}{\Delta}$$

$$= \frac{(bc + a)(1 + eg)}{\Delta} \cdots\cdots ②$$

故 $\dfrac{y_7}{y_4} = \dfrac{\dfrac{y_7}{y_1}}{\dfrac{y_4}{y_1}} = \dfrac{①}{②} = \dfrac{de}{1 + eg}$

【法二】將y_4修改成輸入節點，由題目的原來之訊號流程圖可描述其數學關係式如下：

$y_4 = ay_2 + cy_3$

$\quad = a(y_1 - hy_6) + cy_3$

$$\Rightarrow y_1 = \frac{y_4}{a} - \frac{c}{a}y_3 + hy_6$$

其它各節點的關係式為

$$y_2 = y_1 - hy_6$$

$$y_3 = by_2 - fy_4$$

$$y_5 = dy_4 - gy_6$$

$$y_6 = ey_5$$

$$y_7 = y_6$$

利用上述 y_1、y_2、y_3、y_4、y_5、y_6、y_7 的關係式,可繪出新的訊號流程圖如下所示,其中 y_4 為輸入節點,y_7 為輸出節點。

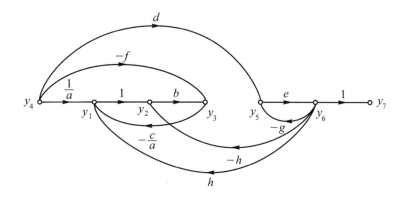

個別迴路

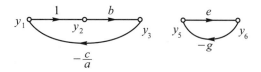

兩個未接觸的迴路

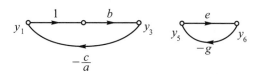

系統的 Δ 值為

$$\Delta = 1 - \left[\left(-\frac{cb}{a} \right) + (-eg) \right] + \left[\left(-\frac{cb}{a} \right)(-eg) \right]$$

$$= 1 + \frac{cb}{a} + eg + \frac{egcb}{a}$$

$$M_1 = de \, , \, \Delta_1 = 1 - \left(-\frac{cb}{a} \right) = 1 + \frac{cb}{a}$$

$$\frac{y_7}{y_4} = \frac{M_1 \Delta_1}{\Delta} = \frac{de \left(1 + \frac{cb}{a} \right)}{1 + \frac{cb}{a} + eg + \frac{egcb}{a}} = \frac{de}{1 + eg}$$

七、方塊圖轉換成訊號流程圖

1. 轉換的方法為：聚合點設節點，分岐點設節點，元件方塊設增益及訊號流向箭頭。

2. 圖示

 (1) 圖 3-16 所示為元件方塊設增益及訊號流向箭頭。

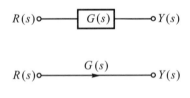

圖 3-16　元件方塊的訊號流程圖

 (2) 圖 3-17 所示為標準負回授方塊圖轉換成訊號流程圖。

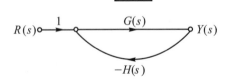

圖 3-17　標準負回授系統的訊號流程圖

(3)　具有二輸入二輸出方塊圖所對應的訊號流程圖如圖 3-18 所示。

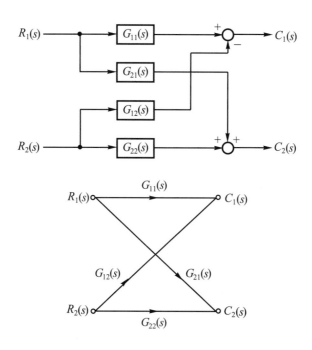

圖 3-18　二輸入二輸出方塊圖的訊號流程圖

【例 7】　下圖所示的控制系統方塊圖

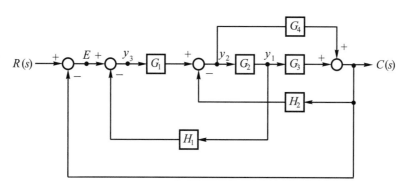

(1)試繪出其訊號流程圖

(2)求轉移函數 $\dfrac{C(s)}{R(s)}$　　　　　　　　　　　　　【65 高考】

解：(1)聚合點設節點，分岐點設節點，元件方塊設增益及訊號流向箭　頭，可得訊
號流程圖如下：

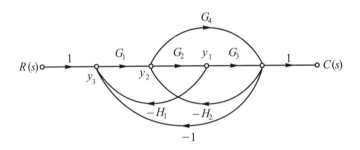

(2)利用梅生增益公式求解轉移函數$\dfrac{C(s)}{R(s)}$

$$\Delta = 1 - (-G_1G_2H_1 - G_1G_4 - G_1G_2G_3 - G_2G_3H_2 - G_4H_2)$$
$$= 1 + G_1G_2H_1 + G_1G_4 + G_1G_2G_3 + G_2G_3H_2 + G_4H_2$$

$M_1 = G_1G_2G_3$，$\Delta_1 = 1$

$M_2 = G_1G_4$，$\Delta_2 = 1$

$$\frac{C(s)}{R(s)} = \frac{M_1\Delta_1 + M_2\Delta_2}{\Delta}$$

$$= \frac{G_1G_2G_3 + G_1G_4}{1 + G_1G_2H_1 + G_1G_4 + G_1G_2G_3 + G_2G_3H_2 + G_4H_2}$$

3-6　機械系統的數學模型

一、動力由產生到能夠供給負載來使用，必須經過一些傳遞的過程，這些機構被統整成為傳動單元，常見的傳動單元或機構有槓桿、齒輪、鏈條、滑輪、皮帶、彈簧、輪軸、液壓系統、氣壓系統等。產生出來的動力透過前述的傳動單元或機構的安置，即可將動力傳送到指定的位置。這些傳動單元或機構亦可對轉速、方向、扭力等動力做改變，以符合實際環境的需求。

二、機械系統的運動主要可分為平移運動及旋轉運動。

三、平移運動

1.　在機械平移運動中的三個基本元件為質量、彈簧、摩擦。

2.　質量：力-質量的系統(如圖 3-19(a)所示)

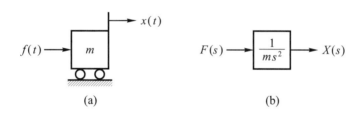

(a)　　　　　　　　　　　　(b)

圖 3-19　力-質量系統

對質量為*m*的物體施以*f*(*t*)的外力，其會產生*x*(*t*)的平移量。

由牛頓運動定律

$$f(t) = ma(t) = m\ddot{x}(t) \tag{3-6-1}$$

對上式取拉氏轉換，令初值為零，可得系統的轉移函數為

$$\frac{X(s)}{F(s)} = \frac{1}{ms^2} \tag{3-6-2}$$

其方塊圖如圖 3-19(b)所示。

3. 線性彈簧：力-彈簧系統(如圖 3-20(a)所示)

(a)　　　　　(b)

圖 3-20　力-彈簧系統

對彈簧係數為k的彈簧，施以$f(t)$的外力，其會產生$x(t)$的位移。由虎克定律

$$f(t) = k\,x(t) \tag{3-6-3}$$

對上式取拉氏轉換，令初值為零，可得系統的轉移函數為

$$\frac{X(s)}{F(s)} = \frac{1}{k} \tag{3-6-4}$$

其方塊圖如圖 3-20(b)所示。

4. 摩擦：可分成黏滯摩擦、靜摩擦、庫侖摩擦等。在此僅討論黏滯摩擦，圖 3-21(a)所示為緩衝筒的模型。

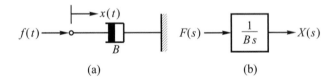

(a)　　　　　(b)

圖 3-21　摩擦系統

對黏滯摩擦為B的系統，當系統產生$x(t)$的平移時，其與黏滯摩擦力$f(t)$間的關係為

$$f(t) = B\dot{x}(t) \tag{3-6-5}$$

對上式取拉氏轉換，令初值為零，可得系統的轉移函數為

$$\frac{X(s)}{F(s)} = \frac{1}{Bs} \tag{3-6-6}$$

其方塊圖如圖 3-21(b)所示。

註：各種型式的摩擦量

(1)靜摩擦(static friction)

其存在於當物體的運動速度為零，且其運動要立刻發生的時候。而欲使該物體產生運動，必須外加的某一特定最小的力，又靜摩擦的符號係由即將要運動的方向來決定，如圖 3-22 所示。

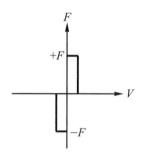

圖 3-22　靜摩擦

(2)動摩擦或庫侖摩擦(kinetic or coulomb friction)

此種類型的摩擦只存在於正在運動的物體，動摩擦是一種與速度無關的常數，又這個常數的符號由速度的方向來決定，如圖 3-23 所示。

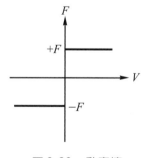

圖 3-23　動摩擦

(3)黏滯摩擦(viscous friction)

此種類型的摩擦，是產生一個直接來反抗運動的外加力。而此外加力與裝置的速度成正比，如圖 3-24 所示。

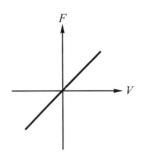

圖 3-24 黏滯摩擦

在所有自動控制系的應用中，均只考慮黏滯摩擦，因為其它的摩擦型式均為非線性的，對系統的分析來說實在是太困難了。

【例 1】 (1)試求下述平移系統的轉移函數

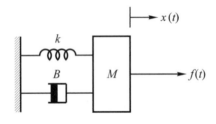

(2)如圖所示的雙質量系統，試求此系統 f 與 x 間的轉移函數

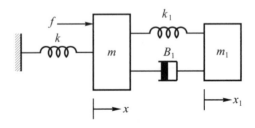

解：(1)利用自由體觀點

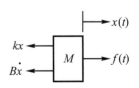

由 $\Sigma F = Ma$

$f(t) - kx(t) - B\dot{x}(t) = M\ddot{x}(t)$

即 $f(t) = M\ddot{x}(t) + B\dot{x}(t) + kx(t)$

對上式取拉氏轉換，令初值為零，得轉移函數

$$F(s) = (Ms^2 + Bs + k)X(s)$$

$$\frac{X(s)}{F(s)} = \frac{1}{Ms^2 + Bs + k}$$

(2)利用自由體觀點

對質量m的物體而言

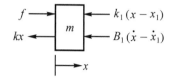

由$\Sigma F = ma$

$$f - kx - k_1(x - x_1) - B_1(\dot{x} - \dot{x}_1) = m\ddot{x}$$

即$m\ddot{x} + B_1\dot{x} + (k + k_1)x = B_1\dot{x}_1 + k_1 x_1 + f\cdots\cdots①$

對質量m_1的物體而言

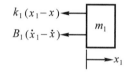

由$\Sigma F = ma$

$$0 - k_1(x_1 - x) - B_1(\dot{x}_1 - \dot{x}) = m_1\ddot{x}_1$$

即$m_1\ddot{x}_1 + B_1\dot{x}_1 + k_1 x_1 = B_1\dot{x} + k_1 x\cdots\cdots②$

對①、②式取拉氏轉換，並令其初值為零，可得

$$[ms^2 + B_1 s + (k + k_1)]X(s) = (B_1 s + k_1)X_1(s) + F(s)\cdots\cdots③$$

$$[m_1 s^2 + B_1 s + k_1]X_1(s) = (B_1 s + k_1)X(s)\cdots\cdots④$$

由④可得

$$X_1(s) = \frac{B_1 s + k_1}{m_1 s^2 + B_1 s + k_1}X(s)，將其代入③中，可得$$

$$[ms^2 + B_1 s + (k + k_1)]X(s) = (B_1 s + k_1)\frac{B_1 s + k_1}{m_1 s^2 + B_1 s + k_1}X(s) + F(s)$$

故系統的轉移函數為

$$\frac{X(s)}{F(s)} = \frac{m_1 s^2 + B_1 s + k_1}{(ms^2 + B_1 s + (k + k_1))(m_1 s^2 + B_1 s + k_1) - (B_1 s + k_1)^2}$$

小櫥窗

1. 若在機械系統中的質量物體只受到彈簧彈力作用時，由於物體質量(m)、彈簧的彈性係數(k)爲定值(常數)，此時的系統運作特性不會隨著時間而改變，故可視爲非時變系統。

2. 前述的機械系統，若再將摩擦力的作用考量進來，當系統在長時間運作時，摩擦力所產生的熱能會使物體與接觸面之間的溫度升高，進而影響到摩擦力的行爲表現，此時的系統運作特性會因摩擦力改變而有所不同，故應被視爲時變系統。

3. 然就實務而言，機械系統中存在有摩擦力，故在長時間運轉後的行爲表現會是時變系統。故需藉由適當的排熱冷卻等方式來減少因摩擦力造成的行爲改變，使其行爲能接近於非時變系統分析的結果。

四、旋轉運動

1. 機械旋轉運動的三個基本元件爲慣量、扭轉彈簧、黏滯摩擦。

2. 慣量：扭力-慣量的系統(如圖 3-25(a)所示)

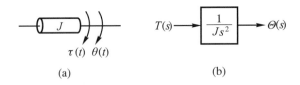

(a)   (b)

圖 3-25   扭力-慣量系統

對慣量爲 J 的元件，施以 $\tau(t)$ 的扭力，會產生 $\theta(t)$ 的旋轉量。由轉矩公式

$$\tau(t) = J\alpha(t) = J\ddot{\theta}(t) \tag{3-6-7}$$

對上式取拉氏轉換，並令其初值爲零，可得轉移函數爲

$$\frac{\Theta(s)}{T(s)} = \frac{1}{Js^2} \tag{3-6-8}$$

其方塊圖如圖 3-25(b)所示。慣量代表在旋轉運動中，元件貯存動能的特性。

3.　扭轉彈簧：扭力-彈簧系統(如圖 3-26(a)所示)

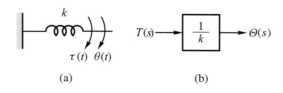

(a)　　　　　　　　(b)

圖 3-26　扭力-彈簧系統

　　對扭轉彈簧係數為k的彈簧，施以$\tau(t)$的扭力，則其會產生$\theta(t)$的角位移。扭轉彈簧代表貯存位能的元件。

　　扭轉彈簧的反作用力τ為

$$\tau(t) = k\,\theta(t) \tag{3-6-9}$$

對上式取拉氏轉換，並令其初值為零，可得轉移函數為

$$\frac{\Theta(s)}{T(s)} = \frac{1}{k} \tag{3-6-10}$$

其方塊圖如圖 3-26(b)所示。

4.　黏滯摩擦：某旋轉體與另一物體有黏滯接觸時，則二者間存在有黏滯摩擦。圖 3-27(a)所示為黏滯摩擦的模型。

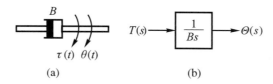

(a)　　　　　　　　(b)

圖 3-27　扭力-摩擦系統

　　黏滯摩擦為B的系統，當其產生$\theta(t)$的旋轉角度時，其與黏滯摩擦力$\tau(t)$間的關係為

$$\tau(t) = B\dot{\theta}(t) \tag{3-6-11}$$

對上式取拉氏轉換，並令初值為零，可得轉移函數為

$$\frac{\Theta(s)}{T(s)} = \frac{1}{Bs} \qquad\qquad (3\text{-}6\text{-}12)$$

其方塊圖如圖 3-27(b)所示。

【例 2】 (1)試求下圖所示旋轉系統的轉移函數 $\dfrac{\Theta(s)}{T(s)}$

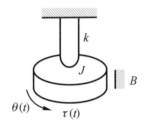

(2)某旋轉駕駛系統如下圖所示，若扭轉彈簧係數為B，因力矩而使長軸產生

扭變的扭力彈簧為k，試求系統的轉移函數$\dfrac{\Theta_3(s)}{\Theta_1(s)}$之表示式

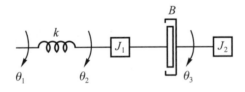

解： (1)利用自由體的觀點可得如下之圖示

$$\begin{array}{c} k\theta \downarrow\ \downarrow \tau \\ \boxed{J} \\ B\dot{\theta} \downarrow\ \downarrow J\ddot{\theta} \end{array}$$

由 $\Sigma\tau = J\alpha$

　$\tau - k\theta - B\dot{\theta} = J\ddot{\theta}$

對上式取拉氏轉換，令初值為零

$T(s) - k\Theta(s) - Bs\Theta(s) = Js^2\Theta(s)$

故系統的轉換函數為

$$\frac{\Theta(s)}{T(s)} = \frac{1}{Js^2 + Bs + k}$$

⑵分別對二剛體描繪自由體圖形

由 $\Sigma\tau = J\alpha$

$$0 - k(\theta_2 - \theta_1) - B(\dot\theta_2 - \dot\theta_3) = J_1\ddot\theta_2$$

即 $J_1\ddot\theta_2 + B\dot\theta_2 + k\theta_2 = B\dot\theta_3 + k\theta_1 \cdots\cdots①$

由 $\Sigma\tau = J\alpha$

$$0 - B(\dot\theta_3 - \dot\theta_2) = J_2\ddot\theta_3$$

即 $J_2\ddot\theta_3 + B\dot\theta_3 = B\dot\theta_2 \cdots\cdots②$

對①、②式取拉氏轉換，並令初值為零，得

$$(J_1 s^2 + Bs + k)\Theta_2(s) = Bs\Theta_3(s) + k\Theta_1(s) \cdots\cdots③$$

$$(J_2 s^2 + Bs)\Theta_3(s) = Bs\Theta_2(s) \cdots\cdots④$$

由④： $\Theta_2(s) = \left(\dfrac{J_2}{B}s + 1\right)\Theta_3(s) \cdots\cdots⑤$

⑤代入③中

$$(J_1 s^2 + Bs + k)\left(\frac{J_2}{B}s + 1\right)\Theta_3(s) = Bs\Theta_3(s) + k\Theta_1(s)$$

可得轉移函數

$$\frac{\Theta_3(s)}{\Theta_1(s)} = \frac{k}{(J_1 s^2 + Bs + k)\left(\dfrac{J_2}{B}s + 1\right) - Bs}$$

$$= \frac{k}{\dfrac{J_1 J_2}{B}s^3 + (J_1 + J_2)s^2 + \dfrac{J_2 k}{B}s + k}$$

五、齒輪列

1. 機械系統的運轉所使用的傳動元件，如果只是要求能夠傳達動力的話，則可使用皮帶輪或摩擦輪來完成。但如果要求二軸間需維持精確的相對運動時，則必須使用齒輪。

2. 皮帶輪係利用摩擦來傳動，二輪的轉動方向相同，二軸間的距離可以改變(由改變皮帶的長度為之)，如圖 3-28(a)所示。齒輪則靠相互齒間的喫合來傳動，二輪的轉動方向相反，二輪的距離固定，如圖 3-28(b)所示，本單元只介紹齒輪傳動的分析。

(a) 皮帶輪   (b) 齒輪

圖 3-28　傳動元件

3. 最常用的齒輪為正齒輪，其使用在互相平行的二軸上，而二軸的轉向是相反的，其可做為加速或減速之用。圖 3-29 所示即為正齒輪。正齒輪在高速運轉時，會因二齒輪間的相互撞擊，而產生噪音，且運轉會較不平滑的缺點。

圖 3-29　正齒輪

小櫥窗

齒輪的傳動方式與類別(Ref：KHK 齒輪 ABC 入門篇)

平行軸		相交軸	交錯軸
①在平行的二軸間傳遞旋轉及動力。②使用正齒輪、螺旋齒輪。	①將旋轉運動轉變為直線運動，反之亦可。②使用正齒輪搭配齒條螺旋齒輪搭配螺旋齒條。	①軸角(相交的二軸間的夾角)一般為90°。②在相交的二軸間傳遞旋轉及動力。③使用圓錐型狀的直齒傘形齒輪或彎齒傘形齒輪。	①在不相交、不平行的二軸間傳遞旋轉及動力。②使用交錯螺旋齒輪或蝸桿蝸輪。

4. 正齒輪的計算公式

　　圖 3-30 所示為二相配的正齒輪(嚙合輪)，其轉動為由上邊的主動輪傳送到下邊的從動輪。

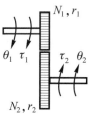

圖 3-30　嚙合齒

若二齒輪的齒數分別為N_1、N_2

二齒輪的半徑分別為r_1、r_2

二齒輪的旋轉角度分別為θ_1、θ_2

二齒輪的旋轉角速度分別為ω_1、ω_2

二齒輪的旋轉角加速度分別為α_1、α_2

二齒輪的扭力分別為τ_1、τ_2

則

(1) 齒數與齒輪的半徑成正比，即

$$\frac{N_1}{N_2} = \frac{r_1}{r_2} \tag{3-6-13}$$

(2) 齒輪沿其表面運動的直線距離相同，即

$$r_1\theta_1 = r_2\theta_2 \tag{3-6-14}$$

又角速度ω、角加速度α，均與角位移θ成正比，即

$$r_1\omega_1 = r_2\omega_2 \tag{3-6-15}$$
$$r_1\alpha_1 = r_2\alpha_2 \tag{3-6-16}$$

(3) 理想情況下，在功率轉移時無能量損失，即

$$\tau_1\theta_1 = \tau_2\theta_2 \tag{3-6-17}$$

(4) 定義齒輪的傳動比n為從動輪半徑r_2與主動輪半徑r_1之比，即

$$n = \frac{r_2}{r_1} \tag{3-6-18}$$

(5) 綜合上述情形，可得

$$\frac{1}{n} = \frac{N_1}{N_2} = \frac{r_1}{r_2} = \frac{\theta_2}{\theta_1} = \frac{\omega_2}{\omega_1} = \frac{\alpha_2}{\alpha_1} = \frac{\tau_1}{\tau_2} \tag{3-6-19}$$

取拉氏轉換可得

$$\frac{1}{n} = \frac{\Theta_2(s)}{\Theta_1(s)} = \frac{\Omega_2(s)}{\Omega_1(s)} = \frac{\dot{\Omega}_2(s)}{\dot{\Omega}_1(s)} = \frac{T_1(s)}{T_2(s)} \qquad (3\text{-}6\text{-}20)$$

以主動輪為因、傳動輪為果所得到的方塊圖如圖 3-31(a)所示，以傳動輪為因、主動輪為果所得到的方塊圖如圖 3-31(b)所示。

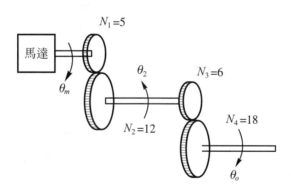

圖 3-31　傳動元件的因果關係

【例 4】 已知某馬達的轉速為 1800rpm，若其輸出轉矩為 20(oz-in)，下圖所示的馬達齒輪系統，試求負載軸的轉速及轉矩。

解：利用齒輪的計算公式

$$\frac{N_1}{N_2} = \frac{r_1}{r_2} = \frac{\theta_2}{\theta_1} = \frac{\omega_2}{\omega_1} = \frac{\alpha_2}{\alpha_1} = \frac{\tau_1}{\tau_2}$$

(1) $\dfrac{\dot{\theta}_0}{\dot{\theta}_m} = \dfrac{\omega_0}{\omega_m} = \left(\dfrac{\omega_0}{\omega_2}\right)\left(\dfrac{\omega_2}{\omega_m}\right) = \left(\dfrac{N_3}{N_4}\right)\left(\dfrac{N_1}{N_2}\right) = \left(\dfrac{6}{18}\right)\left(\dfrac{5}{12}\right) = \dfrac{5}{36}$

故 $\omega_0 = \dfrac{5}{36}\omega_m = \dfrac{5}{36} \times 1800 = 250\text{rpm}$

(2) $\dfrac{\tau_0}{\tau_m} = \dfrac{\tau_0}{\tau_2}\dfrac{\tau_2}{\tau_m}$

$= \left(\dfrac{N_4}{N_3}\right)\left(\dfrac{N_2}{N_1}\right) = \left(\dfrac{18}{6}\right)\left(\dfrac{12}{5}\right) = \dfrac{36}{5}$

故 $\tau_0 = \dfrac{36}{5}\tau_m = \dfrac{36}{5} \times 20 = 144(\text{oz-in})$

5. 在實際的情況而言，齒輪在耦合齒輪間的慣量與摩擦通常是不可以忽略的，以例 5 做討論。

【例 5】 試求下述各小題，換至一次側的等效值

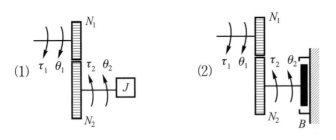

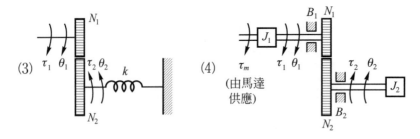

解：利用齒輪的計算公式

$$\frac{N_1}{N_2} = \frac{r_1}{r_2} = \frac{\theta_2}{\theta_1} = \frac{\omega_2}{\omega_1} = \frac{\alpha_2}{\alpha_1} = \frac{\tau_1}{\tau_2}$$

(1) 已知 $\tau_2 = J\ddot{\theta}_2$

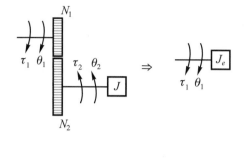

又 $\tau_2 = \left(\dfrac{N_2}{N_1}\right)\tau_1$，$\ddot{\theta}_2 = \left(\dfrac{N_1}{N_2}\right)\ddot{\theta}_1$

故 $\left(\dfrac{N_2}{N_1}\right)\tau_1 = J\left(\dfrac{N_1}{N_2}\right)\ddot{\theta}_1$

即 $\tau_1 = J\left(\dfrac{N_1}{N_2}\right)^2\ddot{\theta}_1 = J_e\ddot{\theta}_1$

$\Rightarrow J_e = J\left(\dfrac{N_1}{N_2}\right)^2$

其因果關係圖為　$T_1(s) \longrightarrow \boxed{\dfrac{1}{J_e}} \longrightarrow s^2\Theta_1(s)$

(2) 已知 $\tau_2 = B\dot{\theta}_2$

又 $\tau_2 = \left(\dfrac{N_2}{N_1}\right)\tau_1$，$\dot{\theta}_2 = \left(\dfrac{N_1}{N_2}\right)\dot{\theta}_1$

故 $\left(\dfrac{N_2}{N_1}\right)\tau_1 = B\left(\dfrac{N_1}{N_2}\right)\dot{\theta}_1$

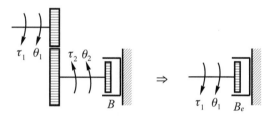

即 $\tau_1 = B\left(\dfrac{N_1}{N_2}\right)^2\dot{\theta}_1 = B_e\dot{\theta}_1$

$\Rightarrow B_e = B\left(\dfrac{N_1}{N_2}\right)^2$

其因果關係圖為　$T_1(s) \longrightarrow \boxed{\dfrac{1}{B_e}} \longrightarrow s\Theta_1(s)$

(3)

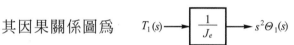

已知 $\tau_2 = k\theta_2$

又 $\tau_2 = \left(\dfrac{N_2}{N_1}\right)\tau_1$，$\theta_2 = \left(\dfrac{N_1}{N_2}\right)\theta_1$

故 $\left(\dfrac{N_2}{N_1}\right)\tau_1 = k\left(\dfrac{N_1}{N_2}\right)\theta_1$

即 $\tau_1 = k\left(\dfrac{N_1}{N_2}\right)^2\theta_1 = k_e\theta_1 \Rightarrow k_e = k\left(\dfrac{N_1}{N_2}\right)^2$

其因果關係圖爲 $\quad T_1(s) \longrightarrow \boxed{\dfrac{1}{k_e}} \longrightarrow \Theta_1(s)$

結論

由齒輪 2 反射到齒輪 1 的相關式子爲

$$\left(\frac{\text{目的軸齒輪齒數}}{\text{來源軸齒輪齒數}}\right)^2(\text{參數})$$

即 $J_e = \left(\dfrac{N_1}{N_2}\right)^2 J$，$B_e = \left(\dfrac{N_1}{N_2}\right)^2 B$，$k_e = \left(\dfrac{N_1}{N_2}\right)^2 k$

(4)

在二次側的微分方程式爲

$\tau_2 = J_2\ddot{\theta}_2 + B_2\dot{\theta}_2$ ··········· ①

在一次側的微分方程式爲

$\tau_m = J_1\ddot{\theta}_1 + B_1\dot{\theta}_1 + \tau_1$ ······ ②

又 $\tau_2 = \left(\dfrac{N_2}{N_1}\right)\tau_1$，$\dot{\theta}_2 = \left(\dfrac{N_1}{N_2}\right)\dot{\theta}_1$，$\ddot{\theta}_2 = \left(\dfrac{N_1}{N_2}\right)\ddot{\theta}_1$ ······ ③

③代入①： $\left(\dfrac{N_2}{N_1}\right)\tau_1 = J_2\left(\dfrac{N_1}{N_2}\right)\ddot{\theta}_1 + B_2\left(\dfrac{N_1}{N_2}\right)\dot{\theta}_1$

$\qquad\qquad \tau_1 = J_2\left(\dfrac{N_1}{N_2}\right)^2\dot{\theta}_1 + B_2\left(\dfrac{N_1}{N_2}\right)^2\dot{\theta}_1$ ········· ④

④代入②：$\tau_m = J_1\ddot{\theta}_1 + B_1\dot{\theta}_1 + \left[J_2\left(\dfrac{N_1}{N_2}\right)^2\ddot{\theta}_1 + B_2\left(\dfrac{N_1}{N_2}\right)^2\dot{\theta}_1 \right]$

$$= \left[J_1 + J_2\left(\dfrac{N_1}{N_2}\right)^2 \right]\ddot{\theta}_1 + \left[B_1 + B_2\left(\dfrac{N_1}{N_2}\right)^2 \right]\dot{\theta}_1$$

$$= J_{1e}\ddot{\theta}_1 + B_{1e}\dot{\theta}_1$$

得 $J_{1e} = J_1 + J_2\left(\dfrac{N_1}{N_2}\right)^2$

得 $B_{1e} = B_1 + B_2\left(\dfrac{N_1}{N_2}\right)^2$

6. 在實際應用上使用齒輪的理由

(1) 一般的伺服馬達的速度都非常的快，在實際使用時，並不需要那麼快速，此時可藉由齒輪列的作用，將馬達的轉速降下來；亦即在馬達與負載間嵌入一齒輪列，如此可使得負載獲得較低的轉速，相對的亦可以得到較高的扭力。

(2) 可將旋轉運動轉變成平移運動，反之亦然。

小櫥窗

大、小齒輪之間的關係：

① 大小齒輪轉動的方向是相反的(大齒輪順時針轉動時，小齒輪則逆時針轉動)。

② 大齒輪與小齒輪是一個齒接著一個齒卡住的，故大齒輪轉一圈時，小齒輪會轉好幾圈。

由下圖的透明修正帶可看到半徑大小不同輪子(稱為齒輪)，輪子間彼此相扣，互相帶動。

齒輪應用在日常生活中的案例：

齒輪可做為改變運動方向、傳送動力、改變機械速度等。如：變速腳踏車、機車、汽車換檔時，都是利用齒輪來改變速度的做法。茲以下圖的腳踏車為例說明其原理：

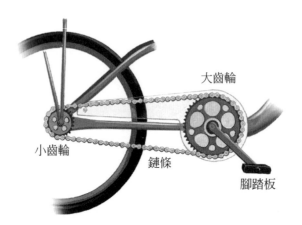

它是利用簡單的機械組合(槓桿、輪軸、齒輪、鏈條)而成。大、小齒輪之間以鏈條(將一個齒輪的轉動傳給另一個齒輪)相連，使大齒輪能夠帶動小齒輪，這樣子可以使二個分開的齒輪會同時轉動。再由齒輪來帶動輪子轉動，讓腳踏車能夠前進。當騎車者踩動腳踏板後會帶動大齒輪轉動，再經由鏈條、小齒輪至後車輪。

3-7 電路系統的數學模型

一、利用電路元件所組成的電網路系統稱為電路系統。組成電路系統的元件可以分成二大類，分別為無源元件及有源元件。

1. 無源元件：主要常見的是電阻、電感、電容三種元件，其各關係式如表 3-2 所示。

表 3-2　無源元件的關係式

線性元件	電路圖	時域關係式	拉氏關係式	阻抗 Z
電阻	$i(t)$　R　$+ V(t) -$	$v(t) = i(t)R$	$V(s) = I(s)(R)$	$Z = R$
電容	$i(t)$　C　$+ V(t)-$	$v(t) = \dfrac{1}{C}\displaystyle\int_{-\infty}^{t} i(\tau)d\tau$	$V(s) = I(s)\left(\dfrac{1}{Cs}\right)$	$Z = \dfrac{1}{Cs}$
電感	$i(t)$　L　$+ V(t) -$	$v(t) = L\dfrac{di(t)}{dt}$	$V(s) = I(s)(Ls)$	$Z = Ls$

2. 有源元件：主要可分成電壓源與電流源二類，而各類又可分成直流與交流二種，其關係式如表 3-3 所示。

表 3-3　有源元件的關係式

類型	直流／交流電源	拉氏關係式
電壓源	直流　$v_s = V$	$V_s = V$
	交流　$v_s = V_m \sin\omega t$	$V_s = V_m \dfrac{\omega}{s^2 + \omega^2}$
電流源	直流　$i_s = I$	$I_s = I$
	交流　$i_s = I_m \sin\omega t$	$I_s = I_m \dfrac{\omega}{s^2 + \omega^2}$

二、電路系統的分析方法

可利用節點分析法、網目分析法、戴維寧等效電路法、諾頓等效電路法、串並聯化簡法等求之。

【例1】 試求下列各小題的轉移函數 $\dfrac{V_o(s)}{V_i(s)}$（運算放大器為理想）

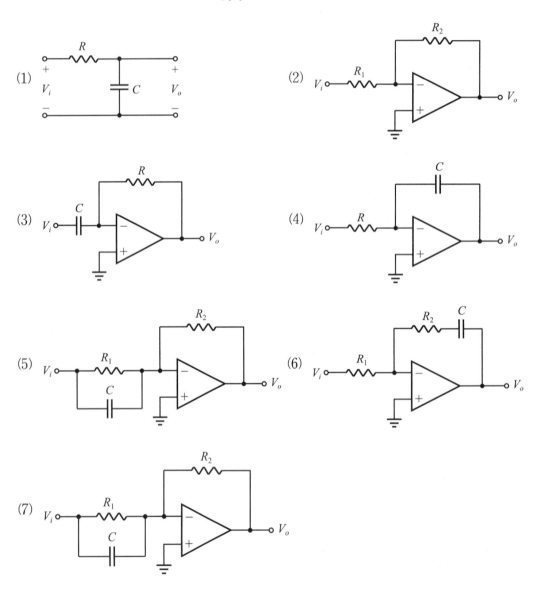

解：(1)由分壓定理知

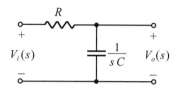

$$\frac{V_o(s)}{V_i(s)} = \frac{\dfrac{1}{sC}}{R + \dfrac{1}{sC}} = \frac{1}{sCR + 1}$$

(2)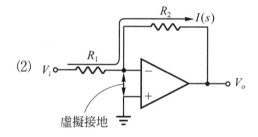

理想運算放大器，反相輸入端如同虛擬接地

$$\frac{V_o(s)}{V_i(s)} = \frac{-IR_2}{IR_1} = -\frac{R_2}{R_1} = K_P \; , \; \left(K_P = \frac{-R_2}{R_1} = 比例常數 \right)$$

(3)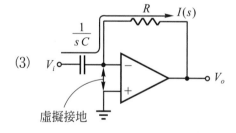

$$\frac{V_o(s)}{V_i(s)} = \frac{-IR}{I\dfrac{1}{sC}} = -RCs = K_D s$$

$$(K_D = -RC = 微分常數)$$

(4)

$$\frac{V_o(s)}{V_i(s)} = \frac{-I\dfrac{1}{sC}}{IR} = -\frac{1}{RCs}$$

$$= \frac{K_I}{s}$$

$$\left(K_I = -\frac{1}{RC} = 積分常數 \right)$$

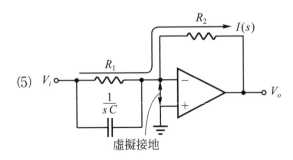

(5)

$$\frac{V_o(s)}{V_i(s)} = \frac{-IR_2}{I\left(R_1 /\!/ \dfrac{1}{sC}\right)} = \frac{-R_2}{\dfrac{R_1\dfrac{1}{sC}}{R_1 + \dfrac{1}{sC}}} = -\left[R_2Cs + \frac{R_2}{R_1}\right] = K_D s + K_P$$

$$\left(K_D = -R_2C = 微分常數，K_P = -\frac{R_2}{R_1} = 比例常數\right)$$

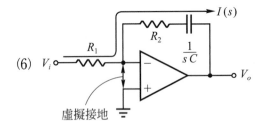

(6)

$$\frac{V_o(s)}{V_i(s)} = \frac{-I\left(R_2 + \dfrac{1}{sC}\right)}{IR_1} = -\left[\frac{R_2}{R_1} + \frac{1}{R_1Cs}\right] = K_P + \frac{K_I}{s}$$

$$\left(K_P = -\frac{R_2}{R_1} = 比例常數，K_I = \frac{-1}{R_1C} = 積分常數\right)$$

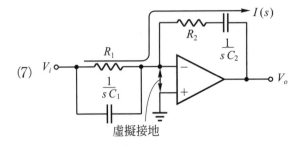

(7)

$$\frac{V_o(s)}{V_i(s)} = \frac{-I\left(R_2 + \dfrac{1}{sC_2}\right)}{I\left(R_1 \mathbin{/\!/} \dfrac{1}{sC_1}\right)} = \frac{-\left(R_2 + \dfrac{1}{sC_2}\right)}{\dfrac{R_1 \dfrac{1}{sC_1}}{R_1 + \dfrac{1}{sC_1}}} = -\left[\left(\frac{C_1}{C_2} + \frac{R_2}{R_1}\right) + \frac{1}{R_1 C_2 s} + R_2 C_1 s\right]$$

$$= K_P + \frac{K_I}{s} + K_D s$$

其中

$$K_P = -\left(\frac{C_1}{C_2} + \frac{R_2}{R_1}\right) = 比例常數$$

$$K_I = \frac{-1}{R_1 C_2} = 積分常數$$

$$K_D = -R_2 C_1 = 微分常數$$

結論

各類型的電子電路控制器

基本電路	

控制器＼元件	I/P	O/P
比例(P)	電阻	電阻
微分(D)	電容	電阻
積分(I)	電阻	電容
比例微分(PD)	電阻電容並聯	電阻
比例積分(PI)	電阻	電阻電容串聯
比例積分微分(PID)	電阻電容並聯	電阻電容串聯

3-8 機電系統的數學模型

一、機電系統是包括電動機(又稱為馬達)、發電機二類。電動機是將電能轉換成機械能，發電機是將機械能轉換為電能。

二、電動機(馬達)

1. 電動機是將電能轉換為機械能的裝置。很多的設備都是藉由電動機的旋轉運動或直線運動來驅動。可由電氣訊號來控制電動機的角位移及線性移動的方向與距離。電動機依使用的場合可以分成直流電動機與交流電動機二類，其他的還有諸如步進電動機、伺服電動機、減速電動機等。

2. 在控制系統中使用的直流電動機，其電樞繞組與磁場繞組分別由不同的電源來激發，且其轉矩與轉速是可被控制的。又在一般的伺服機構中所使用的直流電動機通常為具有低轉動慣量高轉矩的特性，故其外觀多屬細長型(電樞直徑縮小、長度變長)。當其在多種速度切換時，直流電動機應能在低速時做平滑的運轉，且無跳動或角速度不均勻的情況發生。

3. 交流電動機常使用在恆速驅動的生產機械，其具備有高轉矩及可切換於多種不同速度的特性。

4. 在自動控制中所使用的直流或交流伺服電動機，其靜摩擦是造成誤差的因素，影響系統的精確性。

5. 伺服電動機(servomotors)

通常是指並聯場繞組直流電動機或是二相交流電動機。其具有下列特性：

(1) 當輸入信號反向時，電動機的轉向亦能反轉過來。

(2) 輸出轉矩正比於輸入訊號電壓的振幅。

(3) 具有高起動轉矩。

(4) 輸出功率可由幾分之幾瓦到 100 瓦

小櫥窗

1. 步進電動機(步進馬達)(Ref：維基百科)

　　是脈衝馬達的一種，其具有如齒輪狀突起(小齒)相鍥合的定子與轉子，可藉由切換流向定子線圈中的電流，以固定角度逐步轉動的馬達。

每脈波行走量

步進馬達步級角的構造，若轉動一圈需要依序送入 200 個脈波信號，代表每一步的轉動角度為 1.8°

　　步進馬達的特徵是因採用開迴路(Open Loop)控制方式處理，不需要感測器(sensor)或編碼器，且因切換電流觸發器的是脈波信號，不需要位置檢出與速度檢出的回授裝置，故步進馬達可正確的依比例追循脈波信號而轉動，因此就能達成精確的位置與速度控制，且具有良好的穩定性。

2. 伺服電動機(伺服馬達)

　　伺服馬達主要是由馬達、編碼器、驅動器三部份所組成；其中驅動器的作用將輸入脈波與編碼器的位置、速度資料進行比較後，再對驅動電流進行控制。

由於其為閉迴路(Closed Loop)控制方式，亦即是透過編碼器之位置、速度感測，來檢測得知馬達的運轉與荷重之變化情況，以便能夠及時的對於馬達輸出的角度(位置)、速度進行控制。

3. 減速電動機(減速馬達)

減速馬達是將馬達外接一個變速齒輪箱，再將動力做輸出的馬達。因為加入的齒輪有減速的作用，使得輸出的扭力變大；亦即犧牲了轉速來換取較大的扭力。

三、直流伺服電動機

因為直流伺服電動機的速度控制較為容易，故廣泛的應用在控制系統中。其常用的控制方法有二種，分別為電樞控制式及磁場控制式直流伺服電動機。分別就其數學模式討論如下。

1. 電樞控制式直流伺服電動機

直流電動機的激磁電流固定，控制電樞電壓來得到電動機的角位移。圖 3-32 所示為電樞控制式直流電動機系統，其中

e_a ：電樞繞組電壓

i_a ：電樞繞組電流

R_a ：電樞繞組電阻

L_a ：電樞繞組電感

e_b ：電樞繞組反電動勢

J_m ：軸及負荷的慣性矩

B_m ：黏滯摩擦係數

i_f ：磁場電流

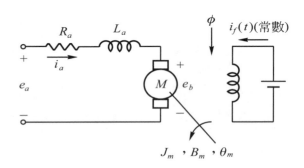

圖 3-32　電樞控制式直流電動機系統

數學模式的推導

(1) 輸入迴路滿足 $\Sigma V = 0$，即電氣方程式為

$$e_a = L_a \frac{di_a}{dt} + i_a R_a + e_b \tag{3-8-1}$$

(2) 電樞轉動時，其所產生的應電勢e_b與e_a的方向相反。又應電勢e_b與電動機的轉速ω_m及磁場電流所產生的磁通量成正比，當磁場電流i_f為定值時，磁通量亦為定值，則應電勢(感應電樞電壓)e_b由轉速來決定，即

$$e_b = K_b \, \omega_m = K_b \frac{d\theta_m}{dt} \quad (K_b：反電勢常數) \tag{3-8-2}$$

(3) 電動機的轉矩與磁通量ϕ及電樞電流i_a有關，即

$$\tau_m = K_1 \phi \, i_a \tag{3-8-3}$$

磁通量ϕ與磁場電流i_f有關($\phi = K_2 \, i_f$)，則電動機轉矩可表成

$$\tau_m = K_1 \, (K_2 \, i_f) i_a$$

當磁場電流i_f為定值時，則電動機轉矩又可表示為

$$\tau_m = (K_1 \, K_2 \, i_f) i_a$$
$$= K_i \, i_a \quad (K_i：電動機轉矩常數) \tag{3-8-4}$$

(4) 電動機的轉矩用來驅動負載以產生一角位移θ_m，由牛頓運動定律可得

$$\tau_m = J_m \frac{d^2\theta_m}{dt^2} + B_m \frac{d\theta_m}{dt} \tag{3-8-5}$$

對(3-8-1)~(3-8-5)式取拉氏轉換，並令其初值為零可得

$$E_a(s) = L_a s \, I_a(s) + R_a \, I_a(s) + E_b(s) \tag{3-8-6}$$
$$E_b(s) = K_b \, s \, \Theta_m(s) \tag{3-8-7}$$
$$T_m(s) = K_i \, I_a(s) \tag{3-8-8}$$
$$T_m(s) = J_m \, s^2 \Theta(s) + B_m \, s \Theta_m(s) \tag{3-8-9}$$

(3-8-7)代入(3-8-6)，$E_a(s) = (L_a s + R_a) I_a(s) + K_b s \Theta_m(s)$ (3-8-10)

(3-8-8)代入(3-8-9)，$K_i I_a(s) = s(J_m s + B_m) \Theta_m(s)$ (3-8-11)

由(3-8-11)：$I_a(s) = \dfrac{s(J_m s + B_m) \Theta_m(s)}{K_i}$ 代入(3-8-10)

$$E_a(s) = (L_a s + R_a) \frac{s(J_m s + B_m) \Theta_m(s)}{K_i} + K_b s \Theta_m(s)$$

$$= \left[\frac{s(L_a s + R_a)(J_m s + B_m)}{K_i} + K_b s \right] \Theta_m(s)$$

故系統轉移函數為

$$\frac{\Theta_m(s)}{E_a(s)} = \frac{1}{\dfrac{s(L_a s + R_a)(J_m s + B_m)}{K_i} + K_b s} = \frac{\dfrac{K_i}{L_a J_m}}{s \left[s^2 + \left(\dfrac{R_a}{L_a} + \dfrac{B_m}{J_m} \right) s + \dfrac{R_a B_m + K_i K_b}{L_a J_m} \right]}$$

(3-8-12)

如果忽略電樞繞組($L_a = 0$)時，系統的轉移函數可表示成

$$\frac{\Theta_m(s)}{E_a(s)} = \frac{K_i}{s(R_a)(J_m s + B_m) + K_i K_b s}$$

$$= \frac{K_i}{s[R_a J_m s + (R_a B_m + K_i K_b)]}$$

$$= \frac{\dfrac{K_i}{R_a B_m + K_i K_b}}{s \left[\dfrac{R_a J_m}{R_a B_m + K_i K_b} s + 1 \right]}$$

$$\triangleq \frac{K_m}{s(\tau_m s + 1)}$$

(3-8-13)

其中

$K_m = \dfrac{K_i}{R_a B_m + K_i K_b}$ 為電動機增益常數

$\tau_m = \dfrac{R_a J_m}{R_a B_m + K_i K_b}$ 為電動機時間常數

討論

亦可利用描繪系統的方塊圖來求解轉移函數

由(3-8-6)：$I_a(s) = \dfrac{E_a(s) - E_b(s)}{L_a s + R_s}$

由(3-8-7)：$E_b(s) = K_b s \Theta_m(s)$

由(3-8-8)：$T_m(s) = K_i I_a(s)$

由(3-8-9)：$\Theta_m(s) = \dfrac{T_m(s)}{J_m s^2 + B_m s} = \dfrac{T_m(s)}{s(J_m s + B_m)}$

故系統的方塊圖可描繪如圖 3-33 所示。

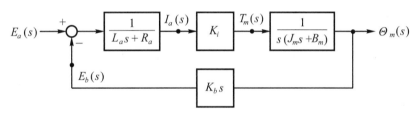

圖 3-33　電樞控制式直流電動機的方塊圖

利用標準負回授方塊圖的公式可解得系統的轉移函數為

$$\frac{\Theta_m(s)}{E_a(s)} = \frac{\dfrac{1}{L_a s + R_a} K_i \dfrac{1}{s(J_m s + B_m)}}{1 + \left[\dfrac{1}{L_a s + R_a} K_i \dfrac{1}{s(J_m s + B_m)}\right] K_b s}$$

$$= \frac{K_m}{s(\tau_m s + 1)}$$

(推導步驟同前，τ_m、K_m 的定義亦同前)

2.　磁場控制式直流伺服電動機

　　直流電動機的電樞電流固定，控制磁場電壓來得到電動機的角位移。圖 3-34 為磁場控制式直流電動機系統，其中

　　e_f：磁場繞組電壓

　　i_f：磁場繞組電流

R_f：磁場繞組電阻

L_f：磁場繞組電感

ϕ：磁通量

J_m：電動機軸及負荷的慣性矩

B_m：黏滯摩擦係數

R_a：電樞繞組電阻

L_a：電樞繞組電感

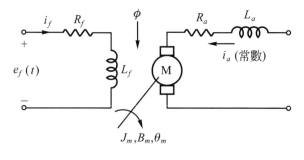

圖 3-34　磁場控制式直流電動機系統

數學模式的推導

(1)　場繞組的迴路滿足 $\Sigma V = 0$，即電氣方程式為

$$e_f = L_f \frac{di_f}{dt} + R_f i_f \tag{3-8-14}$$

(2)　電動機的轉矩與磁通量 ϕ 及電樞電流 i_a 有關，即

$$\tau_m = K_1 \phi i_a \tag{3-8-15}$$

磁通量 ϕ 與磁場電流 i_f 有關（$\phi = K_2 i_f$），則電動機轉矩可表成

$$\tau_m = K_1 (K_2 i_f) i_a$$

當電樞電流 i_a 為定值時，則電動機的轉矩又可表示成

$$\tau_m = (K_1 K_2 i_a) i_f$$
$$= K_i i_f (其中 K_i 為電動機的轉矩常數) \tag{3-8-16}$$

(3)　電動機的轉矩用來驅動負載，使其產生一角位移 θ_m，根據牛頓運動定律可得

$$\tau_m = J_m \frac{d^2 \theta_m}{dt^2} + B_m \frac{d\theta_m}{dt} \tag{3-8-17}$$

對 (3-8-15)、(3-8-16)、(3-8-17) 取拉氏轉換，並令其初值為零，可得

$$E_f(s) = L_f s I_f(s) + R_f I_f(s) \tag{3-8-18}$$

$$T_m(s) = K_i I_f(s) \tag{3-8-19}$$

$$T_m(s) = J_m s^2 \Theta_m(s) + B_m s \Theta_m(s) \tag{3-8-20}$$

由(3-8-18)式，$I_f(s) = \dfrac{E_f(s)}{L_f s + R_f}$ 　　　　　　(3-8-21)

(3-8-21)代入(3-8-19)式，$T_m(s) = K_i \dfrac{E_f(s)}{L_f s + R_f}$ 　　　　(3-8-22)

(3-8-22)代入(3-8-20)式，$K_i \dfrac{E_f(s)}{L_f s + R_f} = s(J_m s + B_m)\Theta_m(s)$ 　　(3-8-23)

可得系統的轉移函數為

$$\frac{\Theta_m(s)}{E_f(s)} = \frac{K_i}{s(J_m s + B_m)(L_f s + R_f)} = \frac{K_i}{s\left[B_m\left(\dfrac{J_m}{B_m}s + 1\right)\right]\left[R_f\left(\dfrac{L_f}{R_f}s + 1\right)\right]}$$

$$= \frac{\dfrac{K_i}{R_f B_m}}{s\left(\dfrac{J_m}{B_m}s + 1\right)\left(\dfrac{L_f}{R_f}s + 1\right)} \triangleq \frac{K_m}{s(\tau_m s + 1)(\tau_f s + 1)} \qquad (3\text{-}8\text{-}24)$$

其中

$K_m = \dfrac{K_i}{R_f B_m}$ 為電動機增益常數

$\tau_m = \dfrac{J_m}{B_m}$ 為機械時間常數

$\tau_f = \dfrac{L_f}{R_f}$ 為場電時間常數

就一般的情況而言，$\tau_m \gg \tau_f$，故(3-8-29)式可簡化表示成

$$\frac{\Theta_m(s)}{E_f(s)} = \frac{K_m}{s(\tau_m s + 1)} \qquad (3\text{-}8\text{-}25)$$

討論

亦可利用描繪系統的方塊圖來求解轉移函數

由(3-8-18)式，$I_f(s) = \dfrac{E_f(s)}{L_f s + R_f}$ 　　　　　　(3-8-26)

由(3-8-19)式，$T_m(s) = K_i\, I_f(s)$ 　　　　　　　(3-8-27)

由(3-8-20)式，$\Theta_m(s) = \dfrac{T_m(s)}{s(J_m s + B_m)}$ 　　　　　(3-8-28)

故系統的方塊圖可描繪成如圖 3-35 所示

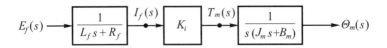

圖 3-35 磁場控制式直流電動機的方塊圖

則系統的轉移函數為

$$\frac{\Theta_m(s)}{E_f(s)} = \left(\frac{1}{L_f s + R_f}\right)(K_i)\left(\frac{1}{s(J_m s + B_m)}\right) \triangleq \frac{K_m}{s(\tau_m s + 1)(\tau_f s + 1)}$$

(推導步驟同前，τ_m、τ_f、K_m 的定義亦同前)

四、交流伺服電動機

1. 二相交流感應電動機

(1) 圖 3-36 所示為二相交流感應電動機的示意圖。

(2) 電動機的定子部份係由二個互成直角連接的分佈繞組組成，其中

① 參考繞組線圈外加固定頻率、固定大小的參考電壓。

② 控制繞組線圈則輸入大小及相位都可調變的電壓(此電壓通常由伺服放大器提供放大的控制電壓)，以產生磁場使電動機轉動。若放大器的訊號反向，則電動機的轉動方向也會反轉。

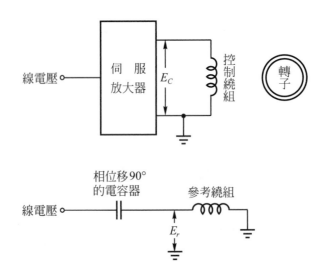

圖 3-36 二相交流感應電動機

2. 二相交流感應電動機的轉矩－速率特性圖如圖 3-37 所示，實際的響應是非線性的，為方便推求轉移函數，故予以在線性化的情況下來討論。

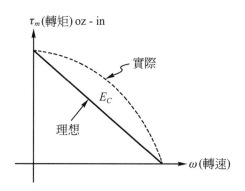

圖 3-37　二相交流感應電動機的轉矩－速率特性圖

3. 二相交流感應電動機的轉移函數的推求

在二相交流感應電動機，因為轉子的電阻值相當大，故可將其轉矩與速率特性曲線近似成直線表示，如圖 3-38 所示。

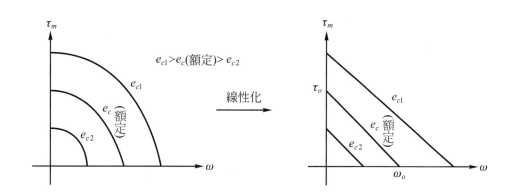

圖 3-38　二相交流感應電動機轉矩-速率特性曲線的線性化

轉移函數的推導過程：

(1) 特性斜率

$$m = \frac{E_c = e_c\text{時的停止轉矩}}{\text{額定電壓時的無負載速率}} = \frac{\tau_0}{\omega_0} \tag{3-8-29}$$

(2) 另一常數

$$k = \frac{E_c = e_c \text{時的停止轉矩}}{\text{額定控制電壓}} = \frac{\tau_0}{e_c} \qquad (3\text{-}8\text{-}30)$$

(3) 在任何轉速下的轉矩表示式為

$$\tau_m - \tau_0 = -\frac{\tau_0}{\omega_0}(\omega_m - 0) \qquad (3\text{-}8\text{-}31)$$

又由(3-8-35)$\tau_0 = ke_c$代入(3-8-36)式

得 $\tau_m - ke_c = -\dfrac{\tau_0}{\omega_0}\,\omega_m$

故 $\tau_m = -\dfrac{\tau_0}{\omega_0}\,\omega_m + ke_c = -\dfrac{\tau_0}{\omega_0}\dfrac{d\theta_m}{dt} + ke_c = -m\dfrac{d\theta_m}{dt} + ke_c \qquad (3\text{-}8\text{-}32)$

其中τ_0為額定電壓下的停止轉矩(stall torque)

ω_0為額定電壓下的無載轉速(no load speed)

(4) 電動機的轉矩是用來驅動負載，使其產生一角位移θ_m，如圖3-39所示，根據牛頓運動定律可得

$$\tau_m = J_m\frac{d^2\theta_m}{dt^2} + B_m\frac{d\theta_m}{dt} \qquad (3\text{-}8\text{-}33)$$

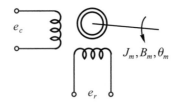

圖3-39 交流二相感應電動機系統

由(3-8-32)與(3-8-33)可得

$$\tau = -m\frac{d\theta_m}{dt} + ke_c = J_m\frac{d^2\theta_m}{dt^2} + B_m\frac{d\theta_m}{dt} \qquad (3\text{-}8\text{-}34)$$

對(3-8-34)二側取拉氏轉換，並令其初值為零，得

$$- ms\Theta_m(s) + kE_c(s) = J_m s^2 \Theta_m(s) + B_m s \Theta_m(s)$$

故系統的轉移函數為

$$\frac{\Theta_m(s)}{E_c(s)} = \frac{k}{s(J_m s + (B_m + m))} = \frac{\dfrac{k}{B_m + m}}{s\left(\dfrac{J_m}{B_m + m}s + 1\right)}$$

$$\triangleq \frac{K_m}{s(\tau_m s + 1)} \qquad\qquad (3\text{-}8\text{-}35)$$

其中 $K_m = \dfrac{k}{B_m + m}$ 為電動機增益常數

$\tau_m = \dfrac{J_m}{B_m + m}$ 為電動機時間常數

【例 1】 圖 3-40 所示為二相感應電動機及其轉矩－轉速特性曲線。

若轉動慣量 $J_m = 6\times10^{-4}$ nt-m-sec

黏滯係數 $B_m = 0.004$ nt-m-sec/rad

試求轉移函數？

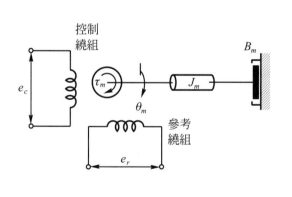

(a) 二相感應電動機系統

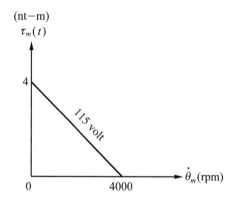

(b) 轉矩-轉速特性曲線

圖 3-40　二相感應電動機

解： (1)由電動機的轉矩轉速特性曲線

其滿足方程式 $\tau_m = - m\dot{\theta}_m + ke_c$

①當 $\dot{\theta}_m = 0$ 時，$\tau_m = 4\text{nt-m}$，代入 $\tau_m = -m\dot{\theta}_m + ke_c$ 中

即 $4 = 0 + k(115)$

解得 $k = \dfrac{4}{115} = 0.0348 \text{ nt-m/volt}$

②當 $\tau_m = 0$ 時，$\dot{\theta}_m = 4000\text{rpm}$，代入 $\tau_m = -m\dot{\theta}_m + ke_c$ 中

即 $0 = -m(4000\text{rpm}) + (0.0348 \text{ nt-m/volt})(115\text{volt})$

解得 $m = \dfrac{0.0348\text{nt-m/volt}\times 115\text{volt}}{4000\text{rpm}}$

$$= \dfrac{0.0348\dfrac{\text{nt-m}}{\text{volt}}\times 115\text{volt}}{4000\dfrac{\text{轉}}{\text{分}}\left(\dfrac{2\pi(\text{rad})}{\text{轉}}\cdot\dfrac{\text{分}}{60\,\text{秒}}\right)}$$

$$= 0.00954 \text{ nt-m-sec/rad}$$

③綜合①、②的結果

$\tau_m = -m\dot{\theta}_m + ke_c$

$\quad = -0.00954\dfrac{d\theta_m}{dt} + 0.0348e_c \cdots\cdots❶$

(2)由電動機的機構部份

滿足 $\tau_m = J_m\dfrac{d^2\theta_m}{dt^2} + B_m\dfrac{d\theta_m}{dt}$

其中 $J_m = 0.0006 \text{ nt-m-sec}$，$B_m = 0.004 \text{ nt-m-sec/rad}$

可得 $\tau_m = 0.0006\dfrac{d^2\theta_m}{dt^2} + 0.004\dfrac{d\theta_m}{dt} \cdots\cdots❷$

(3)求系統的轉移函數

由 ❶ = ❷：$\tau_m = -0.00954\dfrac{d\theta_m}{dt} + 0.0348e_c$

$$= 0.0006\dfrac{d^2\theta_m}{dt^2} + 0.004\dfrac{d\theta_m}{dt}$$

對上式取拉式轉換，令初值爲零，可得

$-0.00954s\Theta_m(s) + 0.0348E_c(s) = 0.0006s^2\Theta_m(s) + 0.004s\Theta_m(s)$

即轉移函數為

$$\frac{\Theta_m(s)}{E_c(s)} = \frac{0.0348}{0.0006s^2 + 0.01354s} = \frac{348}{6s^2 + 135.4s}$$

▲

五、直流、交流伺服電動機轉移函數的標準式均為

$$\frac{\Theta_m(s)}{E(s)} = \frac{K_m}{s(\tau_m s + 1)} \tag{3-8-36}$$

其中

常數 ＼ 類別 控制方式	直流伺服電動機		交流伺服電動機
	電樞控制式	磁場控制式	
增益常數 K_m	$\dfrac{K_i}{R_a B_m + K_i K_b}$	$\dfrac{K_i}{R_f B_m}$	$\dfrac{k}{B_m + m}$
時間常數 τ_m	$\dfrac{R_a J_m}{R_a B_m + K_i K_b}$	$\dfrac{J_m}{B_m}$	$\dfrac{J_m}{B_m + m}$
轉移函數	$\dfrac{\Theta_m(s)}{E_a(s)}$ 其中 $\Theta_m(s)$為輸出角位移 $E_a(s)$為電樞繞組電壓	$\dfrac{\Theta_m(s)}{E_f(s)}$ 其中 $\Theta_m(s)$為輸出角位移 $E_f(s)$為磁場繞組電壓	$\dfrac{\Theta_m(s)}{E_c(s)}$ 其中 $\Theta_m(s)$為輸出角位移 $E_c(s)$為伺服放大器的電壓
備註		未經簡化的模式： 場電時間常數 $\tau_f = \dfrac{L_f}{R_f}$	

六、直流發電機：直流發電機的輸入為磁場電壓 $e_f(t)$，其輸出為感應電壓 $e_g(t)$。圖 3-41 所示為直流發電機系統，其中

　　R_f：磁場繞組電阻

　　L_f：磁場繞組電感

i_f ：磁場繞組電流

R_g ：電樞繞組電阻

L_g ：電樞繞組電感

i_g ：電樞繞組電流

e_g ：輸出感應電壓

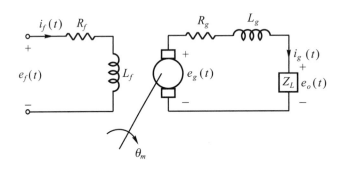

圖 3-41 直流發電機系統

數學模式推求

1. 輸入迴路滿足 $\Sigma V = 0$，即電氣方程式為

$$e_f = i_f R_f + L_f \frac{di_f}{dt} \tag{3-8-37}$$

2. 輸出電壓 e_g 與磁場電流 i_f 成比例，若比例常數為 K_g，則

$$e_g = K_g i_f \tag{3-8-38}$$

對 (3-8-37) 及 (3-8-38) 分別取拉氏轉換，並令初值為零，可得

$$E_f(s) = R_f I_f(s) + L_f s I_f(s) \tag{3-8-39}$$

$$E_g(s) = K_g I_f(s) \tag{3-8-40}$$

即系統的轉移函數為

$$\frac{E_g(s)}{E_f(s)} = \frac{K_g I_f(s)}{R_f I_f(s) + L_f s I_f(s)} = \frac{K_g}{R_f + L_f s} \tag{3-8-41}$$

3-9　轉換器的數學模型

一、轉換器是一種能將訊號轉換成另一種型式訊號的元件，例如

　1.　電位計(potentiometer)：將位移或轉角轉換成電位訊號

　2.　轉速計(tachometer)：將轉速轉換成電位訊號

　3.　加速計(accelerator)：將加速度轉換成電位訊號

　4.　線性差動變壓器(LVDT)：將線性位移量轉換成電位訊號

　　由這些元件的輸出電位即可知道實際物理系統的轉角、轉速、加速度，故這些元件亦稱為感測器(sensor)。

二、電位計：將旋轉角度、位移量轉換為電壓訊號，其可區分為

　1.　旋轉式

　　　　將物體的旋轉角度轉換成電位訊號的裝置。如圖 3-42 所示的旋轉式電位計，其數學模式為

$$V_x = V_s \frac{\theta_x}{\theta_{max}} = \frac{V_s}{\theta_{max}} \theta_x \tag{3-9-1}$$

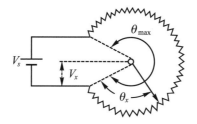

圖 3-42　旋轉式電位計

　　假設　　$K_\theta = \dfrac{V_s}{\theta_{max}}$(增益常數)

　　則　　　$V_x = K_\theta \theta_x$ $\tag{3-9-2}$

　　其中　　θ_{max} 為可輸入的最大量角位移

　　　　　　θ_x 為實際輸入的角位移量

2. 直線式

　　將物體的平移量轉換成電位訊號的裝置。如圖 3-43 所示的直線式電位計。
其數學模式爲

$$V_x = V_s \frac{l_x}{l_{max}} = \frac{V_s}{l_{max}} l_x \tag{3-9-3}$$

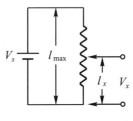

圖 3-43　直線式電位計

假設　$K_p = \dfrac{V_s}{l_{max}}$（增益常數）

則　　$V_x = K_p l_x$ (3-9-4)

其中　l_{max} 爲可輸入的最大平移量

　　　l_x 爲實際輸入的平移量

【例 1】　某直線式電位計，當其輸出軸與參考位置距離 5.87 英吋時，其可輸出直流
　　　　定值電壓 12 伏特，試求此電位計的增益常數 K_p 值。

解：$K_p = \dfrac{12 \text{伏特}}{5.87 \text{英吋}} = 2.04$ 伏特／英吋

三、誤差檢測器

　　　將二個不同的輸入訊號做比較，其輸出訊號是正比於此二輸入訊號的差值。
　　其可區分爲

1. 旋轉式誤差檢測器，如圖 3-44 所示。

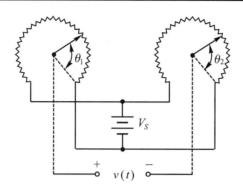

圖 3-44　旋轉式誤差檢測器

　　將二物體旋轉角度的誤差量以電位訊號來表示。其可利用前述旋轉式電位計的結果來討論，即

$$v(t) = K_\theta (\theta_1 - \theta_2) \tag{3-9-5}$$

當 $\theta_1 > \theta_2$ 時，$v(t) > 0$

　$\theta_1 = \theta_2$ 時，$v(t) = 0$

　$\theta_1 < \theta_2$ 時，$v(t) < 0$

2.　直線式誤差檢測器，如圖 3-45 所示。

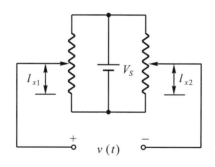

圖 3-45　直線式誤差檢測器

　　將二物體平移的誤差量以電位訊號來表示。其可利用前述平移式電位計的結果來討論，即

$$v(t) = K_p (l_{x_1} - l_{x_2}) \tag{3-9-6}$$

當 $l_{x_1} > l_{x_2}$ 時，$v(t) > 0$

　$l_{x_1} = l_{x_2}$ 時，$v(t) = 0$

　$l_{x_1} < l_{x_2}$ 時，$v(t) < 0$

四、轉速計

圖 3-46 所示的轉速計是將角速度的訊號轉換成電位的訊號，其所產生的電位訊號是正比於旋轉的角速度。故其數學模式為

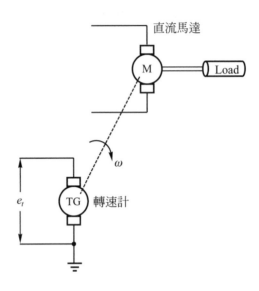

圖 3-46　轉速計

$$e_t = K_t\, \omega$$

$$e_t = K_t\, \frac{d\theta}{dt} \tag{3-9-7}$$

其中 K_t 為轉速計增益常數

$$\omega = \frac{d\theta}{dt}$$ 為輸入轉速

對(3-9-7)式取拉氏轉換，並令系統的初值為零，可得

$$E_t(s) = K_t\, s\Theta(s)$$

則系統的轉移函數為

$$\frac{E_t(s)}{\Theta(s)} = K_t\, s \tag{3-9-8}$$

【例2】　某轉速計的規格為 1000rpm 的輸出電壓為 6 伏特，當其在線性運行時，試求轉速計的增益常數。

解：$K_t = \dfrac{e_t}{\omega} = \dfrac{6\text{volt}}{\left(1000\dfrac{\text{rev}}{\text{min}}\right) \times \left(2\pi\dfrac{\text{rad}}{\text{rev}}\right) \times \left(\dfrac{1}{60}\dfrac{\text{min}}{\text{sec}}\right)}$

$\qquad = 5.74 \times 10^{-2} \dfrac{\text{volt-sec}}{\text{rad}}$

五、加速計

將加速度轉換為電位的訊號，其所產生的電位與加速度成正比，故加速計的數學模式為

$$e(t) = K_a \frac{d^2 x(t)}{dt^2} \tag{3-9-9}$$

其中 K_a 為加速計的增益常數

$\quad x(t)$ 為系統的位移量

對(3-9-9)式取拉氏轉換，並令系統的初值為零，則

$$E(s) = K_a s^2 X(s)$$

則系統的轉移函數為

$$\frac{E(s)}{X(s)} = K_a s^2 \tag{3-9-10}$$

小櫥窗

　　一個實際的運作平台包括有能夠檢測外在環境訊息的感測單元、可與使用者做溝通的人機界面、能夠依據命令產生相對應動作的制動單元及處理單元(為系統的核心，如：單晶片微控制器)。我們可以藉由這些元素的搭配組合，就能夠完成一個只要使用者開啟系統的電源便可以使系統做獨立運作。

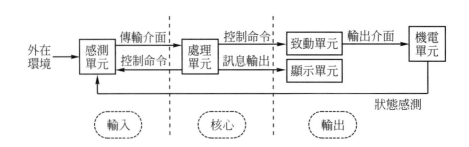

感測單元的分類

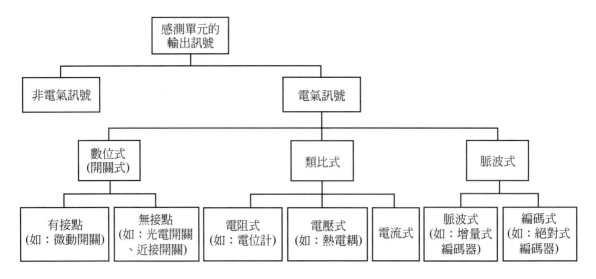

外在環境中常見的幾種物理量

感測單元	檢測類別	待測量的轉換訊號
熱敏電阻	溫度	電阻變化
光敏電阻	光線	電阻變化
壓力計	壓力	電阻變化
加速計	加速度	電壓
浮球	液面高度變化	位移

常見的幾種處理單位(核心單片)

位元數	晶片型號
8 位元	8051、Atmega8 等各廠家
16 位元	PIC 等各廠家
32 位元	ARM 等各廠家

重點摘要

1. 系統

   (1) 線性系統：滿足重疊定理的系統

   　　 [數學式]若 $u_1(t) \rightarrow y_1(t)$

   　　　　　　 $u_2(t) \rightarrow y_2(t)$

   　　　　 則 $\alpha u_1(t) + \beta u_2(t) \rightarrow \alpha y_1(t) + \beta y_2(t)$

   (2) 非時變系統：系統的特性不隨時間改變的系統

   　　 [數學式]若 $u(t) \rightarrow y(t)$

   　　　　　　 則 $u(t-\tau) \rightarrow y(t-\tau)$

   (3) 因果系統：系統目前的輸出只與現在及過去的輸入有關，而與未來的輸入無關。

2. 轉移函數 $= \dfrac{£(輸出響應)}{£(輸入訊號)}$

   　 轉移函數 $= £(脈衝響應)$

   　 頻率轉移函數 $=[轉移函數]\,|_{\,s=j\omega}$

3. 方塊圖

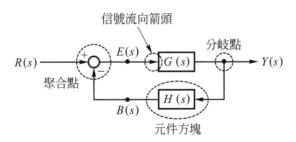

   (1) 順向路徑轉移函數 $G(s) = \dfrac{Y(s)}{E(s)}$

   (2) 回授路徑轉移函數 $H(s) = \dfrac{B(s)}{Y(s)}$

(3) 開迴路轉移函數 $GH(s) = \dfrac{B(s)}{E(s)}$

(4) 閉迴路轉移函數 $\dfrac{Y(s)}{R(s)} = \dfrac{G(s)}{1 + G(s)H(s)}$

(5) 方塊圖代數

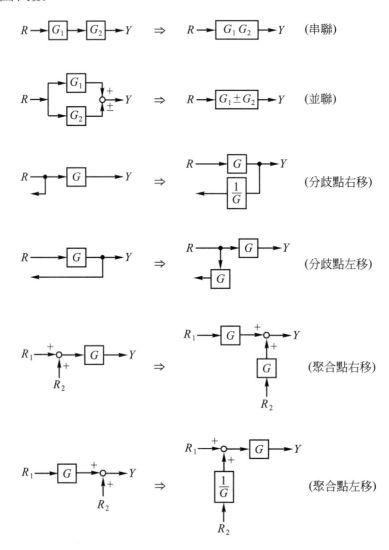

4. 訊號流程圖

　梅生增益公式

　　訊號流程圖中輸出變數與輸入變數間的增益關係

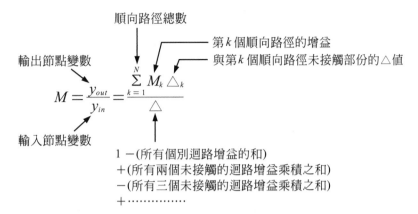

$$M = \frac{y_{out}}{y_{in}} = \frac{\sum\limits_{k=1}^{N} M_k \triangle_k}{\triangle}$$

輸出節點變數

順向路徑總數

第 k 個順向路徑的增益

與第 k 個順向路徑未接觸部份的 $\triangle$ 值

輸入節點變數

1 −(所有個別迴路增益的和)
　+(所有兩個未接觸的迴路增益乘積之和)
　−(所有三個未接觸的迴路增益乘積之和)
　+……………

5. 機械系統的數學模型

(1) 平移運動

① 力−質量系統

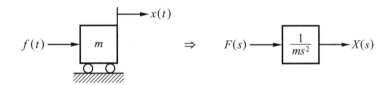

② 力−彈簧系統

③ 摩擦系統

$$f(t) \longrightarrow \boxed{\frac{x(t)}{k}} \qquad \Rightarrow \qquad F(s) \longrightarrow \boxed{\frac{1}{Bs}} \longrightarrow X(s)$$

(2) 旋轉運動

① 扭力−慣量系統

$$T(s) \longrightarrow \boxed{\frac{1}{Js^2}} \longrightarrow \Theta(s)$$

$\tau(t) \quad \theta(t)$

② 扭力－彈簧系統

$$T(s) \longrightarrow \boxed{\dfrac{1}{k}} \longrightarrow \Theta(s)$$

③ 扭力－摩擦系統

$$T(s) \longrightarrow \boxed{\dfrac{1}{Bs}} \longrightarrow \Theta(s)$$

(3) 齒輪列

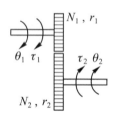

	齒輪 1	齒輪 2
齒數	N_1	N_2
半徑	r_1	r_2
旋轉角度	θ_1	θ_2
旋轉角速度	ω_1	ω_2
旋轉角加速度	α_1	α_2
扭力	τ_1	τ_2
$\dfrac{N_1}{N_2} = \dfrac{r_1}{r_2} = \dfrac{\theta_2}{\theta_1} = \dfrac{\omega_2}{\omega_1} = \dfrac{\alpha_2}{\alpha_1} = \dfrac{\tau_1}{\tau_2}$		

6. 電路系統的數學模型

(1) 無源元件關係式

線性元件	電路圖	時域關係式	拉氏關係式	阻抗 Z
電阻		$v(t) = i(t)R$	$V(s) = I(s)(R)$	$Z = R$
電容		$v(t) = \dfrac{1}{C} \displaystyle\int_{-\infty}^{t} i(\tau)d\tau$	$V(s) = I(s)\left(\dfrac{1}{Cs}\right)$	$Z = \dfrac{1}{Cs}$
電感		$v(t) = L\dfrac{di(t)}{dt}$	$V(s) = I(s)(Ls)$	$Z = Ls$

(2)　有源元件關係式

類型	直流/交流電源	拉氏關係式
電壓源	直流 $V_S = V$	$V_s = V$
	交流 $V_S = V_m \sin \omega t$	$V_s = V_m \dfrac{\omega}{s^2 + \omega^2}$
電流源	直流 $i_S = I$	$I_s = I$
	交流 $i_S = I_m \sin \omega t$	$I_s = I_m \dfrac{\omega}{s^2 + \omega^2}$

7. 機電系統的數學模型

轉移函數標準式 $\dfrac{\Theta_m(s)}{E(s)} = \dfrac{K_m}{s(\tau_m s + 1)}$

控制方式\常數 類別	直流伺服電動機		交流伺服電動機
	電樞控制式	磁場控制式	
增益常數 K_m	$\dfrac{K_i}{R_a B_m + K_i K_b}$	$\dfrac{K_i}{R_f B_m}$	$\dfrac{k}{B_m + m}$
時間常數 τ_m	$\dfrac{R_a J_m}{R_a B_m + K_i K_b}$	$\dfrac{J_m}{B_m}$	$\dfrac{J_m}{B_m + m}$
轉移函數	$\dfrac{\Theta_m(s)}{E_a(s)}$ 其中 $\Theta_m(s)$為輸出角位移 $E_a(s)$為電樞繞組電壓	$\dfrac{\Theta_m(s)}{E_f(s)}$ 其中 $\Theta_m(s)$為輸出角位移 $E_a(s)$為磁場繞組電壓	$\dfrac{\Theta_m(s)}{E_c(s)}$ 其中 $\Theta_m(s)$為輸出角位移 $E_c(s)$為伺服放大器的電壓
備註		未經簡化的模式： 場電時間常數 $\tau_f = \dfrac{L_f}{R_f}$	

習　題

1.　某單輸入單輸出系統的方程式為$\dot{x}(t)=ax(t)+bu^2(t)$，$y(t)=cx(t)$，其中$x(t)$為系統的狀態，$y(t)$為輸出，$u(t)$為輸入，而a，b，c為非零的常數，試判定系統為線性？非時變？

2.　下列何者為線性系統

(A)$\dot{y}(t)=u(t)y(t)$　　(B)$\dot{y}(t)=u(t)+y(t)$

(C)$\dot{y}(t)=u(t)+1$　(D)$\dot{y}(t)=\mid u(t)\mid$

3.　某線性非時變因果系統，若輸入為$u(t)$，輸出為$y(t)$；

⑴若其脈衝響應$h(t)$如圖(a)所示。當系統輸入訊號$u_1(t)$如圖(b)所示時，試求此時的輸出響應$y_1(t)$的波形。

⑵輸入激勵$u(t)$及其所對應的輸出響應$y(t)$分別如圖(c)、(d)所示，則系統的脈衝響應$h(t)$的波形為何？

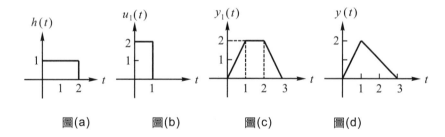

圖(a)　　　圖(b)　　　圖(c)　　　圖(d)

4.　求系統的轉移函數

⑴一線性網路的輸入為單位脈衝函數$\delta(t)$時，其輸出為$\delta(t)+u_s(t)$

⑵在初值為零之狀態下，若一線性非時變系統之單位脈衝響應為函數$e^{-t}+e^t$，$t\geq 0$

⑶某線性非時變因果系統的單位脈衝響應為 $y(t)=3\delta(t)-15e^{-10t}u_s(t)$

⑷一線性非時變網路的步階響應為$s(t)=1-\cos\omega t$

⑸令$u_s(t)\triangleq$單位步級函數。某一濾波器之輸入為$f(t)u_s(t)$時，其輸出為：

$f(t-t_0)u_s(t-t_0)$

5. 若一*RL*並聯網路的兩端加上一並聯電流源，試求此網路的端電壓之單位脈衝響應。

6. (1)某系統的脈衝響應為$h(t)=[6e^{-4t}\cos(5t+\pi/3)]u_s(t)$，求轉移函數$H(s)$及其極點和零點。

　(2)某系統之單位步階響應輸出為$y(t)=\int_0^t(\sin\tau+e^{-\tau})d\tau$，則系統轉移函數的極點為何？

　(3)某單位負回授系統，其開迴路轉移函數為$G(s)=\dfrac{k(s+z)}{s(s+2)}$，若欲使閉迴路極點落在$s=-2\pm j\sqrt{2}$，試求$k$、$z$值。

7. 一線性非時變系統，其單位脈衝響應為函數e^{-2t}，$t\geq0$。此系統如輸入單位步階函數$u_s(t)$，其輸出響應為何？

8. (1)如右圖所示運算放大器電路，假設圖中運算放大器*A*為一理想運算放大器，則當$R=1\Omega$時，轉移函數$\dfrac{V_o(s)}{V_i(s)}$為何？

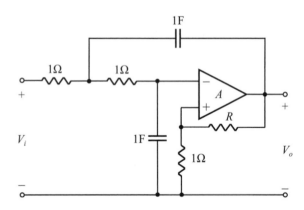

　(2)承上題，當$R=2\Omega$時，轉移函數$\dfrac{V_o(s)}{V_i(s)}$為何？

9. 微分方程式系統$3\dfrac{dy}{dt}+4y=r(t)$，其中$r(t)$為輸入，$y(t)$為輸出，試求其轉移函數及脈衝響應。

10. 線性微分方程系統$\ddot{y}(t)+3\dot{y}(t)+2y(t)=r(t)$，$t\geq0$之脈衝響應為$h(t)$。若有一無輸入信號系統$\ddot{y}(t)+3\dot{y}(t)+2y(t)=0$，$t\geq0$的暫態響應$y(t)$欲與$h(t)$相同時，則系統的初值$y(0)$、$\dot{y}(0)$為何？

11. (1)已知某系統的脈衝響應為$h(t)=e^{3t}$，試求當系統的初值為零且其輸入$r(t)=6\cos(2t)$時的響應。

　(2)某靜止系統，在$t=0$，輸入$r(t)=3$時，可得其輸出為$\left(\dfrac{3}{2}-\dfrac{3}{2}e^{-2t}\right)u_s(t)$，試求本系統的脈衝響應。

12. 試利用方塊圖的化簡，求下列各小題的轉移函數 $\dfrac{C(s)}{R(s)}$。

(1)

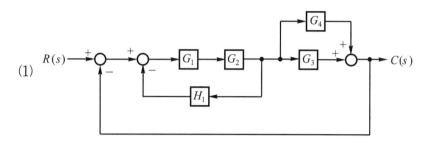

(2)

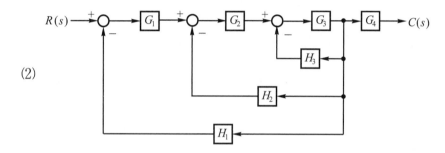

(3)

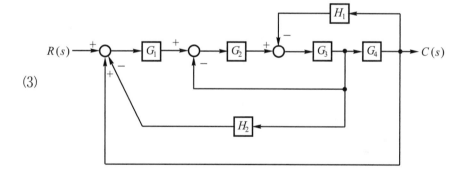

(4)

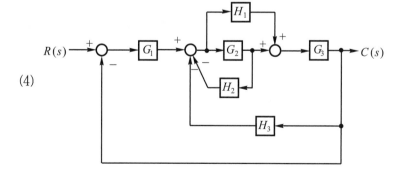

(5)

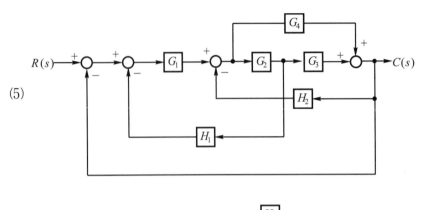

(6)

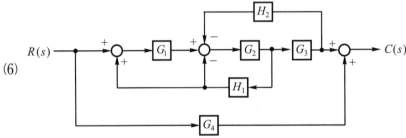

13. 如圖(a)所示的方塊圖系統，若圖(b)及圖(c)均代表同一系統，試求$G(s)$及$H(s)$。

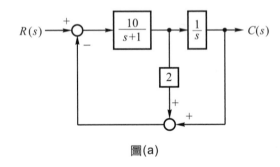

圖(a)

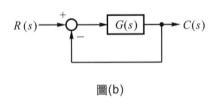

圖(b)

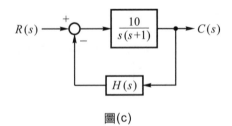

圖(c)

14. 試求下圖所示系統方塊圖，當輸入 $R(s)$ 在位置 1 及位置 2 時的轉移函數 $\dfrac{C(s)}{R(s)}$

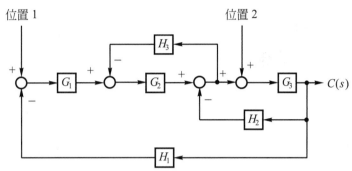

15. 某單位負回授控制系統，若其開迴路轉移函數為 $G(s) = \dfrac{8}{s(s^2 + 6s + 12)}$，試求

該系統之閉迴路轉移函數 $M(s) = \dfrac{C(s)}{R(s)}$

16. 如圖所示訊號流程圖，試求轉移函數

(1)　　，求 $\dfrac{y_3}{y_1}$

(2) $R(s)$　，求 $\dfrac{C(s)}{R(s)}$

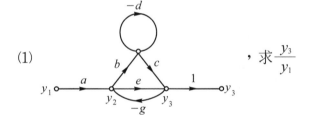

(3) $R(s)$　，求 $\dfrac{C(s)}{R(s)}$

(4)　，求 $\dfrac{y_6}{y_1}$

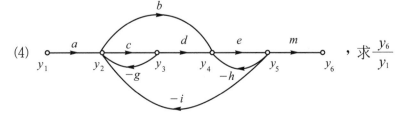

17. 右圖所示為具有雙輸入及雙輸出$R_1(s)$、$R_2(s)$、$C_1(s)$、$C_2(s)$的訊號流程圖的系統，試求

    (1)$C_1(s)$及$C_2(s)$的表示式。

    (2)$C_1(s)$與$R_2(s)$無關的條件。

    (3)$C_2(s)$與$R_1(s)$無關的條件。

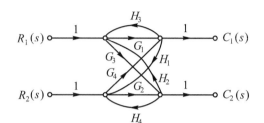

18. 試將下述方塊圖改繪成訊號流程圖，並求其轉移函數

(1)

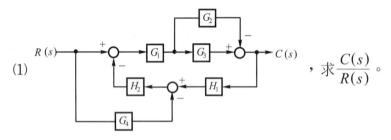

，求$\dfrac{C(s)}{R(s)}$。

(2)

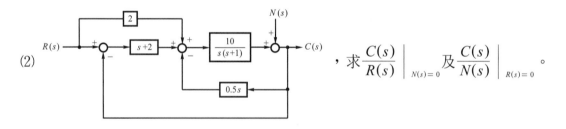

，求$\left.\dfrac{C(s)}{R(s)}\right|_{N(s)=0}$及$\left.\dfrac{C(s)}{N(s)}\right|_{R(s)=0}$。

(3)

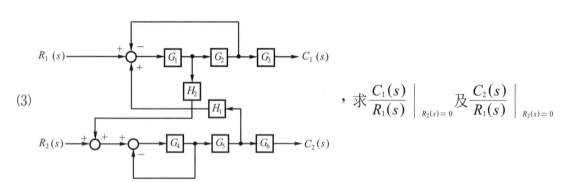

，求$\left.\dfrac{C_1(s)}{R_1(s)}\right|_{R_2(s)=0}$及$\left.\dfrac{C_2(s)}{R_1(s)}\right|_{R_2(s)=0}$。

19. 試求下圖所示機械平移系統的轉移函數$\dfrac{X_2(s)}{F(s)}$

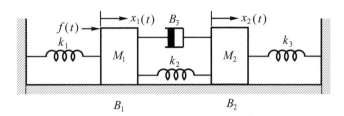

20. 試求下圖所示機械旋轉系統的轉移函數$\dfrac{\Theta_2(s)}{T_1(s)}$

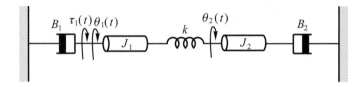

21. 試求下述齒輪(無損失)系統的轉移函數$\dfrac{\Theta_1(s)}{T(s)}$

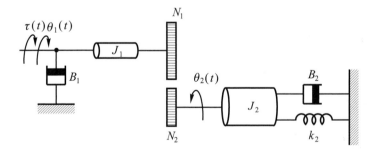

習題解答

1.　非線性非時變

2.　(B)

3.　(1) 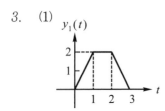 　　(2)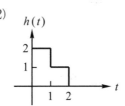

4.　(1)$\dfrac{(s+1)}{s}$　(2)$\dfrac{2s}{s^2-1}$　(3)$\dfrac{3s+15}{s+10}$　(4)$\dfrac{\omega^2}{s^2+\omega^2}$　(5)e^{-st_0}

5.　$R\delta(t)-\dfrac{R^2}{L}e^{-\frac{R}{L}t}u_s(t)$

6.　(1)$H(s)=\dfrac{3(s+4-5\sqrt{3})}{s^2+8s+41}$，極點：$s=-4\pm j5$，零點：$s=4.66$

　　(2)-1，$\pm j$　(3)$k=2$，$z=3$

7.　$\dfrac{u_s(t)}{2}(1-e^{-2t})$

8.　(1)$\dfrac{2}{s^2+s+1}$　(2)$\dfrac{3}{s^2+1}$

9.　轉移函數為$\dfrac{1}{3s+4}$，脈衝響應為$\dfrac{1}{3}e^{-4t/3}$

10.　$y(0)=0$，$\dot{y}(0)=1$

11.　(1)$\dfrac{18}{13}e^{3t}-\dfrac{18}{13}\cos(2t)+\dfrac{12}{13}\sin(2t)$　(2)e^{-2t}

12.　(1)$\dfrac{G_1G_2(G_3+G_4)}{1+G_1G_2(H_1+G_3+G_4)}$

　　(2)$\dfrac{G_1G_2G_3G_4}{1+G_3H_3+G_2G_3H_2+G_1G_2G_3H_1}$

　　(3)$\dfrac{C(s)}{R(s)}=\dfrac{G_1G_2G_3G_4}{1+G_1G_2G_3G_4\left(\dfrac{H_1}{G_1G_2}+\dfrac{1}{G_1G_4}+\dfrac{H_2}{G_4}-1\right)}$

　　　$=\dfrac{G_1G_2G_3G_4}{1+G_3G_4H_1+G_2G_3+G_1G_2G_3H_2-G_1G_2G_3G_4}$

(4) $\dfrac{C}{R} = \dfrac{G_1(G_2 + H_1)G_3}{1 + G_1(G_2 + H_1)G_3\left[1 + \dfrac{H_3}{G_1} + \dfrac{H_2 G_2}{G_1 G_3(G_2 + H_1)}\right]}$

$\quad = \dfrac{G_1 G_3(G_2 + H_1)}{1 + G_1(G_2 + H_1)G_3 + (G_2 + H_1)G_3 H_3 + H_2 G_2}$

(5) $\dfrac{G_1(G_2 G_3 + G_4)}{1 + (G_2 G_3 + G_4)(G_1 + H_2) + G_1 H_1 G_2}$

(6) $G_4 + \dfrac{G_1 G_2 G_3}{1 + G_2 G_3 H_2 + G_2 H_1(1 - G_1)}$

13. $G(s) = \dfrac{10}{s^2 + 21s}$，$H(s) = 2s + 1$

14. 位置 1，$\dfrac{G_1 G_2 G_3}{1 + G_2 H_3 + G_3 H_2 + G_1 G_2 G_3 H_1}$

位置 2，$\dfrac{G_3(1 + H_3 G_2)}{1 + H_3 G_2 + G_3(G_1 H_1 G_2 + H_2)}$

15. $\dfrac{8}{s^3 + 6s^2 + 12s + 8}$

16. (1) $\dfrac{abc + ade + ae}{1 + eg + d + bcg + deg}$

(2) $\dfrac{G_1 G_2 G_3}{1 + G_1 G_2 H_1 + G_2 G_3 H_2 + G_1 G_2 G_3}$

(3) $\dfrac{[G_2 G_4 G_6(1 + G_5 H_2) + G_3 G_5 G_7(1 + G_4 H_1) + G_3 G_8 G_6 + G_2 G_1 G_7 - G_3 G_8 H_1 G_1 G_7 - G_2 G_1 H_2 G_8 G_6]}{1 + G_4 H_1 + G_5 H_2 - H_1 G_1 H_2 G_8 + G_4 H_1 G_5 H_2}$

(4) $\dfrac{acdem + abem}{1 + cg + eh + bei + cdei + cgeh}$

17. (1) $C_1 = \dfrac{[G_1(1 - G_2 H_4) + G_3 H_4 G_4]R_1 + [G_4(1 - G_3 H_2) + G_3 H_2 G_1]R_2}{1 - (G_1 H_3 + G_2 H_4 + G_3 H_2 + G_4 H_1) + (G_1 H_3 G_2 H_4 + G_3 H_2 G_4 H_1)}$

$\quad C_2 = \dfrac{[G_3(1 - G_4 H_1) + G_1 H_1 G_2]R_1 + [G_2(1 - G_1 H_3) + G_4 H_3 G_3]R_2}{1 - (G_1 H_3 + G_2 H_4 + G_3 H_2 + G_4 H_1) + (G_1 H_3 G_2 H_4 + G_3 H_2 G_4 H_1)}$

(2) $H_2 = \dfrac{-G_4}{G_1 G_2 - G_3 G_4}$

(3) $H_1 = \dfrac{-G_3}{G_1 G_2 - G_3 G_4}$

18. (1) $\dfrac{(1 + G_4 H_2)(-G_2 + G_3)G_1}{1 + G_1 H_1 H_2(-G_2 + G_3)}$

(2) $\left.\dfrac{C(s)}{R(s)}\right|_{N(s)=0} = \dfrac{10(s + 4)}{s^2 + 16s + 20}$

$$\frac{C(s)}{N(s)}\bigg|_{R(s)=0} = \frac{s(s+1)}{s^2+16s+20}$$

(3) $\dfrac{C_1(s)}{R_1(s)}\bigg|_{R_2(s)=0} = \dfrac{G_1G_2G_3(1+G_4)}{(1+G_1G_2)(1+G_4)-G_1G_4G_5H_1H_2}$

$$\frac{C_2(s)}{R_1(s)}\bigg|_{R_2(s)=0} = \frac{G_1G_4G_5G_6H_2}{(1+G_1G_2)(1+G_4)-H_1H_2G_1G_4G_5}$$

19. $\dfrac{X_2(s)}{F(s)} = \dfrac{(B_3s+k_2)}{\begin{vmatrix} M_1s^2+(B_1+B_3)s+(k_1+k_2) & -(B_3s+k_2) \\ -(B_3s+k_2) & M_2s^2+(B_2+B_3)s+(k_2+k_3) \end{vmatrix}}$

20. $\dfrac{\Theta_2(s)}{T(s)} = \dfrac{k}{\begin{vmatrix} J_1s^2+B_1s+k & -k \\ -k & J_2s^2+B_2s+k \end{vmatrix}}$

21. $\dfrac{\Theta_1(s)}{T(s)} = \dfrac{1}{\left[J_1+J_2\left(\dfrac{N_1}{N_2}\right)^2\right]s^2+\left[B_1+B_2\left(\dfrac{N_1}{N_2}\right)^2\right]s+k_2\left(\dfrac{N_1}{N_2}\right)^2}$

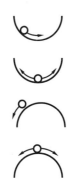

第**4**章

控制系統的穩定度

4-1　前　言

一、在控制系統的設計，必須要滿足客戶所要求的各項性能規格，其中最重要的條件就是系統必須是穩定的。一個穩定系統的輸出，其隨著時間的變化，最後會趨於安定、平衡的狀態，亦即會使系統的響應呈現漸近收斂的情形。

二、控制系統時間響應的三個重要條件：

1. 穩定度：指系統是否能夠被操作者所控制。

2. 暫態響應：指系統受到激勵或外界干擾時，系統會離開原來的平衡點，再經過一段過渡時間後，系統會達到新的平衡點，在到達穩定前的一連串反應情形，即為暫態響應。

3. 精確度(穩態誤差)：指系統受到外界激勵，當其達到穩定後，其輸出值與期望值之間的差異。

三、判斷線性非時變系統的穩定度常用的方法有：羅斯-赫維茲準則、根軌跡法、波德圖、奈奎氏圖。其中羅斯-赫維茲準則，會在本章介紹，根軌跡法在第五章中介紹，波德圖與奈奎氏圖在第六章中介紹。

小櫥窗

控制系統的理論在 19 世紀後半期已逐漸成型。

在 1868 年 James Clerk Maxwell 提出有關三階系統之微分方程式係數之穩定準則。

在 1877 年 Edward James Routh 將穩定準則擴展到五階的系統。

在 1982 年 Lyapunov 提出將羅斯準則拓展到非線性系統的觀點。

在 1895 年發表 Routh-Hurwitz criterion for stability(羅斯-赫維茲穩定性判定準則)

4-2　系統的穩定度

一、在回授控制系統中穩定度是一項非常重要問題。例如行進中的飛彈是否能夠依據預設的軌道飛行，伺服馬達系統是否能夠依照命令正常的運轉。

二、穩定的意義

1. 系統在沒有外力的作用下，內部的行為會隨著系統的初始狀態而產生變化，視其變化情形來判別其穩定度。

【圖示】

(1) 當系統的初值為$y(0)$時，其輸出y與時間t的關係如圖 4-1 所示，系統的輸出最後會趨近於一個不變(固定)的狀態。

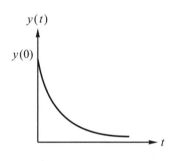

圖 4-1　穩定的系統

(2) 對系統加入脈衝訊號$\delta(t-a)$時，其輸出y與時間t的關係如圖 4-2 所示。系統有外界干擾時(如脈衝函數)，其輸出最終亦會趨近於一個不變(固定)的狀態，即干擾不影響最後的結果。

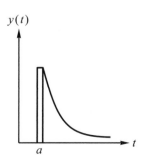

圖 4-2　穩定的系統

在上述二種圖示，我們可以將$y(0)$或$\delta(t-a)$視為系統的初始狀態，則系統的穩定度，就可依照初始狀態隨時間的變化情形來做判斷。

2. 物理系統的穩定

在力學而言，若施力於某物體，在停止施力後，如果該物體可以回到原來的位置時，即為穩定平衡。現在考慮將一圓球置於碗中，當其受外力作用後，可依圓球是否會停止在平衡點上，來做穩度定度的判斷。

【圖示】

討論圖 4-3 中，球在碗中的滾動情形，茲將各種情況說明如后：

(1) 球置於碗的左側時，其會朝碗的底側滾動，再朝右側上方滾去，如此左右二側來回滾動，最後會終止在碗底，即可靜止於平衡點，故系統為穩定(如圖 4-3(a))。

(2) 球置於碗的底側(即平衡點)時，當施予一微小的擾動，球會產生微量的偏移(即左右二側來回滾動)，最後會靜止於平衡點，故系統為穩定(如圖 4-3(b))。

(3) 球置於碗(開口朝下)的上緣之左側，其會自動的下滑，其無法回到原來的位置，故屬於不穩定的系統(如圖 4-3(c))。

(4) 球置於碗的上緣中央，只要稍微有一些擾動，球就會下滑，再也無法回到原來的位置，屬於不穩定的系統(如圖 4-3(d))。

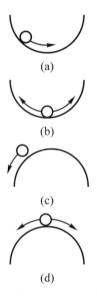

(a)

(b)

(c)

(d)

圖 4-3　球在碗中的滾動情形

　　由上述的圖示可知，一個穩定系統的輸出最後會趨於固定不變的狀態，亦可視爲該系統具有抵抗外界干擾的能力，即外界不會影響系統輸出的最後結果。

【圖示】

討論圖4-4中，球在平面上的滾動情形。

圖 4-4　球在平面上滾動

　　將球置於平面上，給予一外力後，球會沿平面滾動，在經過一段過渡時期後，其會靜止在離原來位置不遠處的一個穩定位置，此時系統被稱爲臨界穩定。

三、開路系統與閉路系統的穩定度

1. 開路系統通常是穩定的，當輸入系統的訊號爲有界時，其輸出響應亦爲有界，並不會隨著時間而無限制的變化，即使是改變系統的轉移函數，一般也不會影響系統的穩定度。

2. 閉路系統有可能使系統產生不穩定。這些不穩定可能是因爲變數的漂移、回授訊號的時間延遲等所造成。如：利用手來調節水龍頭的冷熱水流量，當水溫不足時，需增加熱水的流量，然而因爲增加溫度的熱水不會立即到達水龍頭，故會有一時間延遲。如果因爲水溫不足而繼續增加熱水的流量，勢必使最後的水溫會太高。如此又需增加冷水量，同理，冷水到達水龍頭也有一時間延遲，如果繼續增加冷水，結果水溫又會太低，因此水溫會冷熱反覆的循環，此即爲變數(流量調節)漂移所產生的不穩定的情形。

四、穩定度的分類

1. 絕對穩定度(absolute stability)

　　判定系統爲穩定或不穩定的一種指標。常見的指標包括：有界輸入有界輸出(BIBO)穩定度(古典控制)、漸近穩定度(近代控制)、李阿波諾夫(Lyapunov)穩定度等。

2. 相對穩定度(relative stability)

　　對於一已爲穩定的系統，判定其穩定程度的一種指標。在分析與設計中，相對穩定度是當系統中的某些參數產生變動時，仍然可使系統保持穩定的一項重要量度因子。常見的有：主極點位置、增益邊限(G.M.)、相位邊限(P.M.)
(第 7 章)等。

五、線性系統穩定度

可以利用閉迴路轉移函數的極點(令轉移函數的分母為零)與零點(令轉移函數的分子為零)來討論。

六、穩定度的定義

1. 系統在有限輸入及有限干擾的情況下，其輸出為有限值。在所有的外加激勵來源消失後，系統會回復到原先的靜止狀態，稱之為穩定系統。

2. 絕對穩定度

依系統是否有外加輸入而區分為(1)有界輸入有界輸出穩定(2)漸近穩定。

(1) 有界輸入有界輸出穩定(穩態響應的穩定度)

① 若系統的所有元件的初值均為零，當輸入為有界訊號時，其產生的輸出訊號亦為有界(Bounded-Input Bounded-Output，簡寫為 BIBO)。

② 線性非時變系統的脈衝響應

$$\delta(t) \longrightarrow \boxed{\begin{array}{c}線\ \ 性\\非時變\end{array}} \longrightarrow h(t)$$

BIBO 穩定 $\Leftrightarrow \int_{-\infty}^{\infty} |h(\tau)|\, d\tau < \infty$(證明參見附錄 C)

系統輸入脈衝函數時，在時間趨近無窮大時，其輸出亦為無窮大，則稱此系統為不穩定。又如果脈衝響應值既不趨近於零，且不會增加到無窮大，而為非零的有限值時，則稱系統為臨界穩定。

討論

系統是 BIBO 穩定 $\Rightarrow \int_{-\infty}^{\infty} |h(\tau)|\, d\tau < \infty$

其可等效於

若 $\int_{-\infty}^{\infty} |h(\tau)|\, d\tau = \infty \Rightarrow$ 系統不是 BIBO 穩定

(2)　漸近穩定(暫態響應的穩定度)(零輸入穩定度)

　　　在有限初始條件下的零輸入響應為有限值，又當時間趨近無窮大時，其輸出會趨近於零。

(3)　全穩定

　　　若系統元件的初值為有限且其輸入亦為有限時，則其輸出及內部的所有狀態變數值均為有限的。

結論

線性非時變連續時間系統為 BIBO 穩定或漸近穩定

⇔特性方程式的根均位於s平面左半側(具有負實部)。

又當系統以狀態空間實現後為可控制且可觀測(詳細內容請參閱 7-7 節)時，BIBO 穩定、漸近穩定二者才為等效的。

【例 1】 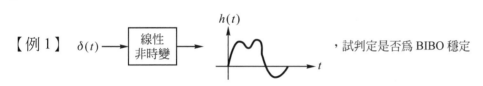 ，試判定是否為 BIBO 穩定

解：依 BIBO 穩定的原理判別

$\int_{-\infty}^{\infty} |h(\tau)| \, d\tau < \infty$ (由輸出響應圖可知其曲線為有界，積分即可視為求曲線與t軸所夾的面積值)，故系統是 BIBO 穩定。

【例 2】 某系統輸入為$u(t)$，輸出為$y(t)$，試求下列各小題的穩定度

　　　(1)外加步級函數時，其輸出為$y(t)=3$

　　　(2)外加步級函數時，其輸出為$y(t)=3t$

　　　(3)外加脈衝函數時，其輸出為$y(t)=e^{-t}$

　　　(4)外加脈衝函數時，其輸出為$y(t)=e^{t}$

解：

(1) 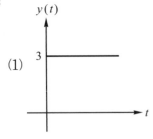　　輸出值爲有界，故系統爲穩定。

(2) 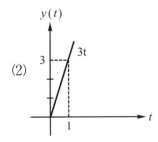　　輸出值不斷增加(無界)，故系統爲不穩定。

(3) 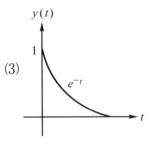　　在時間t趨近無限大時，輸出值趨近於零，故系統爲穩定。

(4) 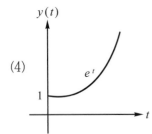　　在時間t趨近於無限大時，輸出值不斷增加(無界)，故系統爲不穩定。

【例3】如右圖所示電容電路，以單位步級電流對其充電,若其輸出爲電容的端電壓，試判別此系統是否爲BIBO穩定？

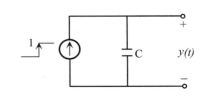

解： $y(t) = \dfrac{1}{C}\displaystyle\int_0^\infty i(t)dt = \dfrac{1}{C}\int_0^\infty 1\,dt \to \infty$，故此電容器不是 BIBO 穩定

七、穩定度的判別法

1. 直接法

直接求解系統特性方程式(轉移函數的分母)的根，由特性根的落點來判斷穩定度。但高階系統的其特性根不易求得。

【說明】利用如圖 4-5 所示單位回授系統來說明穩定度的意義。

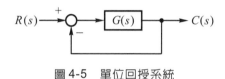

圖 4-5　單位回授系統

(1)系統的轉移函數為

$$\frac{C(s)}{R(s)} = \frac{G(s)}{1 + G(s)} \tag{4-2-1}$$

又系統的開迴路轉移函數 $G(s)$ 可表示成

$$G(s) = \frac{K(s - z_1)(s - z_2)\cdots\cdots(s - z_m)}{(s - p_1)(s - p_2)\cdots\cdots(s - p_n)} = \frac{KN(s)}{D(s)} \tag{4-2-2}$$

在(4-2-2)中，

令 $N(s) = 0$ 所得的根稱為開迴路零點($s = z_1$，z_2，…，z_m)

令 $D(s) = 0$ 所得的根稱為開迴路極點($s = p_1$，p_2，…，p_n)

將(4-2-2)代入(4-2-1)中可得

$$\frac{C(s)}{R(s)} = \frac{KN(s)}{D(s) + KN(s)} \tag{4-2-3}$$

令(4-2-3)式的分母為 0，可得回授系統特性方程式，即

$$\Delta(s) = D(s) + KN(s) = 0 \tag{4-2-4}$$

如果 $\Delta(s)$ 為 n 次多項式，則

$$\Delta(s)=s^n+a_{n-1}s^{n-1}+a_{n-2}s^{n-2}+\cdots+a_1s+a_0=0 \qquad (4\text{-}2\text{-}5)$$

若(4-2-5)可分解爲一次因式的乘積，即

$$\Delta(s)=(s-\lambda_1)(s-\lambda_2)\cdots(s-\lambda_n)=0 \qquad (4\text{-}2\text{-}6)$$

則$s=\lambda_1,\lambda_2,\cdots,\lambda_n$爲特性根(亦爲回授系統的極點)。特性根可做爲判斷系統的響應、穩定度、阻尼比等。

(2)當系統輸入單位脈衝訊號時，其輸出響應(脈衝響應)爲

$$C(s)=\frac{k_1}{(s-\lambda_1)}+\frac{k_2}{(s-\lambda_2)}+\cdots+\frac{k_n}{(s-\lambda_n)} \qquad (4\text{-}2\text{-}7)$$

取反拉氏轉換可得

$$c(t)=k_1e^{\lambda_1t}+k_2e^{\lambda_2t}+\cdots+k_ne^{\lambda_nt} \qquad (4\text{-}2\text{-}8)$$

當$t\to\infty$時，$c(t)\to0$方爲合理。

由此可得到回授系統穩定的充要條件爲：

「所有的特性根均需具有負實部，即在s平面的左半側」

在(4-2-8)中的時間函數e^{λ_it}，在λ_i爲負根時才會呈現收斂穩定的情形，如圖 4-6(a)所示。當$|\lambda_i|$愈大時，其衰減愈快，表示其對於輸入的響應愈快(由此可知λ的根值即爲時間常數的倒數)。如果λ_i爲正根時，e^{λ_it}會呈現發散的不穩定情形，如圖 4-6(b)所示。

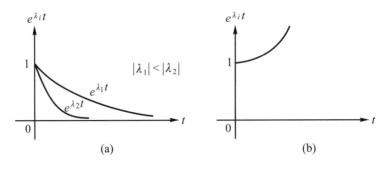

圖 4-6　時間函數e^{λ_it} (a)$\lambda_i<0$　(b)$\lambda_i>0$

(3)表 4-1 所示爲在各類穩定度時的特性根落點與其脈衝響應的結果。

表 4-1　各類穩定度的特性根落點及脈衝響應情形

穩定度	穩定(漸近穩定)	臨界穩定(或臨界不穩定)	不穩定
特性根的值	特性根的實部 $\sigma_i < 0$ ($i = 1,2,3,\cdots\cdots$) 即所有的根均位於 s 平面的左半側	特性根的實部，若有 $\sigma_i = 0$ 的根則必為單根，且無 $\sigma_i > 0$ ($i = 1,2,3,\cdots\cdots$)的根，即在 $j\omega$ 軸上至少有一單根(但無重根)，且沒有根在 s 平面的右半側	特性根的實部有任一 $\sigma_i > 0$ 或有 $\sigma_i = 0$ ($i = 1,2,3,\cdots\cdots$)的任一重根，即至少有一單根在 s 平面的右半側或在 $j\omega$ 軸上至少有一重根
脈衝響應	(1)特性根(負實根) 其所對應的響應 穩定	(1)特性根(零根) 其所對應的響應 臨界穩定	(1)特性根(正實根) 其所對應的響應 不穩定
	(2)特性根(具負實部的共軛複根) 其所對應的響應 穩定	(2)特性根(共軛虛根) 其所對應的響應 臨界穩定	(2)特性根(具正實部的共軛複根) 其所對應的響應 不穩定

討論

　　若系統的轉移函數，其極點除了在s左半平面外，還有一些極點在虛軸上，且在虛軸上的極點沒有重根的情形，稱系統為臨界穩定。

【例4】 某一控制系統，其特性方程式為$s^3 - 3s^2 + 2 = 0$，則在s平面的右半平面上有
　　　　幾個根？　(A)0　(B)1　(C)2　(D)3　個。　　　　　　　【83 二技電機】

解：$s^3 - 3s^2 + 2 = 0$可分解因式為

$(s - 1)(s^2 - 2s - 2) = 0$

$(s - 1)[(s - 1)^2 - 3] = 0$

可解得特性根為

$s_1 = 1$、$s_2 = 1 + \sqrt{3} = 2.732$(右半平面)，$s_3 = 1 - \sqrt{3} = -0.732$(左半平面)

故有2個根落在s平面的右半側

答：(C)

【例5】 下列各小題為閉路系統的轉移函數，試判斷其穩定性

　　　　(1)$G(s) = \dfrac{8}{(s + 1) + (s + 2) + (s + 5)}$

　　　　(2)$G(s) = \dfrac{2(s + 2)}{(s - 1)(s^2 + 2s + 2)}$

　　　　(3)$G(s) = \dfrac{8(s + 1)}{(s + 2)(s^2 + 4)}$

　　　　(4)$G(s) = \dfrac{8s}{(s^2 + 4)^2(s + 3)}$

解：(1)$G(s) = \dfrac{8}{(s + 1) + (s + 2) + (s + 5)} = \dfrac{8}{3s + 8}$

　　　極點在$s = \dfrac{-8}{3}$(左半平面)

　　　故系統為穩定

(2) $G(s) = \dfrac{2(s+2)}{(s-1)(s^2+2s+2)} = \dfrac{2(s+2)}{(s-1)[(s+1)^2+1]}$

　　極點在 $s = 1$(右半平面)，$s = -1 \pm j$(左半平面)

　　有一根在 s 平面的右半側，故系統為不穩定。

(3) $G(s) = \dfrac{8(s+1)}{(s+2)(s^2+4)}$

　　極點在 $s = -2$(左半平面)，$s = \pm j2$(虛軸上，單根)

　　因在虛軸上的特性根為單根，故系統為臨界穩定。

(4) $G(s) = \dfrac{8}{(s^2+4)^2(s+3)}$

　　極點在 $s = \pm j2$(虛軸上，重根)，$s = -3$(左半平面)

　　因有在虛軸上的特性根(重根)，故系統為不穩定。

2. 間接法

　　　　利用羅斯-赫維茲準則(簡稱羅斯準則)做判斷，不必去求解特性根，即可判斷出系統的穩定度。

　　羅斯準則

　　　　線性非時變系統的特性方程式為

$$\Delta(s) = a_n s^n + a_{n-1} s^{n-1} + a_{n-2} s^{n-2} + a_{n-3} s^{n-3} + \cdots + a_1 s + a_0$$

$$= 0 \text{(多項式)}$$

$$(a_n \text{，} a_{n-1} \text{，} a_{n-2} \text{，} \cdots \text{，} a_1 \text{，} a_0 \in \mathrm{R})$$

　　　　利用羅斯-赫維茲準則判定系統絕對穩定度的步驟

① 建立羅斯表

$$
\begin{array}{c|lll}
s^n & a_n & a_{n-2} & a_{n-4}\cdots \\
s^{n-1} & a_{n-1} & a_{n-3} & a_{n-5}\cdots \\
s^{n-2} & \dfrac{a_{n-1}a_{n-2}-a_na_{n-3}}{a_{n-1}}=b_1 & \dfrac{a_{n-1}a_{n-4}-a_na_{n-5}}{a_{n-1}}=b_2 & b_3\cdots \\
s^{n-3} & \dfrac{b_1a_{n-3}-b_2a_{n-1}}{b_1}=c_1 & \dfrac{b_1a_{n-5}-b_3a_{n-1}}{b_1}=c_2 & c_3\cdots \\
\vdots & \vdots & \vdots & \vdots \\
s^1 & & & \\
s^0 & & &
\end{array}
$$

② 觀察羅斯表的第一行元素變號的個數，即為系統特性根落在 s 平面右半側的數目。

【例 6】下述所示的系統特性方程式

(a) $s^3 + 2s^2 + K_1s + K_0 = 0$，$K_i \in R$

(b) $s^3 + 2s^2 + 5s + e^{-35} = 0$

是否可以使用羅斯表判別穩定度？

解：(a) 方程式為 s 的多項式，故可以使用羅斯表判別系統的穩定度。

(b) 方程式不為 s 的多項式(含有 e^{-3s} 項)，故不可以使用羅斯表判別系統的穩定度。

1. 特性根均落在 s 平面的左半側(系統為穩定)

⇒ 多項式的各項係數符號一致且無缺項。

2. 利用羅斯準則研究一次、二次、三特性方程式

一次：$\Delta(s) = a_1s + a_0 = 0$

二次：$\Delta(s) = a_2s^2 + a_1s + a_0 = 0$

三次：$\Delta(s) = a_3s^3 + a_2s^2 + a_1s + a_0 = 0$

① 一次、二次特性方程式的系統為穩定 ⇔ 多項式各項符號一致且無缺項。

② 三次特性方程式的系統為穩定 ⇔ 多項式各項係數均為正、無缺項且 $a_2a_1 > a_3a_0$。

【例 7】　某系統的特性方程式為

$$\Delta(s) = s^5 - 2s^4 + 2s^3 + 4s^2 - 11s - 10 = 0$$

試判斷其是否有根在 s 平面的右半側。

解：建立羅斯表

s^5	1	2	-11
s^4	-2	4	-10
s^3	4	-16	
s^2	-4	-10	
s^1	-26		
s^0	-10		

觀察羅斯表的第一行元素，發現有三次變號($1 \rightarrow -2$，$-2 \rightarrow 4$，$4 \rightarrow -4$)，故有三個根落在 s 平面的右半側。

討論

羅斯表的特殊情況 1：

羅斯表中有任何一列的第一個元素為零(此時羅斯表無法再算下去，因再往下一列運算時，其分母為零)其餘之元素不全為零，其解法有二種：

【法一】令 $s = \dfrac{1}{x}$ 代入原方程式中，改用 x 的多項式來重做羅斯測試，判別穩定度。

【法二】將原方程式乘上 $(s+1)$，改用新的方程式重做羅斯測試，來判別穩定度。

【例 8】　某系統的特性方程式 $\Delta(s)$ 為

$$\Delta(s) = s^4 + s^3 + 4s^2 + 4s + 5 = 0$$，是否有根落在 s 平面右半側。

解：建立羅斯表：

$$
\begin{array}{c|ccc}
s^4 & 1 & 4 & 5 \\
s^3 & 1 & 4 & \\
s^2 & 0 & 5 & \\
\end{array}
$$

(第一個元素為 0，但整列不全為 0)

令 $s = \dfrac{1}{x}$ 代入 $\Delta(s) = s^4 + s^3 + 4s^2 + 4s + 5 = 0$ 中可得

$\Delta(x) = 5x^4 + 4x^3 + 4x^2 + x + 1 = 0$ 重做羅斯測試

$$
\begin{array}{c|ccc}
x^4 & 5 & 4 & 1 \\
x^3 & 4 & 1 & \\
x^2 & 11 & 4 & \\
x^1 & -5 & & \\
x^0 & 4 & & \\
\end{array}
$$

觀察羅斯表的第一行元素，發現有二次變號($11 \rightarrow -5$，$-5 \rightarrow 4$)，故有二個根落在 s 平面的右半側。

討論

羅斯表的特殊情況 2：

羅斯表中整列元素均為零(理由同第一個元素為零者)的解法

(1) 利用該零列的上一列係數構成輔助方程式。

(2) 將輔助方程式微分後，以其所得之係數來取代該零列，重做羅斯測試。

(3) 輔助方程式的根為原方程式之根的部份集合，若為複數根，必會呈現大小相等符號相反的根對(如：共軛虛根)。

【例 9】 某閉路系統的特性方程式為

$\Delta(s) = s^5 + s^4 + 5s^3 + 5s^2 - 36s - 36 = 0$

試判斷系統的穩定度

參考：$\Delta(s)$ 可分解因式為

$\Delta(s) = s^5 + s^4 + 5s^3 + 5s^2 - 36s - 36$

$= (s + 2)(s - 2)(s + j3)(s - j3)(s + 1)$

解：建立羅斯表

$$
\begin{array}{c|ccc}
s^5 & 1 & 5 & -36 \\
s^4 & 1 & 5 & -36 \\
s^3 & 0 & 0 & \text{(整列元素為零)}
\end{array}
$$

由該零列的上一列的係數列出輔助方程式

$A(s) = s^4 + 5s^2 - 36 = 0$

$\dfrac{dA(s)}{ds} = \dfrac{d}{ds}(s^4 + 5s^2 - 36) = 2(2s^3 + 5s)$

將其係數置入羅斯表中的該零列，重做羅斯測試
建立新的羅斯表

$$
\begin{array}{c|ccc}
s^5 & 1 & 5 & -36 \\
s^4 & 1 & 5 & -36 \\
s^3 & 2 & 5 & \\
s^2 & 5 & -72 & \\
s^1 & 169 & & \\
s^0 & -72 & &
\end{array}
$$

觀察羅斯表的第一行元素，發現有一次變號(169→-72)，代表有一個根落在 s 平面右半側，故系統為不穩定。

討論

輔助方程式為原特性方程式的因式且有虛軸上的根

　　$A(s) = s^4 + 5s^2 - 36 = 0$

　　$(s^2 + 9)(s^2 - 4) = 0$

　　解得 $s = \pm j3$，± 2

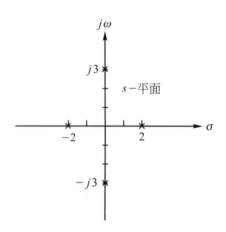

有一根$(s=2)$落在s平面右半側

有二根$(s=j3，-j3)$落在s平面的虛軸上

輔助方程式為特性方程式的因式，即輔助方程式的根為原方程式的根之部份集合(原方程式的根為$s=-2，2，j3，-j3，-1$)

【例10】特徵方程式$s^4+s^3-3s^2-s+2=0$有幾個根在右半平面(不包括虛數軸)

　　　　(A)1個　(B)2個　(C)3個　(D)4個。　　　　　　　　　　【84二技電機】

解：建立羅斯表

s^4	1	-3	2
s^3	1	-1	
s^2	-2	2	
s^1	0	(整列元素為零)	

由該零列的上一列的係數列出輔助方程式

$A(s)=-2s^2+2=0$

$\dfrac{dA(s)}{ds}=-4s$

將其係數置入羅斯表中的該零列，重做羅斯測試

建立新的羅斯表

s^4	1	-3	2
s^3	1	-1	
s^2	-2	2	
s^1	-4		
s^0	2		

觀察羅斯表的第一行元素，發現有二次變號($1 \to -2$，$-4 \to 2$)，故有二個特性根落在 s 平面的右半側

答：(B)

討論

輔助方程式為原方程式的因式，但無虛軸上的根(與例 7 比較)

$$A(s) = -2s^2 + 2$$
$$-2(s^2 - 1) = 0$$

解得 $s = -1$(左半平面)，$s = 1$(右半平面)

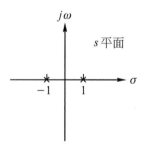

有一根($s = 1$)落在 s 平面的右半側

又原方程式

$$\Delta(s) = s^4 + s^3 - 3s^2 - s + 2 = 0$$
$$(s-1)^2(s+2)(s+1) = 0$$

解得 $s = 1$，1(右半平面，重根)，$s = -2$，-1(左半平面)

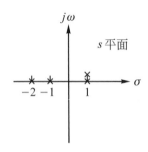

有二根($s = 1$，1)落在s平面右半側，故輔助方程式爲原方程式的因式。

註：(1)輔助方程式通常爲偶次的形式，其根必以大小相同，符號相反的情形出現

　　(2)特性方程式存在有落於虛軸上的特性根

　　　⇒羅斯表會出現整列爲零的情形

【例11】試以羅斯(Routh)準則判定如圖所示回授系統穩定與否？

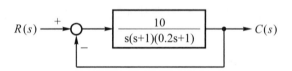

解：系統的特性方程式爲

$s(s + 1)(0.2s + 1) + 10 = 0$

$0.2s^3 + 1.2s^2 + s + 10 = 0$

建立羅斯表

s^3	0.2	1
s^2	1.2	10
s^1	-0.8	
s^0	10	

觀察第一行元素，發現有二次變號($1.2 \to -0.8$，$-0.8 \to 10$)，代表有二正實部根，表示系統爲不穩定。

【例 12】一閉環迴路系統如下圖所示，若欲使系統穩定，則K值的範圍為何？

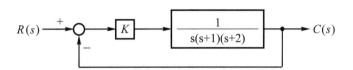

解：系統的特性方程式為

$s(s + 1)(s + 2) + K = 0$

$s^3 + 3s^2 + 2s + K = 0$

建立羅斯表

s^3	1	2
s^2	3	K
s^1	$6 - K$	
s^0	K	

欲使系統穩定，必須第一行元素無變號，即需滿足

$$\begin{cases} 6 - K > 0 \\ K > 0 \end{cases}$$

可解得使系統為穩定的條件為 $0 < K < 6$

【例 13】回授控制系統的特性方程式為$s^3 + (4 + K)s^2 + 6s + 16 + 8K = 0$，$K > 0$，當$K$等於穩定的最大值時系統振盪，其振盪頻率為何？　(A)$\sqrt{6}$rad/sec　(B)$2\sqrt{2}$rad/sec　(C)$\sqrt{10}$rad/sec (D)$2\sqrt{3}$rad/sec　【84 二技電機】

解：建立羅斯表

s^3	1	6
s^2	$4 + K$	$16 + 8K$
s^1	$\dfrac{6(4 + K) - (16 + 8K)}{4 + K} = \dfrac{8 - 2K}{4 + K}$	
s^0		

必需使s^1列的整列為零才會有共軛虛根,即

$$\frac{8-2K}{4+K}=0 , 8-2K=0 \Rightarrow K=4$$

當$K=4$時,系統的輔助方程式為

$$A(s)=(4+K)s^2+(16+8K)\mid_{K=4}$$

$$=8s^2+48=8(s^2+6)$$

$$=0$$

即$s^2=-6$,$s=\pm j\sqrt{6}$,$\omega=\sqrt{6}\,\mathrm{rad/sec}$(振盪頻率)

答:(A)

八、相對穩定度

1. 羅斯-赫維茲準則只能判定系統是否為絕對穩定,又對一個已知為穩定的系統,卻無法指出其穩定的程度。

2. 一個系統的特性根如果很靠近s平面的虛軸,雖然此時系統是穩定的,當外界有輕微的擾動或是系統內部參數有微量的變化時,就有可能使系統的特性根轉移到s平面的右半側,而使系統變成不穩定。所以對系統只討論穩定度是不夠的,還需要討論其穩定的程度,即為相對穩定度的問題。

3. 對於已知為穩定的特性根,判定其相對於虛軸的距離,即為相對穩定度。圖4-7所示即為特性根落點不同時,其相對穩定度亦不同的情形。在圖4-7中
   因為$\mid -\sigma_2 \mid > \mid -\sigma_1 \mid$
   故極點p_2、p_2^*較極點p_1為穩定。
   因此定義特性根與虛軸的距離之遠近程度為相對穩定度。

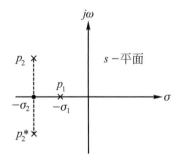

圖4-7 相對穩定度

4.　相對穩定度的求法

(1)　一般相對穩定度以下述二種方式來表達

　　·時域指標：主極點位置

　　　　　　註：主極點(dominant pole)

　　　　　　　　已知系統爲穩定時，在所有的閉迴路極點中，其實部距

　　　　　　　　離虛軸最近的極點稱爲主極點。

　　·頻域指標：增益邊限(G.M.)與相位邊限(P.M.)(請參閱6-7節)

(2)　如圖 4-8 所示，將s平面上的虛軸向左移動α，即令$s=x-\alpha$代入原特性方程
式$\Delta(s)=0$中，則方程式轉換爲$\Delta(x)=0$，再對其做羅斯測試。

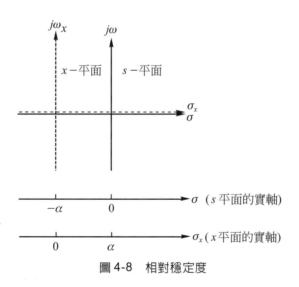

圖 4-8　相對穩定度

(3)　測試後的結果，若

　①　第一行元素無變號，表示$\Delta(s)$的特性根均落在$s=\alpha$的左側。

　②　第一行元素有符號不一致時，其變號的次數即爲$\Delta(s)$特性根落於虛軸與$s=-\alpha$之間的數目。

【例 14】若特性方程式爲$\Delta(s)=s^3+5s^2+17s+13=0$

　　　　　判定是否有實部(-2)的共軛複根或所有的根皆位於$s=-2$的左半平面。

　　　　　[備註]$\Delta(s)$可分解爲$\Delta(s)=(s+2+j3)(s+2-j3)(s+1)$

解：令$s=x-2$代入$\Delta(s)$中，即

　　$\Delta(s)=(x-2)^3+5(x-2)^2+17(x-2)+13=x^3-x^2+9x-9=0$

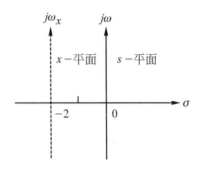

建立羅斯表

$$
\begin{array}{c|cc}
x^3 & 1 & 9 \\
x^2 & -1 & -9 \\
x^1 & 0 & \text{(整列元素爲零)} \\
x^0 & & \\
\end{array}
$$

輔助方程式

$A(x) = -x^2 - 9$

$\dfrac{dA(x)}{dx} = -2x$代入x^1列，重新做羅斯測試

重新建立羅斯表

$$
\begin{array}{c|cc}
x^3 & 1 & 9 \\
x^2 & -1 & -9 \\
x^1 & -2 & \\
x^0 & -9 & \\
\end{array}
$$

觀察第一行元素有一次變號($1 \rightarrow -1$)，表示有一個根落在x-平面的右半側(即在s平面上介於-2與0之間)

又由輔助方程式知

$A(x) = -x^2 - 9 = 0$

解得$x = \pm j3$ (x-平面的虛軸)

即爲在s平面上的$s = -2 \pm j3$

故具有實部爲-2的共軛複根

又由題目的備註知

$\Delta(s) = (s + 2 + j3)(s + 2 - j3)(s + 1) = 0$

確有$s = -2 \pm j3$，$s = -1$的特性根，得以驗證上述之觀念。

重點摘要

1. 系統穩定

   系統在有限輸入及有限干擾時，其輸出亦爲有限。當所有的外加激勵消失後，系統會回復到原先的靜止狀態稱之爲穩定系統。

2. 穩定度的分類

   (1) 絕對穩定度：指系統爲穩定或不穩定。

   (2) 相對穩定度：指系統穩定的程度。

3. 絕對穩定度

   (1) BIBO穩定(初值爲零的穩定度)(穩態響應的穩定度)在初值爲零的條件下，有界輸入會產生有界的輸出。在線性非時變系統中，BIBO的意義爲

   ① $\delta(t)$ ⟶ 線性非時變 ⟶ $g(t)$

   $$\int_{-\infty}^{\infty} |g(\tau)| \, d\tau < \infty$$

   ② 所有特性根均爲負實部

   (2) 漸進穩定(輸入爲零的穩定度)(暫態響應的穩定度)

   在零輸入的情況下，任意有限初值激勵時，其輸出爲有限。

   在線性非時變系統中，漸進穩定的充要條件爲所有特性根均爲負實部。

   (3) 全穩定

   當系統的初值及輸入均爲有限時，其輸出及內部的狀態變數值均爲有限。

   (4) 線性非時變單輸入單輸出系統的穩定度

穩定度	特性根的分佈
漸近穩定(或穩定)	所有的根均在 s 平面的左半側
臨界穩定(或臨界不穩定)	在虛軸上至少有一單根(但沒有重根)且沒有根在 s 平面的半右側
不穩定	至少有一單根在 s 平面的右半側或至少有一重根在虛軸上

4. 絕對穩定度的判別法

(1) 直接法

直接求解特性方程式的根(在低階系統時較易求得)來判定，若特性根均落在 s 平面左半側，則系統則為穩定。

(2) 間接法

利用羅斯－赫維茲準則判定。

線性非時變系統的特性方程式為

$$\Delta(s) = a_n s^n + a_{n-1} s^{n-1} + a_{n-2} s^{n-2} + a_{n-3} s^{n-3} + \cdots + a_1 s + a_0$$

$$= 0(多項式)$$

$$(a_n 、 a_{n-1} 、 a_{n-2} 、 \cdots 、 a_1 、 a_0 \in R)$$

利用羅斯－赫維茲準則判定系統絕對穩定度的步驟

① 建立羅斯表

s^n	a_n	a_{n-2}	$a_{n-4}\cdots$
s^{n-1}	a_{n-1}	a_{n-3}	$a_{n-5}\cdots$
s^{n-2}	$\dfrac{a_{n-1}a_{n-2} - a_n a_{n-3}}{a_{n-1}} = b_1$	$\dfrac{a_{n-1}a_{n-4} - a_n a_{n-5}}{a_{n-1}} = b_2$	$b_3\cdots$
s^{n-3}	$\dfrac{b_1 a_{n-3} - b_2 a_{n-1}}{b_1} = c_1$	$\dfrac{b_1 a_{n-5} - b_3 a_{n-1}}{b_1} = c_2$	$c_3\cdots$
$\vdots$	$\vdots$	$\vdots$	$\vdots$
s^1			
s^0			

② 觀察羅斯表的第一行元素變號的個數，即為系統特性根落在 s 平面右半側的數目。

討論

1. 特性根均落在 s 平面的左半側(系統為穩定)

⇒多項式的各項係數符號一致且無缺項。

2. 特性方程式為一次或二次多項式時，系統為穩定

⇔多項式各項係數符號一致且無缺項。

3.　羅斯表中有任何一列的第一個元素爲零，其餘之元素不全爲零時，其解法有
二種：

　　【法一】令 $s = \dfrac{1}{x}$ 代入原方程式中，改用 x 的多項式來重做羅斯測試，判別穩
　　　　　　定度。

　　【法二】將原方程式乘上 $(s + 1)$，改用新的方程式重做羅斯測試，來判別穩定
　　　　　　度。

4.　羅斯表中整列元素均爲零，其解法爲

　(1)　利用該零列的上一列係數構成輔助方程式。

　(2)　將輔助方程式微分後，以其所得之係數來取代該零列，重做羅斯測試。

　(4)　輔助方程式的根爲原方程式之根的部份集合，若爲複數根，必會呈現大小相
　　　等符號相反的根對(如：共軛虛根)。

習　題

1. 轉移函數為 $\dfrac{s^2+3s-4}{s^3+6s^2+11s+6}$ 的系統，其特性根為何？

2. 某系統的特徵方程式如下，試求各小題的解

   (1) $\Delta(s)=2s^4+s^3+3s^2+5s+5=0$，系統不穩定的特徵值個數。

   (2) $\Delta(s)=s^4+2s^3+10s^2+20s+5=0$，有幾個根的實部大於零。

   (3) $\Delta(s)=s^4+s^3-3s^2-s+2=0$，有多少個根在$s$平面右半側(不包括虛數軸)。

   (4) $\Delta(s)=s^3-3s^2+2=0$，有多少個根在s平面右半側。

3. 下圖所示的閉迴路控制系統方塊圖，欲使系統為穩定，試求下列各小題的K值範圍。

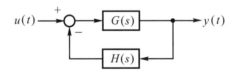

   (1) $G(s)=\dfrac{K}{(s+1)(s+2)}$，$H(s)=\dfrac{1}{s+3}$，且$K>0$

   (2) $G(s)=\dfrac{K}{s(s+1)(s+2)}$，$H(s)=1$

   (3) $G(s)=\dfrac{K}{s^2+4s+3}$，$H(s)=\dfrac{1}{s+2}$

   (4) $G(s)=\dfrac{10K}{s(s^2+2s+20)}$，$H(s)=1$

4. 一系統的特徵方程式為$s^3+3Ks^2+(K+2)s+4=0$，則使系統穩定的K值範圍為何？

5. (1) 已知單位負回授控制系統的開路轉移函數為

   $$G(s)=\dfrac{K(s+1)}{s(s-1)(s+6)}$$

   則系統產生純虛根之K值為何？

(2)某系統的特性方程式為 $\triangle(s) = 2s^5 + 4s^4 + 6s^3 + 18s^2 + 4s + 20 = 0$，試求① 振盪頻率②除了虛數極點外，本系統不穩定極點的個數為何？

6. (1)對一單位負回授系統，若開迴路轉移函數為：

$$G(s) = \frac{K}{s(s^3 + 8s^2 + 32s + 80)}$$

試問該系統在 K 值為多少時產生臨界穩定。

(2)承上題，該系統在 $K = 310$ 時，其在右半平面的根數目？

7. (1)若一單位負回授控制系統之開迴路轉移函數為

$$G(s) = \frac{K}{s(s^2 + 5s + 4)}$$

當增益 K 為 25 時，該系統在 s 平面之左半面之極點數目？

(2)續(1)小題，使該系統產生振盪(即在 s 平面之虛軸上有共軛極點)之臨界增益 K 值？

(3)續(1)小題，當該系統發生振盪時，其振盪頻率？

8. (1)單位負回授控制系統之開迴路轉移函數為

$$G(s) = \frac{10(s + a)}{s(s + 2)(s + 3)}$$

當系統達臨界穩定時，其振盪頻率為何？

(2)承上題，欲使系統特性方程式的根，均落在 s 平面上 $s + 1 = 0$ 直線的左側，試求 a 值的範圍。

9. 某回授系統開路轉移函數 $GH(s) = \frac{Ke^{-s}}{s(s^2 + 5s + 9)}$，試利用羅斯準則決定當系統工作在極低頻時，仍可使閉路系統為穩定的最大 K 值？[提示：在極低頻時，$e^{-s} = 1 - s$]

10. 某系統具有單一回授，若其迴路轉移函數為

$$G(s) = \frac{K(s + 1)}{s(1 + Ts)(1 + 2s)}$$

若其參數 K 及 T 組成一平面(其中 K 為水平軸，T 為垂直軸)，試求閉路系統的穩定區域。

習題解答

1. -1，-2，-3

2.   (1) 2 個　(2) 2 個　(3) 2 個　(4) 2 個

3.   (1) $0 < K < 60$　(2) $0 < K < 6$　(3) $-6 < K < 60$　(4) $0 < K < 4$

4. $K > 0.528$

5.   (1) 7.5　(2)① $\sqrt{2}$ rad/sec　② 2

6.   (1) 220　(2) 2 個

7.   (1) 3 個　(2) 20　(3) 2rad/sec

8.   (1) 4rad/sec　(2) $1.2 < a < 3$

9.   7.5

10.

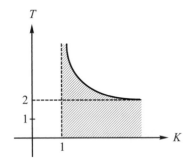

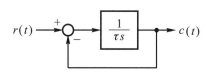

第**5**章

控制系統的時域分析

5-1　前　言

　　在控制系統的設計上，除了穩定度(第4章介紹)為最基本的需求，另外還需考慮相關的性能(performance)。常見的研究性能的方法有時域響應(time response)法(本章介紹)、頻率響應(frequency response)法(第6章介紹)。

一、時域分析

　　　　以時間做為獨立變數來量測控制系統的輸出，藉以明瞭系統的特性是否符合要求。在時域分析法中常用上升時間、延遲時間、尖峰時間、最大超越量、安定時間、穩定度、精確度等，做為控制系統的性能規格。

二、時間響應

1. 系統的時間響應可區分為暫態響應及穩態響應。

　　　　即輸出$[y(t)]=$暫態響應$[y_t(t)]+$穩態響應$[y_{ss}(t)]$

　　　　暫態響應係指系統初期的響應行為，穩態響應是指系統在時間趨近於無窮大時的響應行為。

2. 暫態響應

(1) 輸出會隨著時間漸漸收斂到零的部份。

　　即$\lim\limits_{t \to \infty} y_t(t) = 0$　　　　　　　　　　　　　　　　　　　　　(5-1-1)

(2) 暫態響應的性能規格為上升時間、延遲時間、尖峰時間、最大超越量、安定時間。這些性能規格會受到系統的極點、零點位置及元件的初值所影響。

(3) 所有的控制系統均無法避免暫態現象，因為物理系統中的慣性、質量、電感等，其響應無法立即隨輸入改變。

(4) 暫態響應只有在穩定的系統才有意義，因為一個不穩定的系統其輸出響應不會停止在目標值附近，所以其暫態響應是沒有意義的。

3. 穩態響應

(1) 系統時間響應中的暫態響應完全消失後所剩餘的部份。

　　即$y_{ss}(t) = \lim\limits_{t \to \infty} y(t) \neq 0$　　　　　　　　　　　　　　　　　　(5-1-2)

又 $y_t(t) = y(t) - y_{ss}(t)$　　　　　　　　　　　　　　　　　　　　(5-1-3)

(2) 在控制系統中穩態響應的性能規格為穩定度與精確度。這些性能規格與控制系統的極點位置、輸入訊號的型式有關。

(3) 若輸出的穩態響應與輸入的穩態部份不相符

　　⇒ 存在有穩態誤差

▼

【例1】某控制系統的時間響應為 $y(t) = 2 - 3e^{-2t}(\cos 5t + 0.3\sin 5t)$，則系統的穩態響應及暫態響應為何？

解：穩態響應

因 $y_{ss}(t) = \lim_{t \to \infty} y(t) \neq 0$

故 $y_{ss}(t) = \lim_{t \to \infty} [2 - 3e^{-2t}(\cos 5t + 0.3\sin 5t)] = 2$

暫態響應

因 $y_t(t) = y(t) - y_{ss}(t)$

$\qquad = [2 - 3e^{-2t}(\cos 5t + 0.3\sin 5t)] - 2$

$\qquad = -3e^{-2t}(\cos 5t + 0.3\sin 5t)$

▲

4. 系統的性能，除了與系統本身的結構直接有關外，亦與命令輸入的型式有關。系統本身的結構會影響其穩定度，命令輸入的型式會影響系統的動態行為。

小櫥窗

　　就控制系統的分析與設計而言，其最重要的三個目標為：①必須是穩定的；②產生所要的暫態響應；③減少穩態誤差。控制系統是動態的行為，在訊號輸入系統後，當其達到穩態前含有一段暫態響應。

　　如果以升降梯為例說明，若暫態響應太慢，會讓搭乘者不耐煩，但是太快的話又會使搭乘者感覺不舒適，由此可知暫態響應是非常重要不可輕忽的。又暫態響應對於物理結構的影響也必須正視的，因為太快的暫態響應有可能造成物質永久性的受損。再就穩態響應來看，當升降梯到達指定樓層時(其振動量不可太大振動，時間亦不可太長，否則會造成搭乘者驚恐，這就是暫態部分)，其需與該層樓地板切齊，讓搭乘者進出，這就是所謂的穩態響應的精確度。

5-2 典型的測試訊號

一、在實際上大部份的控制系統輸入訊號是無法事先得知,且其常隨著時間變化而有所改變,致使系統設計上產生困難,此乃因爲要設計出一種對於所有的輸入訊號均可滿足其性能規格的控制系統是無法達成的。所以只好選定一些基本的訊號做爲系統的典型測試訊號,來做爲系統性能規格評估的依據。

二、常用的典型測試訊號爲步級函數、斜坡函數、拋物線函數,如表 5-1 所示。要如何選擇測試訊號,則依系統在常態操作時,最容易碰到的狀況來選定測試訊號的類型。

表 5-1　常用的典型測試訊號

訊號名稱	步級函數	斜坡函數	拋物線函數
波形			
數學表示式	$r(t) = Au_s(t)$	$r(t) = Atu_s(t)$	$r(t) = \dfrac{A}{2}t^2 u_s(t)$
拉氏轉換式	$R(s) = \dfrac{A}{s}$	$R(s) = \dfrac{A}{s^2}$	$R(s) = \dfrac{A}{s^3}$
備註	1. $u_s(t)$爲單位步級函數 即 $u_s(t) = \begin{cases} 1, & t \geqq 0 \\ 0, & t < 0 \end{cases}$ 2. A爲訊號的振幅,當 $A = 1$ 時,分別稱訊號爲單位步級函數$u_s(t)$、單位斜坡函數$u_r(t)$、單位拋物線函數$u_p(t)$。此三者間滿足下述的微分關係: $u_s'(t) = \delta(t)$,$u_r'(t) = u_s(t)$,$u_p'(t) = u_r(t)$ 3. 單位步級函數的"單位"一詞可想像成位置 = 1 　單位斜坡函數的"單位"一詞可想像成速度 = 1 　單位拋物線函數的"單位"一詞可想像成加速度 = 1		

三、其他的波形，如

1.　正弦函數：其為頻率響應時常用的
　　測試訊號，如圖 5-1 所示。

$$r(t) = \begin{cases} A\sin\omega t & , \ t \geqq 0 \\ 0 & , \ t < 0 \end{cases}$$

拉氏轉換式為

$$R(s) = \frac{A\omega}{s^2 + \omega^2}$$

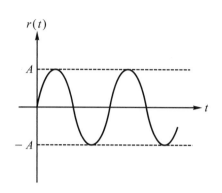

圖 5-1　正弦函數

2.　脈衝函數，如圖 5-2 所示。

$$r(t) = \begin{cases} \lim\limits_{\Delta \to \infty} \dfrac{A}{\Delta t} & , \ 0 < t < \Delta t \\ 0 & , \ t < 0 \ \text{或} \ t > \Delta t \end{cases}$$

拉氏轉換式為

$$R(s) = A$$

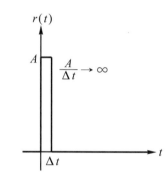

圖 5-2　脈衝函數

四、系統的動態響應

1.　一階系統的特徵行為

　　　系統增益，時間常數

2.　二階系統的特徵行為

　　　上升時間，尖峰時間，最大超越量，安定時間，系統增益

【例 1】　若某控制系統的閉路轉移函數為

$$\frac{Y(s)}{R(s)} = \frac{3}{(s+1)(s+2)}$$

當輸入為單位步級函數的測試訊號，則系統的暫態響應、穩態響應為何？

解： 已知 $\dfrac{Y(s)}{R(s)} = \dfrac{3}{(s+1)(s+2)}$

又輸入測試訊號 $R(s) = \dfrac{1}{s}$

故 $Y(s) = \dfrac{3}{(s+1)(s+2)} R(s) = \dfrac{3}{s(s+1)(s+2)}$

$$= \dfrac{\frac{3}{2}}{s} + \dfrac{-3}{s+1} + \dfrac{\frac{3}{2}}{s+2}$$

取反拉氏轉換

得 $y(t) = \dfrac{3}{2} - 3e^{-t} + \dfrac{3}{2}e^{-2t} \quad (t \geq 0)$

其中穩態響應為

$y_{ss}(t) = \lim\limits_{t \to \infty} y(t) = \dfrac{3}{2}$

暫態響應為

$y_t(t) = y(t) - y_{ss}(t)$

$$= \left[\dfrac{3}{2} - 3e^{-t} + \dfrac{3}{2}e^{-2t} \right] - \dfrac{3}{2} = -3e^{-t} + \dfrac{3}{2}e^{-2t}$$

5-3 暫態響應的分析

一、當控制系統被外加輸入訊號或有雜訊干擾時,其輸出響應會有一段時間為變動
　過渡時間,爾後系統可再次達到穩定的情形,前述輸出隨時間而變動的過渡時
　期稱之為暫態響應。

二、暫態響應性能規格的探討,一般均採用輸入為單位步級函數且令其內部元件的
　初期狀態為零來做分析。

三、一階單位回授系統的暫態響應

　1. 圖 5-3 所示為一階單位回授系統的方塊圖,其轉移函數為

$$\frac{C(s)}{R(s)} = \frac{\dfrac{1}{\tau s}}{1 + \dfrac{1}{\tau s}} = \frac{1}{\tau s + 1} \tag{5-3-3}$$

　　其中τ:系統的時間常數

　　可得所對應的方塊圖如圖 5-4 所示。

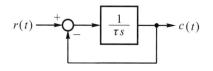

圖 5-3　一階系統方塊圖　　　　　　　　　圖 5-4　一階系統所對應的方塊圖

　2. 若加入測試訊號為單位步級函數$u_s(t)$,則其輸出為

$$C(s) = \frac{1}{\tau s + 1} \frac{1}{s} = \frac{\dfrac{1}{\tau}}{s\left(s + \dfrac{1}{\tau}\right)} = \frac{1}{s} + \frac{-1}{s + \dfrac{1}{\tau}} \tag{5-3-4}$$

　　反拉氏轉換,可得時間響應為

$$c(t) = \mathcal{L}^{-1}[C(s)] = 1 - e^{-\frac{t}{\tau}} = c_{ss} + c_t \ (t \geqq 0) \tag{5-3-5}$$

　　其所對應關係曲線如圖 5-5 所示,其可推得下述的特性及性能規格。

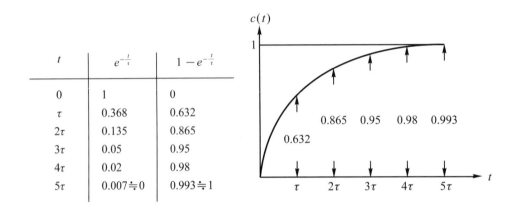

圖 5-5 一階系統的單位步階響應

(1) 響應曲線依指數型式規律上升，且終止於 "1"

　　⇒ 系統的穩態誤差 $e_{ss} = 0$

(2) 時間常數 τ

　　輸出值達到穩態輸出值的 0.632 所需的時間，τ 值愈小時，響應愈快。

(3) 其他性能規格

　① 延遲時間 t_d：達終值的 50 ％所需的時間

　　由 $c(t) = 1 - e^{-\frac{t}{\tau}}$

　　　$0.5 = 1 - e^{-\frac{t_d}{\tau}}$

　　則 $t_d = 0.693\tau \fallingdotseq 0.7\tau$ 　　　　　　　　　　　　　　　(5-3-6)

　② 上升時間 t_r：輸出值由 10 ％～90 ％所需的時間

　　由 $c(t) = 1 - e^{-\frac{t}{\tau}}$

　　$\begin{cases} 0.1 = 1 - e^{-\frac{t_1}{\tau}} \\ 0.9 = 1 - e^{-\frac{t_2}{\tau}} \end{cases}$

　　$\Rightarrow t_r = t_2 - t_1 = 2.197\tau$

　　故 $t_r \fallingdotseq 2.2\tau$ 　　　　　　　　　　　　　　　　　　　(5-3-7)

　③ 安定時間 t_s：輸出值與目標值誤差在 ±5 ％或 ±2 ％之內。

　　$t_s = 3\tau$（與目標值誤差在 ±5 ％以內）

　　$t_s = 4\tau$（與目標值誤差在 ±2 ％以內） 　　　　　　　　(5-3-8)

④　響應曲線的初始斜率：

$$\frac{dc(t)}{dt} = \frac{1}{\tau} e^{-\frac{t}{\tau}} \bigg|_{t=0} = \frac{1}{\tau} \qquad\qquad (5\text{-}3\text{-}9)$$

即初始斜率為時間常數τ的倒數。

⑤　一階落後系統的二個重要特性：

❶　穩定：必需系統的所有極點均位於s平面的左半側。

❷　響應速度：要加快系統的反應速度，則極點$\left(-\dfrac{1}{\tau}\right)$要向左移。

3.　若輸入系統的訊號為振幅A的步級函數，即$r(t) = A u_s(t)$，則其輸出為

$$c(t) = A\left(1 - e^{-\frac{t}{\tau}}\right)(t \geqq 0) \qquad\qquad (5\text{-}3\text{-}10)$$

【例 1】　某控制系統的初值為零，其轉移函數已知為$\dfrac{1}{1+3s}$，若輸入訊號為單位步級函數，試求：(1)輸出響應；(2)$t = 3\text{sec}$ 的輸出值；(3)上升時間t_r；(4)延遲時間t_d；(5)安定時間t_s(達終值的$\pm 5\%$範圍)。

解：由$\dfrac{C(s)}{R(s)} = \dfrac{1}{1+3s} = \dfrac{1}{3s+1}$可得$\tau = 3\text{sec}$

(1)$c(t) = 1 - e^{-\frac{t}{\tau}} = 1 - e^{-\frac{t}{3}} \ (t \geqq 0)$

(2)$c(3) = c(t = 1\tau) = 0.632(\text{終值}) = 0.632 \times 1 = 0.632$

(3)$t_r = 2.2\tau = 2.2 \times 3 = 6.6\text{sec}$

(4)$t_d = 0.693\tau = 0.693 \times 3 = 2.079\text{sec}$

(5)$t_s = 3\tau(\pm 5\%\text{範圍}) = 3 \times 3 = 9\text{sec}$

【例 2】　如下圖所示RC電路，試求

(1)轉移函數

(2)判斷系統的階數

(3)若輸入為單位步級輸入、單位脈衝輸入、單位斜坡輸入時的輸出函數表示式

(4)試求單位步級響應，單位斜坡響應的誤差

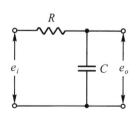

解： (1) $\dfrac{E_o(s)}{E_i(s)} = \dfrac{\dfrac{1}{sC}}{R + \dfrac{1}{sC}} = \dfrac{1}{RCs + 1}$

(2) 令(1)小題中 $\tau = RC$，則

$$\frac{E_o(s)}{E_i(s)} = \frac{1}{\tau s + 1}(\text{一階})$$

(3) $u_s(t) \longrightarrow \boxed{\dfrac{1}{\tau s + 1}} \longrightarrow s(t) = 1 - e^{-\frac{t}{\tau}} \ (t \geqq 0)$

$\delta(t) \longrightarrow \boxed{\dfrac{1}{\tau s + 1}} \longrightarrow g(t) = \dfrac{d}{dt}\left(1 - e^{-\frac{t}{\tau}}\right)$

$$= \frac{1}{\tau} e^{-\frac{t}{\tau}} \ (t \geq 0)$$

$tu_s(t) \longrightarrow \boxed{\dfrac{1}{\tau s + 1}} \longrightarrow$
$\quad y(t) = \displaystyle\int_0^t \left(1 - e^{-\frac{\alpha}{\tau}}\right) d\alpha$

$$= \left[\alpha + \tau e^{-\frac{\alpha}{\tau}}\right]\Big|_0^t$$

$$= t + \left(\tau e^{-\frac{t}{\tau}} - \tau\right)$$

$$= t + \tau\left(e^{-\frac{t}{\tau}} - 1\right)(t \geqq 0)$$

(4) 輸入為單位步級函數時

$\quad$ 誤差 $= e(t)$

$\qquad = r(t) - s(t)$

$\qquad = 1 - \left(1 - e^{-\frac{t}{\tau}}\right)$

$\qquad = e^{-\frac{t}{\tau}}$

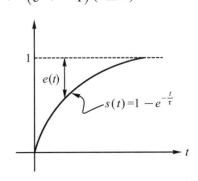

$\quad$ 輸入為單位斜坡函數時

$\quad$ 誤差 $= e(t)$

$\qquad = r(t) - y(t)$

$\qquad = t - \left[t + \tau\left(e^{-\frac{t}{\tau}} - 1\right)\right]$

$\qquad = \tau\left(1 - e^{-\frac{t}{\tau}}\right)(t \geqq 0)$

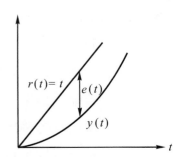

【例 3】 已知某一控制器的轉移函數為 $\dfrac{1}{s+1}$，欲使用電路達成上述控制器時，以選

用下列何者元件最適宜？(假設所有元件皆為理想元件)　(A)電阻及電容
(B)電感及電容　(C)開關　(D)兩個大小不同的電阻。　　【82 二技電機】

解： RC 串聯電路，當其輸出由電容二端取出時，則其轉移函數為一階(如例 2)

答：(A)

小櫥窗

　　在一階系統的暫態響應中，其上升時間愈短，代表其響應的速度愈快，也就是說系統的
暫態性能愈好。又由式(5-3-10)可知當 τ 值愈小，則其暫態性能就愈好。但要如何做到使 τ 值變
小，其解決方式可以利用比例控制的方式來達到(比例控制會在第 8 章介紹)

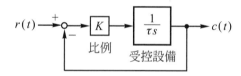

閉迴路轉移函數為

$$\frac{C(s)}{R(s)} = \frac{K \cdot \dfrac{1}{\tau s}}{1 + K \cdot \dfrac{1}{\tau s}} = \frac{K}{\tau s + K} = \frac{\dfrac{K}{\tau}}{s + \dfrac{K}{\tau}}$$

時間常數為 $\dfrac{\tau}{K}$，若 K 值愈大，則時間常數就愈小(暫態性能愈好)，相對穩定度也會愈好。

四、二階單位回授系統的暫態響應

1. 圖 5-6 為二階單位回授系統的方塊
   圖，其轉移函數為

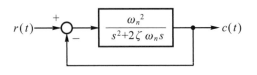

$$\frac{C(s)}{R(s)} = \frac{\dfrac{\omega_n^2}{s^2 + 2\zeta\omega_n s}}{1 + \dfrac{\omega_n^2}{s^2 + 2\zeta\omega_n s}}$$

$$= \frac{\omega_n^2}{s^2 + 2\zeta\omega_n s + \omega_n^2}$$

圖 5-6　二階單位回授系統

其中：

ζ：阻尼比(damping ratio)

$\zeta < 0$：負阻尼

$\zeta = 0$：無阻尼

$0 < \zeta < 1$：欠阻尼

$\zeta = 1$：臨界阻尼

$\zeta > 1$：過阻尼

ω_n：自然無阻尼頻率(natural undamped frequency)

所對應的方塊圖如圖 5-7 所示。

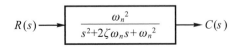

圖 5-7　二階單位回授系統所對應的方塊圖

【例4】 如下圖所示RC階梯電路系統，試求：

　　　　(1)轉移函數

　　　　(2)判斷系統的階數

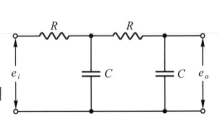

解：(1)參考下圖所示的電流變數的設定方式，再利用
　　　相關定律可得

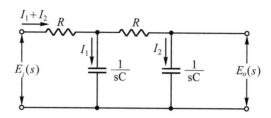

$$E_o(s) = I_2(s)\frac{1}{sC}$$

$$E_i(s) = (I_1(s) + I_2(s))R + I_2(s)\left(R + \frac{1}{sC}\right)$$

$$= I_1(s)R + I_2(s)\left(2R + \frac{1}{sC}\right)$$

系統的轉移函數為

$$\frac{E_o(s)}{E_i(s)} = \frac{I_2(s)\dfrac{1}{sC}}{I_1(s)R + I_2(s)\left(2R + \dfrac{1}{sC}\right)}$$

$$= \frac{\dfrac{1}{sC}}{\dfrac{I_1(s)}{I_2(s)}R + \left(2R + \dfrac{1}{sC}\right)} \ \cdots\cdots ①$$

又 $I_1(s)\dfrac{1}{sC} = I_2(s)\left(R + \dfrac{1}{sC}\right)$(因為二分支並聯)

即 $\dfrac{I_1(s)}{I_2(s)} = \dfrac{R + \dfrac{1}{sC}}{\dfrac{1}{sC}} = sCR + 1 \cdots\cdots ②$

將②代入①中

$$\frac{E_o(s)}{E_i(s)} = \frac{\dfrac{1}{sC}}{(sCR + 1)R + \left(2R + \dfrac{1}{sC}\right)}$$

$$= \frac{1}{s^2(RC)^2 + 3RCs + 1}$$

(2) $\dfrac{E_o(s)}{E_i(s)} = \dfrac{1}{s^2(RC)^2 + 3RCs + 1} = \dfrac{\dfrac{1}{(RC)^2}}{s^2 + \dfrac{3}{(RC)}s + \dfrac{1}{(RC)^2}}$

故為二階系統

【例5】 某單位負回授系統，其開迴路轉移函數為：

$$G(s) = \dfrac{k}{s(s+12)}$$

當(1)$k = 10$　(2)$k = 36$　(3)$k = 100$，

試求閉迴路轉移函數及ω_n、ζ？

解：

$\dfrac{C(s)}{R(s)} = \dfrac{\dfrac{k}{s(s+12)}}{1 + \dfrac{k}{s(s+12)}} = \dfrac{k}{s^2 + 12s + k} = \dfrac{\omega_n^2}{s^2 + 2\zeta\omega_s s + \omega_n^2}$

比較係數得 $\begin{cases} 2\zeta\omega_n = 12 \\ \omega_n^2 = k \end{cases} \Rightarrow \omega_n = \sqrt{k}$ ，$\zeta = \dfrac{6}{\omega_n}$

(1)$k = 10$： $\omega_n = \sqrt{10} = 3.16\text{rad/sec}$

$\zeta = \dfrac{6}{3.16} = 1.898 > 1$(過阻尼)

(2)$k = 36$： $\omega_n = \sqrt{36} = 6\text{rad/sec}$

$\zeta = \dfrac{6}{6} = 1$(臨界阻尼)

(3)$k = 100$： $\omega_n = \sqrt{100} = 10\text{rad/sec}$

$\zeta = \dfrac{6}{10} = 0.6 < 1$(欠阻尼)

2.　標準二階系統中的ζ、ω_n、ω_d對系統的影響

$$\frac{C(s)}{R(s)} = \frac{\omega_n^2}{s^2 + 2\zeta\omega_n s + \omega_n^2}$$

(1)　ζ：阻尼比，影響系統響應振盪的波峰值。

①　欠阻尼$(0 < \zeta < 1)$

輸出響應達穩定前，會在目標值附近來回振動數次。

②　臨界阻尼$(\zeta = 1)$

輸出響應最終值可快速的達到穩定的目標值。

③　過阻尼$(\zeta > 1)$

有可能因為阻尼過大，輸出最終值無法到達真正的目標值，而產生穩態誤差。

三種情況所對應的示意圖如圖 5-8 所示。

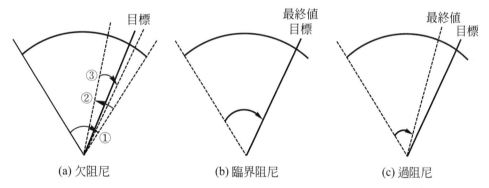

(a) 欠阻尼　　　　(b) 臨界阻尼　　　　(c) 過阻尼

圖 5-8　不同的ζ值對二階系統的影響

④　各種阻尼狀況相對應輸出$c(t)$——時間t的響應曲線如圖 5-9 所示。

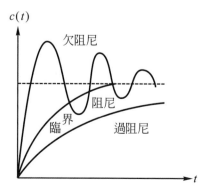

圖 5-9　不同阻尼值時所對應的輸出響應曲線

(2) ω_n：自然無阻尼頻率，影響系統的共振頻率。如圖 5-10 所示。

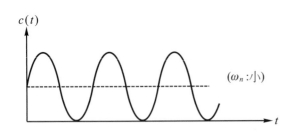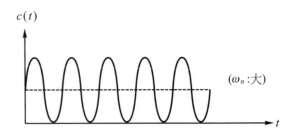

圖 5-10 不同的 ω_n 值，影響系統的共振頻率

(3) $\alpha = \zeta \omega_n$：阻尼因數，影響系統響應的收斂速度。如圖 5-11 所示。

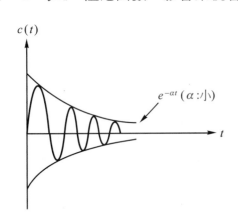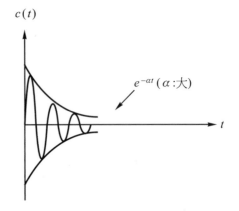

圖 5-11 不同的阻尼因數，對於輸出所造成的影響

(4) $\omega_d = \omega_n \sqrt{1 - \zeta^2}$：阻尼(條件)頻率，影響系統響應的振盪週期。

3. 外加單位步級函數 $u_s(t)$ 的測試訊號到標準二階系統，其輸出為

$$C(s) = \frac{\omega_n^2}{s^2 + 2\zeta\omega_n s + \omega_n^2} R(s)$$

$$= \frac{\omega_n^2}{s^2 + 2\zeta\omega_n s + \omega_n^2} \frac{1}{s}$$

下述各種情況的詳細推導過程請參看附錄 D。

情況 1

當阻尼比 0 <ζ< 1(欠阻尼)時，其輸出響應為

$$c(t) = 1 - \frac{e^{-\zeta\omega_n t}}{\sqrt{1-\zeta^2}} \sin\left(\omega_n \sqrt{1-\zeta^2}\, t + \tan^{-1}\frac{\sqrt{1-\zeta^2}}{\zeta}\right)(t \geq 0)$$

$$(5\text{-}3\text{-}11)$$

註： $c(t) = 1 - \underbrace{\frac{e^{-\zeta\omega_n t}}{\sqrt{1-\zeta^2}}}_{\text{阻尼項}} \underbrace{\sin\left(\omega_n \sqrt{1-\zeta^2}\, t + \tan^{-1}\frac{\sqrt{1-\zeta^2}}{\zeta}\right)}_{\text{振盪項}}$

終值

所以在欠阻尼時，特性根的分佈情形及其輸出響應曲線如圖 5-12 所示。

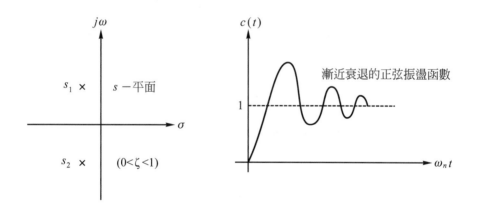

圖 5-12　二階欠阻尼系統的特性根及輸出響應曲線

由輸出 $c(t)$ 的曲線可知在標準的二階欠阻尼系統的步級響應為一漸近衰退的正弦振盪函數，且其穩態誤差為零(可由 $\lim\limits_{t\to\infty} c(t) = 1$ 得知)。

情況2

當阻尼比 $\zeta = 1$(臨界阻尼)時，其輸出響應為

$$c(t) = 1 - e^{-\omega_n t} (1 + \omega_n t) \text{，} (t \geq 0) \tag{5-3-12}$$

特性根分佈情形及輸出響應曲線如圖 5-13 所示。

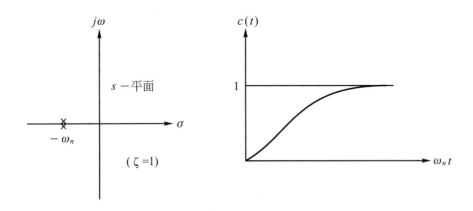

圖 5-13　二階臨界阻尼系統的特性根及輸出響應曲線

　　由輸出 $c(t)$ 的響應曲線可得知在標準的二階臨界阻尼系統的步級響應不會有振盪的現象。

情況 3

當阻尼比 $\zeta > 1$ (過阻尼)時，其輸出響應為

$$c(t) = 1 - \frac{1}{2\sqrt{\zeta^2 - 1}(\zeta - \sqrt{\zeta^2 - 1})}e^{-(\zeta - \sqrt{\zeta^2 - 1})\omega_n t}$$
$$+ \frac{1}{2\sqrt{\zeta^2 - 1}(\zeta + \sqrt{\zeta^2 - 1})}e^{-(\zeta + \sqrt{\zeta^2 - 1})\omega_n t} \ , \ (t \geq 0)$$

$$(5\text{-}3\text{-}13)$$

特性根分佈情形及輸出響應曲線如圖 5-14 所示。

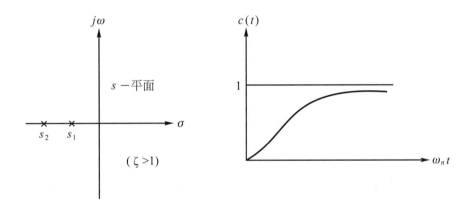

圖 5-14　二階過阻尼系統的特性根及輸出響應曲線

　　觀察輸出 $c(t)$ 的數學式，可得知二指數式中有一項衰減較快，若忽略不看，則過阻尼二階系統響應與一階落後系統的結果相類似，亦即無振動的情形且其反應速度較慢。

情況 4

當阻尼比ζ＝ 0(無阻尼)時，其輸出響應為

$$c(t) = 1 - \cos\omega_n t \text{，} (t \geq 0) \tag{5-3-14}$$

特性根分佈情形及輸出響應曲線如圖 5-15 所示。

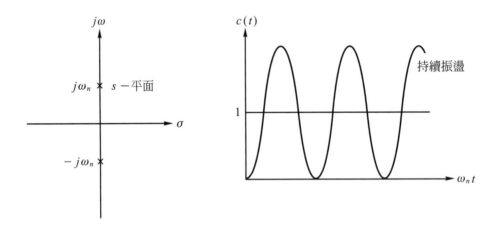

圖 5-15　二階無阻尼系統的特性根及輸出響應曲線

觀察輸出$c(t)$的響應曲線可得知在標準的二階無阻尼系統的步級響應為持續振盪的正弦函數。

情況 5

　　當阻尼比ζ< 0(負阻尼)時，特性根分佈情形及輸出響應曲線如圖 5-16 及圖 5-17 所示。

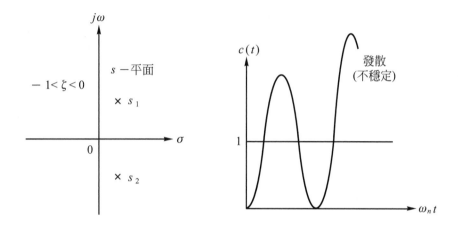

圖 5-16　二階負阻尼(0 <ζ< − 1)系統的特性根及輸出響應曲線

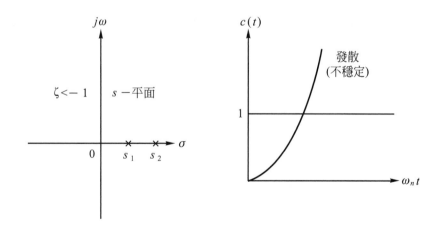

圖 5-17　二階負阻尼(ζ< − 1)系統的特性根及輸出響應曲線

　　觀察$c(t)$的響應曲線可得知在標準的二階負阻尼系統的步級響應為不穩定(發散)的情形。

討論

阻尼比與特性根的關係如表 5-2 所示。

表 5-2　阻尼比與特性根的關係表

阻尼比	名稱	特性根
$\zeta > 1$	過阻尼	$s_{1,2} = -\zeta\omega_n \pm \omega_n\sqrt{\zeta^2 - 1}$
$\zeta = 1$	臨界阻尼	$s_{1,2} = -\omega_n$
$0 < \zeta < 1$	欠阻尼	$s_{1,2} = -\zeta\omega_n \pm j\omega_n\sqrt{1 - \zeta^2}$
$\zeta = 0$	無阻尼	$s_{1,2} = \pm j\omega_n$
$-1 < \zeta < 0$	欠負阻尼	$s_{1,2} = -\zeta\omega_n \pm j\omega_n\sqrt{1 - \zeta^2}$
$\zeta < -1$	過負阻尼	$s_{1,2} = -\zeta\omega_n \pm \omega_n\sqrt{\zeta^2 - 1}$

【例 6】 某二階系統的轉移函數為

$\dfrac{C(s)}{R(s)} = \dfrac{\omega_n^2}{s^2 + 2\zeta\omega_n s + \omega_n^2}$，圖為其單位步階函數響應 $c(t)$，試判別 ζ 值的範圍及

系統的穩定性。

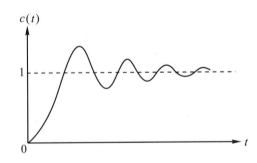

解：此例屬情況 1，$0 < \zeta < 1$，且為穩定系統。

4. 標準二階系統性能規格的數學表示法

(1)　二階系統的單位步級響應曲線如圖 5-18 所示。

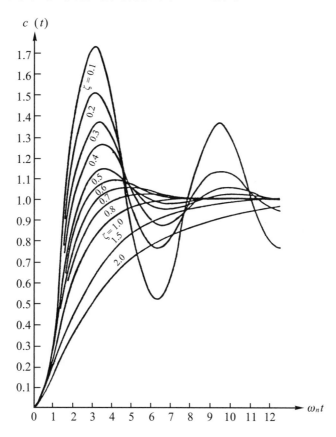

圖 5-18　二階系統在不同阻尼比時的單位步級響應

①　欠阻尼($0 < \zeta < 1$)時，輸出會有尖峰超越的現象。

②　臨界阻尼($\zeta = 1$)及過阻尼($\zeta > 1$)時，輸出沒有尖峰超越的現象。

(2)　通常是輸入步級訊號至欠阻尼系統，由求得的輸出響應來推導其性能規格
——上升時間(t_r)、尖峰時間(t_p)、最大超越量(M_p)及安定時間(t_s)，其推導詳
細過程請參閱附錄 E。

①　上升時間t_r

輸出響應由 0% 到 100% 所需的時間為基準來做計算可得到

$$t_r = \frac{\pi - \tan^{-1}\dfrac{\sqrt{1-\zeta^2}}{\zeta}}{\omega_n\sqrt{1-\zeta^2}} \tag{5-3-15a}$$

討論

若採用輸出響應的 10% 到 90% 做為計算上升時間的條件,則

$$t_r \cong \frac{1.8}{\omega_n} \tag{5-3-15b}$$

② 尖峰時間 t_p

第一尖峰時間為

$$t_p = \frac{\pi}{\omega_n\sqrt{1-\zeta^2}} = \frac{\pi}{\omega_d} \tag{5-3-16}$$

第二尖峰時間為

$$t_{p2} = \frac{2\pi}{\omega_n\sqrt{1-\zeta^2}} = \frac{2\pi}{\omega_d} \tag{5-3-17}$$

$$\vdots$$

其相對應的輸出 $c(t)$ − 時間 t 的圖形如圖 5-19 所示。

又暫態阻尼的振盪週期

$$T_d = \frac{2\pi}{\omega_n\sqrt{1-\zeta^2}} \tag{5-3-18}$$

③ 最大超越量 M_p

M_p 發生在尖峰時間 t_p 時,即

$$M_p = c(t_p) - 1 = e^{-\frac{\zeta\pi}{\sqrt{1-\zeta^2}}} \tag{5-3-19}$$

又最大超越量百分比為

$$\text{M.O.} = e^{-\frac{\zeta\pi}{\sqrt{1-\zeta^2}}} \times 100\ \% \tag{5-3-20}$$

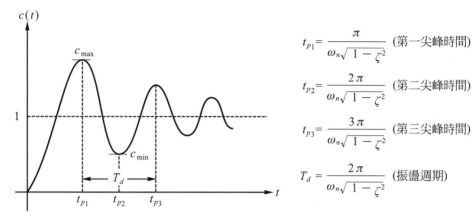

$$t_{p1} = \frac{\pi}{\omega_n \sqrt{1-\zeta^2}}\quad(\text{第一尖峰時間})$$

$$t_{p2} = \frac{2\pi}{\omega_n \sqrt{1-\zeta^2}}\quad(\text{第二尖峰時間})$$

$$t_{p3} = \frac{3\pi}{\omega_n \sqrt{1-\zeta^2}}\quad(\text{第三尖峰時間})$$

$$T_d = \frac{2\pi}{\omega_n \sqrt{1-\zeta^2}}\quad(\text{振盪週期})$$

圖 5-19　二階欠阻尼系統的輸出響應曲線

④　安定時間 t_s

系統的時間常數

$$\tau = \frac{1}{\zeta\omega_n} \tag{5-3-21}$$

輸出響應達穩定值的±5 %時，

$$t_s = 3\tau = \frac{3}{\zeta\omega_n} \tag{5-3-22}$$

輸出響應達穩定值的±2 %時，

$$t_s = 4\tau = \frac{4}{\zeta\omega_n} \tag{5-3-23}$$

(3)　圖 5-18 為不同阻尼時，二階系統對單位步級輸入訊號的暫態響應，可知當 ζ 值愈小時，響應愈快(上升時間短)，但最大超越量愈大。反之，若 ζ 值愈大，則響應愈慢(上升時間長)，最大超越量愈小。二者是相互矛盾的，因此一般常選擇 ζ 值為 0.4～0.8。

【例7】 下圖所示二階系統，試求

    (1)阻尼比ζ

    (2)自然無阻尼頻率ω_n

    (3)上升時間t_r

    (4)第一尖峰時間t_p

    (5)安定時間t_s(達終值的±5％以內)

    (6)最大超越量M_p，最大超越百分比 M.O.

    (7)阻尼振盪頻率ω_d

    (8)阻尼振盪週期T_d

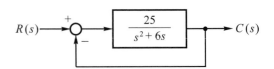

解：特性方程式：$s^2 + 6s + 25 = 0$

故 $\begin{cases} 2\zeta\omega_n = 6 \\ \omega_n^2 = 25 \end{cases} \Rightarrow \omega_n = 5 \,,\, \zeta = 0.6$

(1)$\zeta = 0.6$

(2)$\omega_n = 5\text{rad/sec}$

(3)$t_r = \left. \dfrac{\pi - \tan^{-1}\dfrac{\sqrt{1-\zeta^2}}{\zeta}}{\omega_n\sqrt{1-\zeta^2}} \right|_{\zeta=0.6} = \dfrac{\pi - \tan^{-1}\dfrac{\sqrt{1-0.6^2}}{0.6}}{5\sqrt{1-0.6^2}}$

    $= \dfrac{3.14 - 0.925}{4} = 0.554$ 秒

(4)$t_p = \left. \dfrac{\pi}{\omega_n\sqrt{1-\zeta^2}} \right|_{\zeta=0.6} = \dfrac{3.14}{5\sqrt{1-0.6^2}} = \dfrac{3.14}{4} = 0.785$ 秒

(5)$t_s = \left. \dfrac{3}{\zeta\omega_n} \right|_{\zeta=0.6} = \dfrac{3}{0.6\times5} = 1$ 秒(達終值的±5％以內)

(6)$M_p = \left. e^{-\frac{\zeta\pi}{\sqrt{1-\zeta^2}}} \right|_{\zeta=0.6} = e^{-\frac{0.6\pi}{\sqrt{1-0.6^2}}} = 0.09478$

    M.O. $= \left. e^{-\frac{\zeta\pi}{\sqrt{1-\zeta^2}}} \right|_{\zeta=0.6} \times 100\% = 9.478\%$

(7)$\omega_d = \left. \omega_n\sqrt{1-\zeta^2} \right|_{\zeta=0.6} = 5\sqrt{1-0.6^2} = 4\text{rad/sec}$

(8)$T_d = \dfrac{2\pi}{\omega_d} = \dfrac{2\pi}{4} = 1.57\text{sec}$

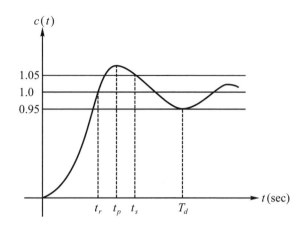

【例 8】　就二階控制系統之步階響應(step response)而言，在自然頻率(natural frequency)不變及阻尼比(damping ratio)之範圍介於 0.1 與 0.69 之間之條件下，下列敘述何者正確？　(A)阻尼比較大，上升時間(rise time)愈小　(B)阻尼比愈小，最大超越量(maximum overshoot)愈大　(C)阻尼比愈大，發生最大超越量之時間愈小　(D)阻尼比愈小，安定時間(settling time)愈小。

【87 二技電機】

解：由二階系統的單位步級響應曲線圖可知阻尼比 ζ 介於 0 與 1 之間(欠阻尼時)，阻尼比愈小時，其最大超越量愈大。

答：(B)

【例 9】 下圖所示為步進馬達的單位步級響應圖,試求此馬達的二階
轉移函數式。

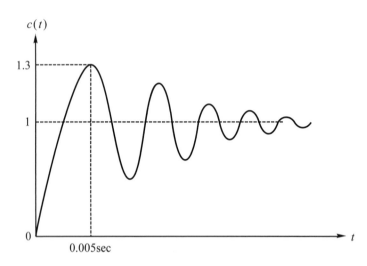

解:二階系統的標準模式

$$\frac{C(s)}{R(s)} = \frac{\omega_n^2}{s^2 + 2\zeta\omega_n s + \omega_n^2}$$

由輸出響應關係圖得知

$$t_p = 0.005 = \frac{\pi}{\omega_n\sqrt{1-\zeta^2}} \quad\cdots\cdots\cdots\cdots\cdots\cdots\cdots ①$$

$$M.O. = \frac{c_{max} - c_{ss}}{c_{ss}} = \frac{1.3 - 1}{1} = 0.3 = e^{-\frac{\zeta\pi}{\sqrt{1-\zeta^2}}} \cdots\cdots ②$$

將②式二側取 ln 可得

$$\ln 0.3 = \frac{-\zeta\pi}{\sqrt{1-\zeta^2}} \ln e$$

$$-1.204 = \frac{-\zeta\pi}{\sqrt{1-\zeta^2}} \Rightarrow \zeta = 0.358 \quad\cdots\cdots\cdots\cdots\cdots ③$$

③代入①中:

$$0.005 = \frac{\pi}{\omega_n\sqrt{1-0.358^2}} \Rightarrow \omega_n = 672.9\text{rad/sec}$$

再代回二階系統標準式

$$\frac{C(s)}{R(s)} = \frac{\omega_n^2}{s^2 + 2\zeta\omega_n s + \omega_n^2}\Bigg|_{\zeta = 0.358,\ \omega_n = 672.9}$$

$$= \frac{672.9^2}{s^2 + 2\times0.358\times672.9s + 672.9^2} = \frac{452794}{s^2 + 481.8s + 452794}$$

【例 10】某伺服機構的單位步級響應已知為 $c(t) = 1 + 0.2e^{-60t} - 1.2e^{-10t}$，$t \geqq 0$，其系統的自然無阻尼頻率為何？　(A)22.5rad/sec　(B)23.5rad/sec　(C)24.5rad/sec　(D)25.5rad/sec。　【84 二技電機】

解：觀察輸出響應 $c(t)$ 可知為過阻尼系統

$$c(t) = 1 + 0.2e^{-60t} - 1.2e^{-10t}$$

取拉氏轉換

$$C(s) = \frac{1}{s} + \frac{0.2}{s + 60} + \frac{-1.2}{s + 10} = \frac{600}{s(s + 10)(s + 60)}$$

又由轉移函數

$$\frac{C(s)}{R(s)} = \frac{\dfrac{600}{s(s + 10)(s + 60)}}{\dfrac{1}{s}} = \frac{600}{(s + 10)(s + 60)}$$

$$= \frac{600}{s^2 + 70s + 600}$$

與 $\dfrac{C(s)}{R(s)} = \dfrac{\omega_n^2}{s^2 + 2\zeta\omega_n s + \omega_n^2}$ 相比較

得 $\omega_n^2 = 600$，即 $\omega_n = 24.5$rad/sec

小櫥窗

如果閉迴路轉移函數與標準的二階系統只有在分子項差一個常數倍

亦即 $\dfrac{C(s)}{R(s)} = \dfrac{k\omega_n^2}{s^2 + 2\zeta\omega_n s + \omega_n^2}$ ，請問前述相關的性能規格 t_r、t_p、M_p、M.O.、t_s 有何影響？

現在假設 $\zeta = 0.707$，$\omega_n = 1$(以 $k = 1$ 及 $k = 2$ 二種情況做討論)

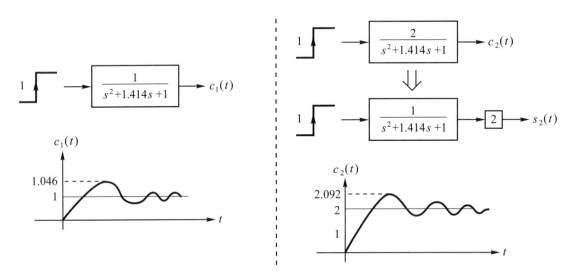

相關性能規格

$$t_r = \frac{\pi - \tan^{-1}\dfrac{\sqrt{1-\zeta^2}}{\zeta}}{\omega_n\sqrt{1-\zeta^2}} \tag{5-3-15a}$$

$$t_p = \frac{\pi}{\omega_n\sqrt{1-\zeta^2}} \tag{5-3-16}$$

$$M_p = e^{-\frac{\zeta\pi}{\sqrt{1-\zeta^2}}} \tag{5-3-19}$$

$$\text{M.O.} = e^{-\frac{\zeta\pi}{\sqrt{1-\zeta^2}}} \times 100\% \tag{5-3-20}$$

$$t_s = \frac{4}{\zeta\omega_n} \tag{5-3-23}$$

與 ζ、ω_n 有關。又無論 $k = 1$ 或 $k = 2$ 的情況下，二者的 ζ 均為 0.707，ω_n 均為 1，故其暫態響應的性能規格均相同。

5.　二階欠阻尼系統的特性根與 ζ、ω_n 間的關係

二階系統的特性方程式為

$$s^2 + 2\zeta\omega_n s + \omega_n^2 = 0 \tag{5-3-24}$$

特性根為

$$s_{1,2} = -\zeta\omega_n \pm j\omega_n\sqrt{1 - \zeta^2} \tag{5-3-25}$$

其在 s 平面上的關係如圖 5-20 所示。

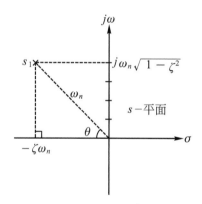

圖 5-20　特性根與 ζ，ω_n 的關係圖

s_1 點與座標原點的距離為

$$\sqrt{(-\zeta\omega_n)^2 + (\omega_n\sqrt{1 - \zeta^2})^2} = \omega_n \tag{5-3-26}$$

其與所組成的直角三角形關係為

$$\cos\theta = \frac{\zeta\omega_n}{\omega_n} = \zeta \tag{5-3-27}$$

由極點所在位置可做為評估峰值時間 t_p 及安定時間 t_s，即

$$t_p = \frac{\pi}{\omega_n \sqrt{1-\zeta^2}} (\text{分母爲} s\text{-平面的虛軸分量})$$

$$t_s = \frac{4}{\zeta \omega_n} (\text{達終值的} \pm 2\% \text{範圍})(\text{分母爲} s\text{-平面的實軸分量})$$

討論

1. 特性根的位置愈往左邊靠(即離虛軸愈遠)，則$\zeta\omega_n$愈大，表示系統的時間常數 $\left(\tau = \dfrac{1}{\zeta\omega_n}\right)$愈小，表示系統的動態響應速度愈快，系統愈快收斂到穩態值。

2. 對於具有相同阻尼比($\zeta = \cos\theta$)的特性根而言，若其落點離實軸的距離愈遠(即 ω_d愈大)，表示系統的振盪頻率愈大，產生尖峰的時間愈早。

3. 阻尼比ζ由$-\infty$變化到0變化到∞時(ω_n保持定值)，其特性根分佈情形如圖 5-21 所示。表 5-3 所示爲在不同阻尼比時，系統的特性根、步級響應、穩定度的變 化情形。

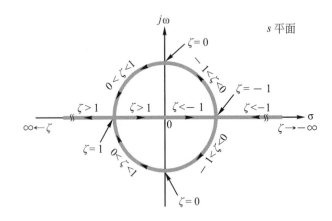

圖 5-21 阻尼比由$-\infty$變化到∞的特性根分佈

表 5-3　在不同阻尼比時，系統的特性根、步級響應、穩定度的變化情形

阻尼比	特性根		步級響應	穩定度
$\zeta < 0$(負阻尼)	具正實部根 $-1 < \zeta < 0$：$s_1, s_2 = -\zeta\omega_n \pm j\omega_n\sqrt{1-\zeta^2}$ $\zeta \leqq -1$：　$s_1, s_2 = -\zeta\omega_n \pm \omega_n\sqrt{\zeta^2-1}$		無窮大終值響應，呈弦式振盪上升$(-1 < \zeta < 0)$或指數式上升$(\zeta \leq -1)$。	不穩定
$\zeta = 0$(無阻尼)	共軛虛根　$s_1, s_2 = \pm j\omega_n$		持續正弦振盪	臨界(不)穩定
$0 < \zeta < 1$(欠阻尼)	具負實部的共軛複根 $s_1, s_2 = -\zeta\omega_n \pm j\omega_n\sqrt{1-\zeta^2}$		暫態阻尼振盪，安定在固定終值上。	穩定
$\zeta = 1$(臨界阻尼)	相等負實根　$s_1, s_2 = -\omega_n$		不呈現振盪，安定在固定終值上。	穩定
$\zeta > 1$(過阻尼)	相異負實根　$s_1, s_2 = -\zeta\omega_n \pm \omega_n\sqrt{\zeta^2-1}$		不呈現振盪，但安定在固定終值上所需的時間較長。	穩定

【例 11】某二階系統的特性根爲 $s = -3 \pm j4$，試求系統的轉移函數 $\dfrac{C(s)}{R(s)}$。

解：$\omega_n = \sqrt{(-3)^2 + 4^2} = 5$

$\zeta = \cos\theta = \dfrac{3}{5} = 0.6$

故系統的轉移函數爲

$$\frac{C(s)}{R(s)} = \frac{\omega_n^2}{s^2 + 2\zeta\omega_n s + \omega_n^2} = \frac{5^2}{s^2 + 2 \times 0.6 \times 5s + 5^2} = \frac{25}{s^2 + 6s + 25}$$

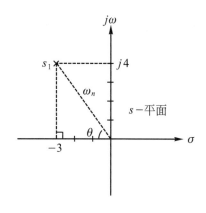

6. 各種參數的特性根軌跡

(1) 自然無阻尼頻率ω_n為常數時的特性根軌跡如圖 5-22 所示

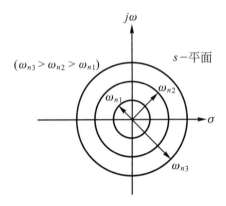

圖 5-22 ω_n為常數時的特性根軌跡

(2) 阻尼比ζ($\zeta = \cos\theta$)為常數時的特性根軌跡如圖 5-23 所示

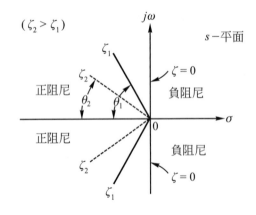

圖 5-23 ζ為常數時的特性根軌跡

(3)　阻尼因子$\alpha(=\zeta\omega_n)$為常數時的特性根軌跡如圖 5-24 所示。

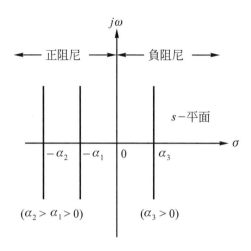

圖 5-24　α為常數時的特性根軌跡

(4)　條件頻率$\omega_d(=\omega_n\sqrt{1-\zeta^2})$為常數時的特性根軌跡如圖 5-25 所示。

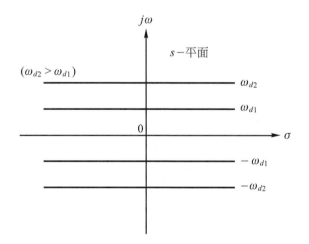

圖 5-25　ω_d為常數時的特性根軌跡

小櫥窗

　討論自然無阻尼頻率 ω_n、阻尼比 ζ、阻尼因子 α、條件頻率 ω_d 的關係：

　極點的所在位置可以決定ω_n、ζ、α、ω_d，亦可決定 t_r、t_p、M_p、t_s

　如果現在要規劃系統的暫態響應應需滿足，$t_r \leq t_{r_d}$，$M_p \leq M_{p_d}$、$t_s \leq t_{s_d}$ (t_{r_d}、t_{p_d}、t_{s_d} 為欲計畫的特定值)

由 $t_r = \dfrac{1.8}{\omega_n} \le t_{r_s} \Rightarrow \omega_n \ge \dfrac{1.8}{t_{r_s}} \triangleq \omega_{n_1}$

$M_p = e^{-\frac{\zeta\pi}{\sqrt{1-\zeta^2}}} \le M_{p_s} \Rightarrow \zeta \ge \zeta_1$

$t_s = \dfrac{4}{\zeta\omega_n} = \dfrac{4}{\alpha} \le t_{s_s} \Rightarrow \alpha \ge \dfrac{4}{t_{s_s}} \triangleq \alpha_1$

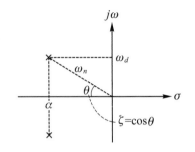

再利用圖 5-22、圖 5-23、圖 5-24，來規劃極點位置

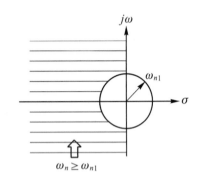
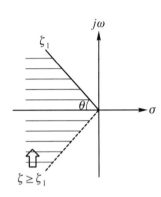
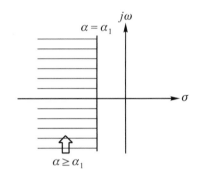

再就上述的三張圖做合成，有下述幾種情況

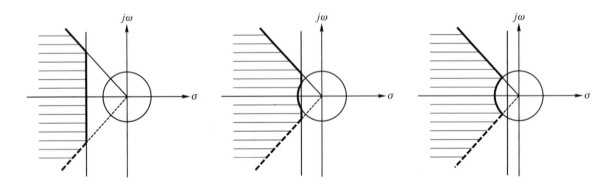

斜線的區域即為滿足規劃的需求。

5-4　穩態響應與精確度(穩態誤差)分析

一、穩態響應

參考圖 5-26 所示的標準負回授系統方塊圖

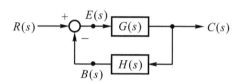

圖 5-26　標準負回授方塊圖

$$Y(s) = \frac{G(s)}{1 + G(s)H(s)} R(s)$$

利用終值定理，假設 $sY(s)$ 的極點均位於 s 平面的左半側，依據終值定理可得輸出訊號的穩態值 y_{ss} 為

$$y_{ss} = \lim_{s \to 0} s Y(s)$$

【例 1】　(1)下圖所示的控制系統，當其穩態時的輸出 y 值為何？

(2)某二階系統的轉移函數為 $\dfrac{Y(s)}{X(s)} = \dfrac{(s + 2)}{(s + 4)(s + 3)}$，試求輸入函數為①$x(t) = e^{-3t}$
②$x(t) = e^{-3t}\cos(2t)$ 時的穩態響應。

$$0.1 \quad + \quad \boxed{\frac{1}{s+1}} \quad \boxed{\frac{20}{s+5}} \quad y$$
$$\boxed{0.5}$$

解：(1) $Y(s) = \dfrac{\dfrac{1}{s+1} \cdot \dfrac{20}{s+5}}{1 + \dfrac{1}{s+1} \cdot \dfrac{20}{s+5} \cdot 0.5} \dfrac{0.1}{s}$

$$= \frac{2}{s(s^2 + 6s + 15)}$$

由終值定理(注意使用條件)

$$y_{ss} = \lim_{s \to 0} s Y(s) = \lim_{s \to 0} \quad s \cdot \frac{2}{s(s^2 + 6s + 15)} = \frac{2}{15}$$

(2)① $Y(s) = \dfrac{(s+2)}{(s+4)(s+3)} \cdot \dfrac{1}{s+3} = \dfrac{(s+2)}{(s+4)(s+3)^2}$

由終值定理(注意使用條件)

$y_{ss} = \lim_{s \to 0} s Y(s) = \lim_{s \to 0} s \cdot \dfrac{(s+2)}{(s+4)(s+3)^2} = 0$

② $Y(s) = \dfrac{(s+2)}{(s+4)(s+3)} \cdot \left[\dfrac{s}{s^2+2^2} \right] \Big|_{s=s+3}$

$= \dfrac{(s+2)(s+3)}{(s+4)(s+3)[(s+3)^2+4]}$

由終值定理(注意使用條件)

$y_{ss} = \lim_{s \to 0} s Y(s) = \lim_{s \to 0} s \dfrac{(s+2)(s+3)}{(s+4)(s+3)[(s+3)^2+4]} = 0$

二、穩態誤差

1. 控制系統達穩態時,最重要的性能評估指標為穩態誤差,系統在穩態時的輸出值與參考輸入不一致時,則存在有穩態誤差。

2. 穩態誤差是對系統精確度的量測。穩態誤差的產生可分為由系統內部造成及非系統內部造成的二種。在實際的系統中,因摩擦、死區等由非系統內部所造成非線性因素,使得其輸出穩態值甚少接近其參考輸入值,故控制系統幾乎都存在有穩態誤差 e_{ss}。又系統內部造成的穩態誤差是指系統本身結構所產生的穩態誤差。故穩態誤差值的大小,除了與系統本身的特性有關,亦需視測試訊號的型式而定。

3. 穩態誤差的求法

(1)穩態誤差的定義

$$e_{ss} = \lim_{t \to \infty} e(t) = r(\infty) - c(\infty) \tag{5-4-1}$$

(2)穩態誤差的計算(相關的推導請參閱附錄 F)

參考如圖 5-26 所示的標準負回授系統方塊圖

可得誤差函數 $E(s)$ 為

$$E(s) = \frac{R(s)}{1 + G(s)H(s)} \tag{5-4-2}$$

由終值定理(注意：系統需爲穩定)

$$e_{ss} = \lim_{s \to 0} sE(s) = \lim_{s \to 0} \frac{sR(s)}{1 + G(s)H(s)} \tag{5-4-3}$$

　　由(5-4-2)式及(5-4-3)式可知系統誤差$E(s)$的大小與閉迴路系統的迴路增益$G(s)H(s)$及外部輸入$R(s)$的型式(型式的定義在後面說明)有關。

【例 2】　(1)當$R(s) = \dfrac{1}{s}$時的穩態誤差

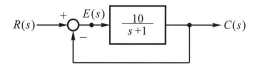

　　(2)在(1)小題的系統中增加一個積分器(如圖所示)來改善穩態誤差，試求輸入

　　$R(s) = \dfrac{1}{s}$ 及 $R(s) = \dfrac{1}{s^2}$時的穩態誤差。

解：(1)$e_{ss} = \lim_{t \to \infty} e(t)$

$$= \lim_{s \to 0} sE(s) = \lim_{s \to 0} \frac{sR(s)}{1 + G(s)H(s)}$$

$$= \lim_{s \to 0} \frac{s \times \dfrac{1}{s}}{1 + \dfrac{10}{s + 1}} = \lim_{s \to 0} \frac{s + 1}{s + 11} = \frac{1}{11}$$

　　(2)輸入爲$R(s) = \dfrac{1}{s}$時

$$e_{ss} = \lim_{s \to 0} \frac{sR(s)}{1 + G(s)H(s)} = \lim_{s \to 0} \frac{s \times \dfrac{1}{s}}{1 + \dfrac{1}{s} \dfrac{10}{s+1}}$$

$$= \lim_{s \to 0} \frac{s(s+1)}{s(s+1) + 10} = 0$$

輸入為 $R(s) = \dfrac{1}{s^2}$ 時

$$e_{ss} = \lim_{s \to 0} \frac{sR(s)}{1 + G(s)H(s)} = \lim_{s \to 0} \frac{s \times \dfrac{1}{s^2}}{1 + \dfrac{1}{s} \dfrac{10}{s+1}}$$

$$= \lim_{s \to 0} \frac{s+1}{s(s+1) + 10} = 0.1$$

討論

1. 利用終值定理需保證系統為穩定時方可使用(本例為穩定系統，請讀者自行驗證)。

2. 本例可知穩態誤差與系統的輸入 $R(s)$ 有關(如在(2)小題時，當輸入單位步級函數及單位斜坡函數時，其輸出的穩態誤差不同)，亦與迴路增益 $G(s)H(s)$ 有關(在輸入為單位步級函數時，如在(1)小題時穩態誤差為 $\dfrac{1}{11}$，在(2)小題時其穩態誤差為 0)。

3. 由系統的型式及誤差常數來討論穩態誤差

系統的型式由開路轉移函數來定義，若開路轉移函數 $GH(s)$ 可表成

$$GH(s) = \frac{k_1(s + z_1)(s + z_2)\cdots\cdots}{s^N(s + p_1)(s + p_2)\cdots\cdots} \text{ (極點-零點型式)} \tag{5-4-4}$$

$$= \frac{k_2(1 + \tau_{z_1}s)(1 + \tau_{z_2}s)\cdots\cdots}{s^N(1 + \tau_{p_1}s)(1 + \tau_{p_2}s)\cdots\cdots} \text{ (時間常數型式)} \tag{5-4-5}$$

由分母的 s^N 來決定系統的型式：

當 $N = 0$ 時，系統為型式 0

$N = 1$ 時，系統為型式 1

$N = 2$ 時，系統為型式 2

$\vdots$

由系統的型式及誤差常數來決定穩態誤差(先決條件必須是系統為穩定)的公式
摘要如表 5-4 所示。

表 5-4　系統的型式及輸入訊號對穩態誤差的影響

輸入訊號		步級函數 1	斜坡函數 t	拋物線函數 $\dfrac{t^2}{2}$
型式 0		$\dfrac{1}{1 + K_p}$	∞	∞
型式 1		0	$\dfrac{1}{K_v}$	∞
型式 2		0	0	$\dfrac{1}{K_a}$
備考	穩態誤差	$e_{ss} = \dfrac{1}{1 + K_p}$	$e_{ss} = \dfrac{1}{K_v}$	$e_{ss} = \dfrac{1}{K_a}$
	誤差常數	位置誤差常數 $K_p = \lim\limits_{s \to 0} GH$	速度誤差常數 $K_v = \lim\limits_{s \to 0} sGH$	加速度誤差常數 $K_a = \lim\limits_{s \to 0} s^2 GH$

註：(1)增加系統的型式，雖然可以改善穩態誤差e_{ss}，但相對的也會降低系統的穩定度。

(2)當線性非時變系統輸入步級、斜坡、拋物線函數時

即　$A + Bt + D\dfrac{t^2}{2}$ → 線　性 非時變 → $c(t)$

則穩態誤差為

$$e_{ss} = \frac{A}{1 + K_p} + \frac{B}{K_v} + \frac{D}{K_a} \tag{5-4-6}$$

(3)閉迴路系統必需是穩定的，才可利用終值定理求解穩態誤差e_{ss}或穩態的輸出值。

4.　若方塊圖中未標示誤差$E(s)$時，則依定義$E(s) = R(s) - C(s)$來推求穩態誤差e_{ss}

(參考例 4 (2))

註：(1)在不是單位負回授系統的方塊圖中，有定義$E(s)$時所求得的穩態誤差值與沒有定義$E(s)$時所求得的穩態誤差值，二者的答案不同。

(2)若是單位負回授系統，則可直接利用表 5-4(即視爲有定義$E(s)$)來求解穩態誤差值。

【例 3】 某單位負回授系統的順向轉移函數爲

$$G(s) = \frac{12(s + 4)}{s(s + 1)(s + 3)}$$

試求

(1)誤差常數K_p，K_v，K_a

(2)輸入訊號爲$r(t) = (16 + 2t + t^2)u_s(t)$時的穩態誤差$e_{ss}$。

解：(1)$GH(s) = \dfrac{12(s + 4)}{s(s + 1)(s + 3)}$

$$K_p = \lim_{s \to 0} GH = \infty$$

$$K_v = \lim_{s \to 0} sGH = 16$$

$$K_a = \lim_{s \to 0} s^2 GH = 0$$

(2)先判斷是否爲穩定系統

特性方程式爲$s(s + 1)(s + 3) + 12(s + 4) = 0$

$$s^3 + 4s^2 + 15s + 48 = 0$$

羅斯表

s^3	1	15
s^2	4	48
s^1	$\dfrac{60 - 48}{4}$	
s^0	48	

第一行元素未變號，故系統爲穩定

再求穩態誤差e_{ss}

當輸入爲$r(t) = (16 + 2t + t^2)u_s(t)$，其穩態誤差$e_{ss}$爲

【法一】$e_{ss} = \dfrac{16}{1 + K_p} + \dfrac{2}{K_v} + \dfrac{2}{K_a} = \dfrac{16}{1 + \infty} + \dfrac{2}{16} + \dfrac{2}{0} = \infty$

【法二】$GH(s)$屬於型式 1 的系統，因輸入$r(t)$含有t^2的項，由前述的摘要表可得知$e_{ss} = \infty$

【例 4】　某單位負回授系統的順向轉移函數為

$$G(s) = \frac{12(s + 4)}{s(s + 1)(s + 3)(s^2 + 2s + 3)}$$

試求：

(1)誤差常數K_p、K_v、K_a

(2)當輸入為$r(t) = (10 + 2t)u_s(t)$(其中$u_s(t)$為單位步級函數)時的穩態誤差。

解：(1)$K_p = \lim\limits_{s \to 0} GH = \infty$

$K_v = \lim\limits_{s \to 0} sGH = \dfrac{12 \times 4}{1 \times 3 \times 3} = \dfrac{16}{3}$

$K_a = \lim\limits_{s \to 0} s^2 GH = 0$

(2)先判斷系統是否穩定

特性方程式為$s(s + 1)(s + 3)(s^2 + 2s + 3) + 12(s + 4) = 0$

$$s^5 + 6s^4 + 14s^3 + 18s^2 + 21s + 48 = 0$$

羅斯表

s^5	1	14	21
s^4	6→1	18→3	48→8
s^3	11	13	
s^2	$\dfrac{33 - 13}{11} \to 20 \to 5$	$\dfrac{88 - 0}{11} \to 88 \to 22$	
s^1	$\dfrac{65 - 11 \times 22}{5} < 0$　(第一行元素有變號，表系統為不穩定)		
s^0			

故$e_{ss} = \infty$

【例 5】 試求穩態誤差

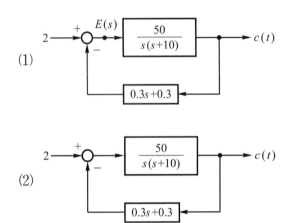

(1)

(2)

解：(1)開路轉移函數

$$GH = \frac{50}{s(s+10)} \times (0.3s+0.3) = \frac{15(s+1)}{s(s+10)} \quad （型式 1）$$

又輸入 $r(t) = 2 \, (t \geqq 0)$

故 $e_{ss} = 0$

(2) $E(s) = R(s) - C(s)$

$$\frac{E(s)}{R(s)} = 1 - \frac{C(s)}{R(s)} = 1 - \frac{\dfrac{50}{s(s+10)}}{1 + \dfrac{50}{s(s+10)}(0.3s+0.3)}$$

$$= 1 - \frac{50}{s(s+10) + 15(s+1)}$$

$$E(s) = \frac{2}{s}\left[1 - \frac{50}{s(s+10) + 15(s+1)}\right]$$

$$e_{ss} = \lim_{s \to 0} sE(s) = \lim_{s \to 0} s\frac{2}{s}\left[1 - \frac{50}{s(s+10) + 15(s+1)}\right] = \frac{-14}{3}$$

討論

　　在非單位負回授的系統方塊圖中，在聚合點處是否有標示 $E(s)$，會影響其穩態誤差 e_{ss} 之值。

【例 6】

(1)一控制系統的單位步級輸入之誤差的拉氏轉換為 $\dfrac{\dfrac{1}{s}}{1 + G(s)H(s)}$，若 $G(s) =$

$\dfrac{3}{s + 1}$，則不產生穩態誤差的 $H(s)$ 為　(A)s　(B)$\dfrac{1}{s}$　(C)$\dfrac{1}{s + 5}$　(D)$\dfrac{s}{s + 2}$。

(2)承上題，若 $G(s) = \dfrac{3}{s^2 + 7s}$，則會產生穩態誤差的 $H(s)$ 為　(A)s(B)$\dfrac{1}{s}$　(C)

$\dfrac{1}{s + 5}$　(D)$\dfrac{1}{s(s^2 + 2)}$。　　　　　　　　　　　　　　【80 二技電機】

解：(1)因為 $E(s) = \dfrac{R(s)}{1 + GH(s)} = \dfrac{\dfrac{1}{s}}{1 + \dfrac{3}{s + 1}H(s)}$

　　　輸入為單位步級函數，欲使 $e_{ss} = 0$，$GH(s)$ 需為型式 1(含)以上，故選擇 $H(s) = \dfrac{1}{s}$

　　　答：(B)

　　(2)因為 $E(s) = \dfrac{R(s)}{1 + GH(s)} = \dfrac{\dfrac{1}{s}}{1 + \dfrac{3}{s(s + 7)}H(s)}$

　　　輸入為單位步級函數，欲使 $e_{ss} \neq 0$，$GH(s)$ 需為型式 0，故選擇 $H(s) = s$

　　　答：(A)

【例 7】　對於負單位回授之系統，若其開路轉移函數為

$$G(s) = \frac{50}{s(s + 10)}$$

　　　試求(1)誤差常數，(2)對於輸入函數 $r(t) = 2 + 3t + 0.5t^2$，求其穩態誤差。

解：(1)$K_p = \lim\limits_{s \to 0} GH = \infty$

　　　$K_v = \lim\limits_{s \to 0} sGH = 5$

　　　$K_a = \lim\limits_{s \to 0} s^2 GH = 0$

　　(2)閉路系統為穩定，故

$$e_{ss} = \frac{2}{1 + K_p} + \frac{3}{K_v} + \frac{1}{K_a} = \frac{2}{1 + \infty} + \frac{3}{5} + \frac{1}{0} = \infty$$

或因為 $GH(s)$ 為型式 1，輸入含有 $0.5t^2$ 之項，故 $e_{ss} = \infty$

小櫥窗

若某閉迴路系統為穩定的，但輸入訊號為單位步級函數時，存在有穩態誤差。欲消除或改善誤差，可藉由外加控制器 $G_c(s)$ [積分控制] 來解決 (在第 8 章會詳細介紹)

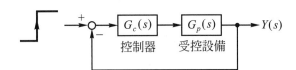

如：

(1) 當 $G_c(s) = K$ (比例控制) 時，若欲使 $\zeta = 0.707$，試求 K 值

(2) 由(1)求得的 K 值，試求輸入為單位步級函數時的穩態誤差 e_{ss}

(3) 欲消除在(2)的穩態誤差，應如何處理？

解：(1)特性方程式

$$\Delta(s) = (s + 5)(s + 2) + 10k = 0$$

$$s^2 + 7s + (10 + 10k) = s^2 + 2\zeta\omega_n s + \omega_n^2$$

又題旨　$\zeta = 0.707 \Rightarrow \omega_n = 5$　　$\Rightarrow K = 1.5$

(2) $k = 1.5$，$\Delta(s) = s^2 + 7s + 25 = 0$ (閉迴路穩定)

又位置誤差常數 $K_p = \lim_{s \to 0} (1.5)(\frac{10}{(s + 5)(s + 2)}) = 1.5$

故 $e_{ss} = \frac{1}{1 + K_p} = \frac{1}{1 + 1.5} = 0.4$ (有穩態誤差)

(3)將 $G_c(s)$ 由原先的 K (比例控制) 修改成 $\frac{K}{s}$ (積分控制)

則特性方程式 $\Delta(s) = (s + 5)(s + 2) + 10k = 0$

$$s^3 + 7s^2 + 10s + 10k = 0$$

由羅斯表

s^3	1	10
s^2	7	10k
s^1	$70-10k$	
s^0	10k	

得知 $0 < K < 7$ 時，閉迴路是穩定的

又位置誤差常數 $K_p = \lim_{s \to 0} (\frac{K}{s})(\frac{10}{(s+5)(s+2)}) = \infty$

故 $e_{ss} = \dfrac{1}{1+K_p} = \dfrac{1}{1+\infty} = \infty$ (無穩態誤差)

5-5　根軌跡分析

一、控制系統中的元件會因外在環境因素或長時間的使用而使其特性受到影響。亦即代表元件特性的參數產生漂移，如此可能會造成系統輸出無法達到要求而產生不正確的結果。1950年 Walter Richard Evans 提出以圖形化的方式來判斷控制系統的參數改變時之系統穩定性。本節將介紹根軌跡的觀念來剖析當參數變化時，其對系統的影響程度。

二、對一個典型的閉迴路系統而言

其輸出滿足

$$C(s) = \frac{G(s)}{1 + G(s)H(s)} R(s) \tag{5-5-1}$$

可知輸出響應受到

1. 輸入訊號 $R(s)$ 的特性
2. 閉路轉移函數的零點位置(即 $G(s)=0$ 的根)
3. 閉路轉移函數的極點位置(即 $1 + G(s)H(s)=0$ 的根)的影響。在上述三種影響條件中，以第3.項的最為重要，故我們針對其來做分析。

三、根軌跡分析

1. 閉路轉移函數中的特性方程式，當其中任何一個係數產生變動時，其特性根亦隨之變化。如果能夠將參數產生變化所造成特性根落點的變動情形標示於 s 平面上，並將其描繪成曲線，是為根軌跡。

2. 閉迴路控制系統

　　如圖 5-27 所示含有可調增益 K 的閉路系統。

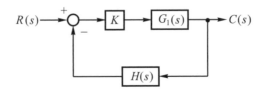

圖 5-27　含有可調增益 K 的閉路系統

其特性方程式為

$$\Delta(s) = 1 + KG_1(s)H(s) = 0 \qquad\qquad (5\text{-}5\text{-}2)$$

當 $\Delta(s)$ 為三次方以上時，特性根就不易利用分解因式的方法求得。又當 K 值變化時，特性根亦隨之變化，要重覆的求解該特性根是一件非常繁雜的工作。1948 年 Evans 提出利用根軌跡法(圖解方法)來求解特性方程式，利用系統的開迴路轉移函數($GH(s)$)的極點、零點所在位置，藉由連續調變 K 值，則特性根在 s 平面的落點亦呈現連續性的變化，將這些落點連接起來的軌跡，稱為根軌跡(root locus)。利用根軌跡可判定系統的穩定度。亦即閉路轉移函數特性根在 s 平面上的變化情形。

【例1】　一單位負回授系統之開迴路轉移函數為 $G(s) = K\dfrac{s+2}{s^2 + 2s + 2}$，其中 K 為增益。

當 K 值變化時，此系統在 s-平面之根軌跡代表下列何者？　(A)開迴路系統的極點　(B)閉迴路系統的極點　(C)開迴路系統的零點　(D)閉迴路系統的零點。　　　　　　　　　　　　　　　　　　　　　　　　　　　【88 二技電機】

解：根軌跡係描繪閉迴路系統的特性根(即閉迴路系統的極點)的軌跡。

答：(B)

3.　在線性控制系統中，當系統中的參數改變時，特性方程式的根軌跡即為系統的動態行為。

4.　根軌跡的分類

依受變動參數的個數做為根軌跡的分類標準。

(1)　單一參數變動時

①　根軌跡(root locus)

參數 K 由 0 變化到 ∞ 時，特性根在 s 平面上的軌跡。

②　互補根軌跡(complementary root locus)

參數 K 由 $-\infty$ 變化到 0 時，特性根在 s 平面上的軌跡。

③　完全根軌跡(complete root locus)

參數K由−∞變化到∞時，特性根在s平面上的軌跡。

註：完全根軌跡，即為根軌跡與互補根軌跡在s平面上所合成的軌跡。

(2)　多個參數變動時

對每個參數值做完全根軌跡的探討，在s平面上將各種曲線加以組合而得的結果稱之為根廓線(root contours)。

四、直接描繪根軌跡

在閉迴路系統中，若其特性方程式為一次或二次(低次)時，根軌跡可直接求解特性根來描繪出根軌跡。

【例2】(a)某單位負回授一階系統，其開路轉移函數為 $\dfrac{K}{(s+2)}$ ，試繪根軌跡圖形。

(b)下圖所示二階系統的方塊圖，試描繪其根軌跡。

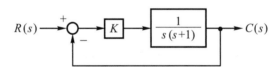

解：(a)系統的轉移函數

$$\frac{C(s)}{R(s)} = \frac{K\dfrac{1}{s+2}}{1+K\dfrac{1}{s+2}} = \frac{K}{s+(2+K)}$$

特性方程式為 $s+(2+K)=0$

可解得特性根 $s=-(2+K)=0$

將K值由0依序代入，可得下表

K	0	1	2	……
特性根s	−2	−3	−4	……
備註	開路極點			

可得根軌跡

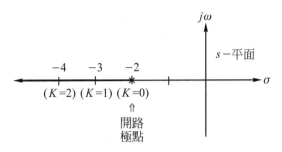

(b)系統的轉移函數爲

$$\frac{C(s)}{R(s)} = \frac{\dfrac{K}{s(s+1)}}{1 + \dfrac{K}{s(s+1)}} = \frac{K}{s^2 + s + K}$$

特性方程式爲 $s^2 + s + K = 0$

可解得特性根爲 $s = \dfrac{-1}{2} \pm \dfrac{1}{2}\sqrt{1-4K}$

將 K 值由 0 依序代入可得下表：

K	0	0.25	1	……
特性根 s	0，-1	$\dfrac{-1}{2}$，$\dfrac{-1}{2}$	$\dfrac{-1}{2} \pm j\sqrt{\dfrac{3}{2}}$	……
備註	開路極點	重根	共軛複根	

即 $0 \le K < 0.25$，相異實根

　$K = 0.25$，重根

　$K > 0.25$，共軛複根(實部均爲 $\dfrac{-1}{2}$，虛部隨 K 值增加而變大)

可得根軌跡：

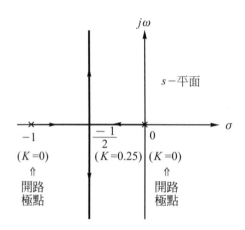

討論

$0 \leqq K < 0.25$ 為過阻尼

$K = 0.25$ 為臨界阻尼

$K > 0.25$ 為欠阻尼

其輸出響應曲線如右圖所示。

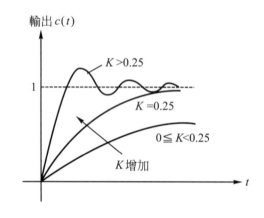

五、根軌跡作圖法

1. 在實際所接觸的問題中，想要利用前述直接求解特性根來描繪根軌跡是不可能的，所以必須進一步探討根軌跡一些性質，使描繪根軌跡有一固定步驟可以依循。

2. 典型的閉迴路控制系統如圖 5-28 所示。

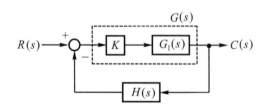

圖 5-28　典型的閉迴路控制系統

閉迴路轉移函數

$$\frac{C(s)}{R(s)} = \frac{KG_1(s)}{1 + KG_1H(s)} \tag{5-5-2}$$

其中

　　$KG_1(s)$為前向轉移函數(包括被控制的程序及控制器)

　　$H(s)$為回授轉移函數

　　$KG_1H(s)$為開迴路轉移函數

故回授控制系統的特性方程式為

$$1 + KG_1H(s) = 0 \tag{5-5-3}$$

即 $G_1H(s) = \dfrac{-1}{K}$ \hfill (5-5-4)

其可視為下述二個條件的組合：

⑴　大小關係

$$|G_1H(s)| = \frac{1}{|K|} \tag{5-5-5}$$

⑵　相位關係

$$\underline{/G_1H(s)} = (2n+1)\pi = (180°的奇數倍)，(當K > 0 時)$$
$$= 2n\pi = (180°的偶數倍)，(當K < 0 時)$$
$$其中 n = 0, \pm1, \pm2, \cdots\cdots \tag{5-5-6}$$

　　上述的二個條件可做為判斷在s平面上的任何一點s是否為根軌跡上的點。

註：大小關係在物理上的意義是做為決定在根軌跡上的某一個點所對應的k值。

　　　相位關係在物理上的意義是做為決定某一個點是否在根軌跡上。

【例3】已知特性方程式(多項式)為$(s + b)^3 + A(Ts + 1) = 0$

(a)欲對變數A或T繪根軌跡，試問應如何描述方程式的表示式？

(b)是否可對變數b描繪根軌跡？

解：(a)$(s + b)^3 + A(Ts + 1) = 0$

對A而言：$1 + A\dfrac{Ts + 1}{(s + b)^3} = 0$

對T而言：$[(s + b)^3 + A] + TAs = 0$

$$1 + T\dfrac{As}{(s + b)^3 + A} = 0$$

(b)因為無法將方程式描述成$1 + bG_1H(s) = 0$的型式(其中$G_1H(s)$需與b無關)，故不適合根軌跡作圖法。

【例4】 下圖所示為某控制系統的開路轉移函數

$$G(s)H(s) = \frac{K(s + z_1)}{s(s + p_2)(s + p_3)}$$

的極點-零點關係圖

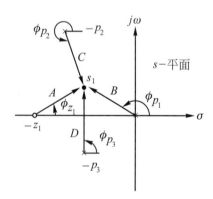

則其大小及相角的關係式為何？

解：$G_1H(s) = \dfrac{(s + z_1)}{s(s + p_2)(s + p_3)}$

由大小關係知 $\left| G_1H(s) \right| = \dfrac{\left| s + z_1 \right|}{\left| s(s + p_2)(s + p_3) \right|} = \dfrac{1}{\left| K \right|}$

即：$\dfrac{\mid s_1 - (-z_1) \mid}{\mid (s_1 - 0)(s_1 - (-p_2))(s_1 - (-p_3)) \mid} = \dfrac{1}{\mid K \mid}$

代入相關的距離值可得

$\dfrac{A}{BCD} = \dfrac{1}{\mid K \mid}$

可得 $\mid K \mid = \dfrac{BCD}{A}$

由相位關係知

$\underline{/G_1}H(s) = \underline{/\dfrac{(s + z_1)}{s(s + p_2)(s + p_3)}} = (2n + 1)\pi$

即：$\underline{/s_1} - (-z_1) - (\underline{/s_1} - 0 + \underline{/s_1} - (-p_2) + \underline{/s_1} - (-p_3))$

　　$= (2n + 1)\pi$

　　$\phi_{z_1} - (\phi_{p_1} + \phi_{p_2} + \phi_{p_3}) = (2n + 1)\pi$

【例 5】已知某系統的特性方程式為 $s(s + 5)(s + 40) + K = 0$，則 s 平面上的某一點 $s = -5 + j5$ 是否在此系統的根軌跡上。

解：特性方程式為 $s(s + 5)(s + 40) + K = 0$

可改表示成 $1 + \dfrac{K}{s(s + 5)(s + 40)} = 0$

即　$G_1H(s) = \dfrac{1}{s(s + 5)(s + 40)}$

若 $s = -5 + j5$ 是根軌跡上的點，則其必須滿足相位關係，即其相角應符合(180°) 的奇數倍(當 $K > 0$ 時)

$\underline{/G_1}H(s) \mid_{s = -5 + j5} = \underline{/\dfrac{1}{s(s + 5)(s + 40)}} \Big|_{s = -5 + j5}$

　　　　　　　　$= -(\underline{/s} + \underline{/s + 5} + \underline{/s + 40}) \mid_{s = -5 + j5}$

　　　　　　　　$= -(\underline{/-5 + j5} + \underline{/-5 + j5 + 5}$

　　　　　　　　　　$+ \underline{/-5 + j5 + 40})$

$$= -(135° + 90° + 8.13°) = -233.13°$$

$$\neq (180°)(奇數倍)$$

故 s 平面的點 $s = -5 + j5$ 沒有落在系統的根軌跡上面。

---

3. 根軌跡的作圖規則

【規則 1】 根軌跡的起點、終點

當 $K = 0$ 時為根軌跡的起點(起於開路極點)

當 $K \to \infty$ 時為根軌跡的終點(終於開路零點)

說明：開迴路轉移函數

$$G_1 H(s) = \frac{s^m + b_{m-1} s^{m-1} + \cdots + b_1 s + b_0}{s^n + a_{n-1} s^{n-1} + \cdots + a_1 s + a_0} = \frac{-1}{K}$$

將其表示成極點零點的模式

$$G_1 H(s) = \frac{(s + z_1)(s + z_2) \cdots (s + z_m)}{(s + p_1)(s + p_2) \cdots (s + p_n)} = \frac{-1}{K}$$

其中 z_i 為開迴路轉移函數的零點，$i = 1, 2, 3, \cdots, m$

p_i 為開迴路轉移函數的極點，$i = 1, 2, 3, \cdots, n$

當 $K = 0$ 時，即為使 $| G_1 H(s) | \to \infty$ 的情況，其值可視為開迴路轉移函數的極點。在 s 平面上以符號 "×" 來表示。

當 $K \to \infty$ 時，即為使 $| G_1 H(s) | \to 0$ 的情況，其值可視為開迴路轉移函數的零點。在 s 平面上以符號 "○" 來表示。

由本節例 2 的一階系統，可得知當 $K = 0$ 時，其特性根 $s = -2$ 恰為開路極點。例 3 的二階系統，可得知當 $K = 0$ 時，其特性根 $s = 0$，-1 恰為開路極點。

【規則 2】 根軌跡的分支數目

與極點的數目相同(一般極點的數目 n 大於零點的數目 m)。

說明：根軌跡的分支數目由開迴路轉移函數中極點、零點數目較大者決定。

由本節例 2 的一階系統的根軌跡圖可得知其只有一個分支。例 3 的二階系統的根軌跡圖可得知其有二個分支。

【規則 3】 根軌跡的對稱性

完全根軌跡對稱於實軸，一般而言應對稱於開迴路轉移函數的極
點與零點的對稱軸。

說明：一般特性方程式的係數均為實數，故其特性根為實根或共軛複根，
故其必為對稱於實軸。

由本節例 3 的二階系統的根軌跡圖可得知其確實對稱於實軸。

【規則 4】 根軌跡往無窮遠處的支路數為$(n - m)$條。

(其中有m條為終止於有限零點處)

說明：開路轉移函數的極點數目與零點數目為相同的。一般而言，開路
轉移函數均為真分式的型態。故有限零點的數目必較有限極點的
數目為少，而其差額為無窮零點的數目。

由本節例 2 的一階系統，其極點數目為 1 個，有限零點數目為 0
個，故有 1 個無窮遠處的分支。本節例 3 的二階系統，其極點數目
為 2 個，有限零點數目為 0 個，故有 2 個無窮零點，觀察其根軌跡
圖發現確有 2 條往無窮遠處的分支。

【例 6】 如下圖所示系統方塊圖

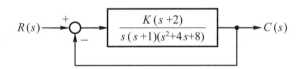

試求其根軌跡的分支數目，根軌跡往無窮遠處的分支數目。

解：開迴路轉移函數

$$KG_1H(s) = \frac{K(s + 2)}{s(s + 1)(s^2 + 4s + 8)}$$

其開路極點在$s = 0$，-1，$-2 \pm j2$(有 4 個根)

　開路零點在$s = -2$(有 3 個根在無窮遠處)

故根軌跡的分支數目有 4 條(與開路極點數目相同)

　根軌跡往無窮遠處去的分支數目有 3 條(有 3 個無窮零點)

【規則5】 在座標軸中的實數軸及非實數軸的根軌跡

(1)在實數軸上的根軌跡

①當$K > 0$時

在實軸上的任一點，若其右側的極點數與零點數之和爲奇數時，則在實數軸上該區段的點必爲根軌跡的點。

②當$K < 0$時

在實軸上的任一點，若其右側的極點數與零點數之和爲偶數時，則在實數軸上該區段的點必爲根軌跡的點。

(2)在非實數軸上的根軌跡

①當K值變化時，特性方程式的根可能由實軸變化到複數平面，此時根軌跡會朝無窮遠處移動，而其移動的方向可藉由漸近線來引導。

②漸近線可由與s平面上的實軸交點及夾角來決定

③與實軸的交點σ

$$\frac{\Sigma 有限值極點的實部 - \Sigma 有限值零點的實部}{G(s)H(s)有限極點的數目 - G(s)H(s)有限零點的數目}$$

④與實軸的夾角γ

$$\frac{(2n + 1) \times 180°}{G(s)H(s)有限極點的數目 - G(s)H(s)有限零點的數目}$$

$(K > 0)$

$$\frac{(2n) \times 180°}{G(s)H(s)有限極點的數目 - G(s)H(s)有限零點的數目}$$

$(K < 0)$

說明：一條線的決定方法有二種

(1)二點可決定一線

(2)一點與一個角度可決定一線

根軌跡的漸近線是利用與實軸的交點及夾角的方式來決定，即利用第(2)種方法得到的。

註：漸近線"不一定"是根軌跡；也就是：有可能是根軌跡，也有可能不是根軌跡。

【例7】　某系統的開迴路轉移函數為

$$GH(s) = \frac{K(s + 2)}{s(s + 3)(s + 1 + j2)(s + 1 - j2)}$$

試求其開路極點、零點。並描繪其在實軸上的根軌跡。

解：開路極點在 $s = 0$，-3，$-1 - j2$，$-1 + j2$

開路零點在 $s = -2$(另有三個為無窮零點)

因開路轉移函數有四個極點，故有 4 條根軌跡

其開路極點、零點及在實軸部份的根軌跡為

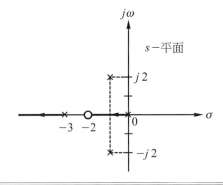

【例8】　某系統的開迴路轉移函數為

$$GH(s) = \frac{K(s + 2)}{s^2(s + 4)}$$

試描繪其根軌跡的漸近線。

解：開路極點在 $s = 0$，0，-4

開路零點在 $s = -2$(另有二個無窮遠的零點)

漸近線與實軸的交點

$$\sigma = \frac{(0 + 0 - 4) - (-2)}{3 - 1} = \frac{-2}{2} = -1$$

漸近線與實軸的夾角

$$\gamma = \frac{(2n + 1) \times 180°}{3 - 1} = (2n + 1) \times 90° = 90° \text{，} 270°$$

因為有二個夾角，故表示有兩條漸近線。

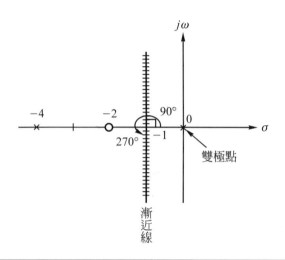

【規則 6】 根軌跡的分歧點(如圖 5-29 所示)

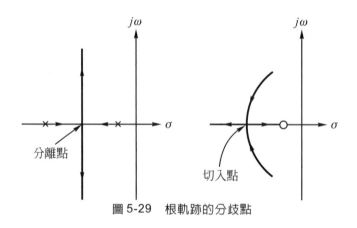

圖 5-29 根軌跡的分歧點

⑴離開負實軸準備進入複數平面的點稱為分離點

⑵由複數平面準備切入負實軸的點稱為切入點

⑶當特性根有重根產生時,根軌跡才會產生分歧點

⑷求解分歧點的方法為

由 $\dfrac{dK}{ds} = 0$,求得分歧點的 s,再代回原式求出所對應的 K 值

【例 9】　某系統的開路轉移函數為

$$GH(s) = \frac{K}{s(s+1)(s+2)}$$

試求根軌跡上的分離點。

解：閉迴路系統的特性方程式為

$$1 + GH = 1 + \frac{K}{s(s+1)(s+2)} = \frac{s^3 + 3s^2 + 2s + K}{s(s+1)(s+2)} = 0$$

即 $K = -(s^3 + 3s^2 + 2s)$

求分離點

令 $\dfrac{dK}{ds} = 0$ 即 $-3s^2 - 6s - 2 = 0$

可解得 $s = -0.423$，-1.577

由下圖可看出在實軸的根軌跡區段，故應選擇分離點為 -0.423

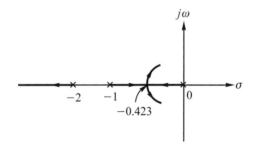

【規則 7】　根軌跡的離開角及到達角

　　　　　　⑴離開角(Departure angle)θ_D

　　　　　　　根軌跡離開起始點(複數極點)或分離點(特性根為重根)的角度。

　　　　　　　$\theta_D = 180° + \arg GH \big|_{s = \text{所對應的極點}}$

　　　　　　⑵到達角(Arrival angle)θ_A

　　　　　　　根軌跡進入終點(複數零點)或切入點(特性根為重根)的角度。

　　　　　　　$\theta_A = 180° - \arg GH \big|_{s = \text{所對應的零點}}$

【例10】某系統的開路轉移函數為

$$GH(s) = \frac{K(s+2)}{(s+1+j)(s+1-j)}$$

試求根軌跡在$s = -1 - j$處的離開角。

解：$s = -1 - j$為$GH(s)$的極點(亦為根軌跡的起點)

離開此點的角度需滿足

$\underline{/s+2} - \underline{/s+1+j} - \underline{/s+1-j} = -180°$的奇數倍

將$s = -1 - j$(選擇離$s = -1 - j$非常靠近的點)代入上式

$\underline{/-1-j+2} - \theta_D - \underline{/-1-j+1-j} = -180° \times (1)$

(極點$s = -1 + j$、零點$s = -2$與$s = -1 + j$非常靠近的點之夾角和$s = -1 + j$點的夾角非常近似，故可直接以$s = -1 + j$代入該二項求角度。而$s = -1 - j$點則為欲求的離開角)

整理得 $\underline{/1-j} - \theta_D - \underline{/-j2} = -180°$

即　　$-45° - \theta_D - (-90°) = -180°$

故離開角$\theta_D = 225°$

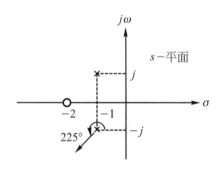

【例11】某系統的開路轉移函數為

$$GH(s) = \frac{K(s+j)(s-j)}{s(s+1)}$$

試求根軌跡在$s = j$的到達角。

解：$s＝j$為$GH(s)$的零點(亦為根軌跡的終點)

到達此點的角度需滿足

$\underline{/s＋j}＋\underline{/s－j}－\underline{/s}－\underline{/s＋1}＝－180°$的奇數倍

將$s＝j$代入上式中

$\underline{/j2}＋\theta_A－\underline{/j}－\underline{/j＋1}＝－180°$(理由同例10)

$90°＋\theta_A－90°－45°＝－180°$

故可得$\theta_A＝－135°$(或$225°$)

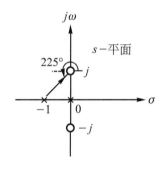

【**規則8**】　根軌跡與虛軸的交點(臨界穩定的K值)

由特性方程式列出羅斯表，依下列步驟

(1)令s^1列整列為零，求得K值

(2)再將求得的K值代入s^2列中，可得到輔助方程式$A(s)$，又輔助方程式$A(s)$的解即為根軌跡與虛軸的交點。

【例12】某系統的開路轉移函數為

$$GH(s)＝\frac{K}{s(s＋3)(s^2＋2s＋2)}$$

則根軌跡與虛軸的交點為何？

解：閉路系統的特性方程式為

$s(s＋3)(s^2＋2s＋2)＋K＝0$

即$s^4＋5s^3＋8s^2＋6s＋K＝0$

建立羅斯表

s^4	1	8	K
s^3	5	6	
s^2	$\dfrac{34}{5}$	K	
s^1	$\dfrac{\dfrac{34}{5}\times 6 - 5K}{\dfrac{34}{5}} = \dfrac{204 - 25K}{34}$		
s^0	K		

令 s^1 項係數爲零

即 $\dfrac{204 - 25K}{34} = 0$，$K = 8.16$

再代入 s^2 列，得出輔助方程式：

$A(s) = \dfrac{34}{5}s^2 + K = 0$

令 $K = 8.16$ 代入，即 $A(s) = \dfrac{34}{5}s^2 + 8.16 = 0$

可解得 $s = \pm j1.095$

故根軌跡與虛軸的交點是當 $K = 8.16$ 時在 $s = \pm j1.095$ 處

【例 13】下圖所示控制系統方塊圖，試描繪其根軌跡。

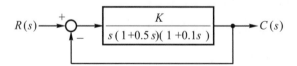

解：系統的轉移函數為

$$\frac{C(s)}{R(s)} = \frac{\dfrac{K}{s(1+0.5s)(1+0.1s)}}{1+\dfrac{K}{s(1+0.5s)(1+0.1s)}}$$

$$= \frac{K}{s(1+0.5s)(1+0.1s)+K}$$

又開迴路轉移函數為

$$KG_1H(s) = \frac{K}{s(1+0.5s)(1+0.1s)}$$

$$= K\frac{1}{s(1+0.5s)(1+0.1s)}$$

(1)起點$(K=0)$

　$s=0$，-2，-10(開路極點)

(2)終點$(K=\infty)$

　$s=\infty$，∞，∞

(3)實數軸上的根軌跡

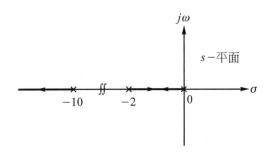

　　由實軸向右看，在其右側的極點數目與零點數目的和為奇數的區段，即為實數軸上的根軌跡。

(4)根軌跡的漸近線與實軸的交點及夾角分別為

$$\sigma = \frac{[0+(-2)+(-10)]-0}{3-0} = \frac{-12}{3} = -4$$

$$\gamma = \frac{(2n+1)\pi}{3-0} = \frac{(2n+1)}{3}\times180° = 60°，180°，300°$$

(5)分離點

由特性方程式

$s(1 + 0.5s)(1 + 0.1s) + K = 0$

$0.05s^3 + 0.6s^2 + s + K = 0$

則$K = -(0.05s^3 + 0.6s^2 + s)$

令$\dfrac{dK}{ds} = \dfrac{d}{ds}[-(0.05s^3 + 0.6s^2 + s)]$

$\qquad = -(0.15s^2 + 1.2s + 1) = 0$

可解得$s_1 = -0.945$，$s_2 = -7.05$

由根軌跡在實數軸的區段可知選擇$s_1 = -0.945$為合理值($s_2 = -7.05$為互補根軌跡的分離點)

$\therefore K = -(0.05s^3 + 0.6s^2 + s) \mid_{s = -0.945} = 0.4514$

(6)根軌跡與虛軸的交點

特性方程式：$0.05s^3 + 0.6s^2 + s + K = 0$

由羅斯表

s^3	0.05	1
s^2	0.6	K
s^1	$\dfrac{0.6 - 0.05K}{0.6}$	
s^0	K	

系統穩定的條件為

$\dfrac{0.6 - 0.05K}{0.6} > 0$ 及$K > 0$

即$0 < K < 12$

故$K = 12$為穩定的界限

虛軸上的根為$0.6s^2 + K \mid_{K = 12} = 0$

$\qquad 0.6s^2 + 12 = 0$

$$s = \pm j \sqrt{\frac{12}{0.6}} = \pm j4.5$$

根軌跡如下：

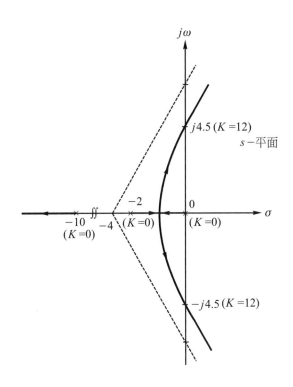

三條漸近線，經過$\sigma = -4$，夾角分別為$60°$、$180°$、$300°$

根軌跡共有三個分支

右支的分歧點在$K = 0.4514$時($\sigma = -0.945$)產生。

討論

　　由羅斯表可確知系統穩定的條件為$0 < K < 12$，卻無法得知在各種K值的特性根落點，而根軌跡卻有這樣的好處。羅斯準則的缺點為無法判斷

(1)　落在s平面右半側的不穩定根之落點。

(2)　當一個或多個參數產生變化時，對整個系統穩定性的影響。

六、極點、零點加入系統對根軌跡的影響

在開迴路轉移函數中加入極點或零點，對於系統根軌跡的變化情形討論如後：

1. 加入極點對系統的影響

   (1) 加入極點(加入的位置在原開路轉移函數極點的左側)，會使根軌跡往右半平面拉去，如此將降低系統的相對穩定度。

   (2) 系統暫態響應的安定時間會變長。

   (3) 如果加入左半平面的極點愈多，則根軌跡會被愈往右拉，使得系統更易變成不穩定。

2. 加入零點對系統的影響

   (1) 加入零點(其位置在原開路轉移函數極點的左側)，會使根軌跡向左半平面拉去，亦即零點可增加系統的相對穩定度。

   (2) 系統的暫態響應加快，其安定時間變短。

   (3) 如果加入左半平面的零點愈多，則根軌跡會愈往左拉，使得系統穩定度變得愈好。

▼

【例14】考慮開迴路轉移函數方程式如下

$$GH(s) = \frac{K}{s(s+a)}, \ (a > 0)(K > 0)$$

⑴描繪其根軌跡

⑵假設在原方程式加入一個極點$s = -b$，其中$b > a$，試繪其根軌跡

⑶假設在原方程式再加入一個極點$s = -c$，其中$c > b > a$，試繪其根軌跡

⑷假設在原方程式加入一個零點$s = -b$，其中$b > a$，試繪其根軌跡

解：(1)根軌跡可參考前面的解法可得

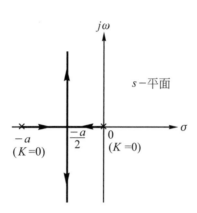

(2)根軌跡可參考前面的做法

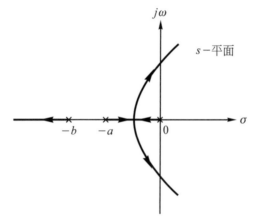

　　結果將原先的根軌跡(與(1)小題比較)向右拉

(3)再加入一個極點$s=-c$，且$c>b>a$

　　則開迴路轉移函數為

　　$$GH(s)=\frac{K}{s(s+a)(s+b)(s+c)}，(c>b>a)$$

　　起點：在$K=0$時，其開路極點$s=0$，$-a$，$-b$，$-c$

　　終點：在$K=\infty$時，其開路零點$s=\infty$，∞，∞，∞

　　漸近線與實軸的交點

　　$$\sigma=\frac{(0-a-b-c)-(0)}{4-0}=\frac{-(a+b+c)}{4}$$

　　漸近線與實軸的夾角

　　$$\gamma=\frac{(2n+1)\pi}{4-0}=45°，135°，225°，315°$$

　　分離點可與(1)、(2)同樣的方法求得

故其根軌跡爲

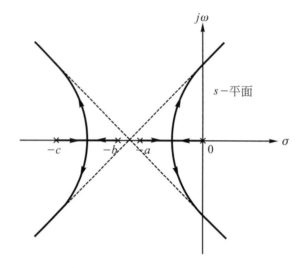

(4)加入一個零點$s = -b$，其中$b > a$

則開迴路轉移函數爲

$$GH(s) = \frac{K(s + b)}{s(s + a)} \text{ , } (b > a)$$

起點：在$K = 0$時，其開路極點$s = 0$，$-a$

終點：在$K = \infty$時，其開路零點$s = -b$，∞

其根軌跡可推論如下：

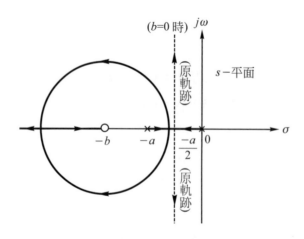

結果將原先的根軌跡(與(1)小題比較)向左拉

七、典型的負回授控制系統之根軌跡圖形

1.
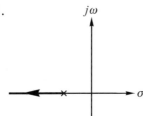

2.
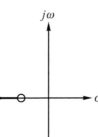

3.
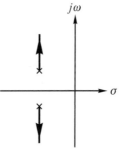

4.
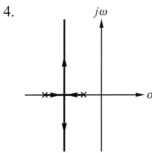

5.
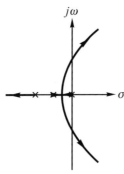

6.
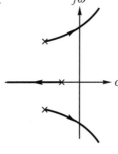

7.
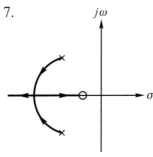

8.
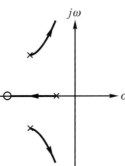

9.
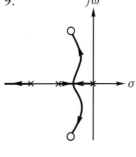

10.
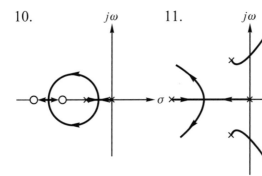

11.
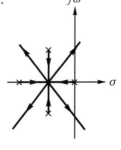

12.

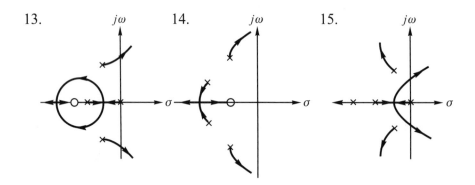

　　上述的根軌跡,請讀者利用前面所提的規則自行判斷,可概略的描繪出根軌跡的圖形。

重點摘要

1. 控制系統的時間響應可分成二個部份

   (1) 暫態響應 $y_t(t)$

   當訊號加入系統後,在響應初期的輸出行為,與系統的特性根及初始值有關

   (2) 穩態響應 $y_{ss}(t)$

   當訊號加入系統後,在時間趨近無窮大時的輸出行為與系統的特性根及輸入訊號有關

   (3) 特性輸出 $y(t) = y_t(t) + y_{ss}(t)$

2. 典型的測試訊號

訊號名稱	步級函數	斜坡函數	拋物線函數
波形	$r(t)$ 波形,振幅 A	$r(t)$ 斜率 A	$r(t)$ 斜率 A
數學表示式	$r(t) = Au_s(t)$	$r(t) = Atu_s(t)$	$r(t) = \dfrac{A}{2}t^2u_s(t)$
拉氏轉換式	$R(s) = \dfrac{A}{s}$	$R(s) = \dfrac{A}{s^2}$	$R(s) = \dfrac{A}{s^3}$
備註	1. $u_s(t)$ 為單位步級函數 即 $u_s(t) = \begin{cases} 1, & t \geq 0 \\ 0, & t < 0 \end{cases}$ 2. A 為訊號的振幅,當 $A = 1$ 時,分別稱訊號為單位步級函數 $u_s(t)$、單位斜坡函數 $u_r(t)$、單位拋物線函數 $u_p(t)$		

3. 一階單位回授系統的暫態響應

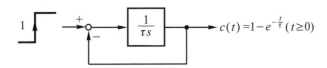

$$c(t) = 1 - e^{-\frac{t}{\tau}} \ (t \geq 0)$$

性能規格

(1) 延遲時間$t_d = 0.693\tau \fallingdotseq 0.7\tau$

(2) 上升時間$t_r = 2.197\tau \fallingdotseq 2.2\tau$

(3) 安定時間 $t_s = 3\tau$(與目標值誤差在±5％以內)

$t_s = 4\tau$(與目標值誤差在±2％以內)

4. 二階單位回授系統的暫態響應

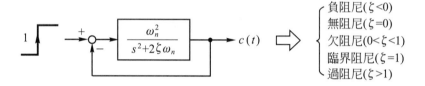

$$1 \quad \xrightarrow{+} \bigcirc \xrightarrow{-} \boxed{\dfrac{\omega_n^2}{s^2 + 2\zeta\omega_n}} \longrightarrow c(t) \implies \begin{cases} \text{負阻尼}(\zeta < 0) \\ \text{無阻尼}(\zeta = 0) \\ \text{欠阻尼}(0 < \zeta < 1) \\ \text{臨界阻尼}(\zeta = 1) \\ \text{過阻尼}(\zeta > 1) \end{cases}$$

(1) 欠阻尼$(0 < \zeta < 1)$

$$c(t) = 1 - \frac{e^{-\zeta\omega_n t}}{\sqrt{1 - \zeta^2}} \sin\left(\omega_n\sqrt{1 - \zeta^2}\,t + \tan^{-1}\frac{\sqrt{1 - \zeta^2}}{\zeta}\right) \quad (t \geq 0)$$

性能規格

① 上升時間$t_r = \dfrac{\pi - \tan^{-1}\dfrac{\sqrt{1 - \zeta^2}}{\zeta}}{\omega_n\sqrt{1 - \zeta^2}}$

② 尖峰時間$t_p = \dfrac{\pi}{\omega_n\sqrt{1 - \zeta^2}}$

③ 最大超越量$M_p = e^{-\frac{\zeta\pi}{\sqrt{1 - \zeta^2}}}$

④ 安定時間$t_s = \dfrac{3}{\zeta\omega_n}$(輸出達穩定值±5%)

$= \dfrac{4}{\zeta\omega_n}$安定時間(輸出達穩定值±2%)

(2) 臨界阻尼$(\zeta = 1)$

$$c(t) = 1 - e^{-\omega_n t}(1 + \omega_n t) \quad (t \geq 0)$$

(3)　過阻尼$(\zeta > 1)$

$$c(t) = 1 - \frac{1}{2\sqrt{\zeta^2 - 1}(\zeta - \sqrt{\zeta^2 - 1})}e^{-(\zeta - \sqrt{\zeta^2 - 1})\omega_n t}$$

$$+ \frac{1}{2\sqrt{\zeta^2 - 1}(\zeta + \sqrt{\zeta^2 - 1})}e^{-(\zeta + \sqrt{\zeta^2 - 1})\omega_n t} \quad (t \geq 0)$$

(4)　無阻尼$(\zeta = 0)$

$$c(t) = 1 - \cos\omega_n t \quad (t \geq 0)$$

(5)　負阻尼$(\zeta < 0)$

5.　特性根與時域響應的關係

$$\frac{C(s)}{R(s)} = \frac{\omega_n^2}{s^2 + 2\zeta\omega_n s + \omega_n^2}$$

系統的特性方程式$s^2 + 2\zeta\omega_n s + \omega_n^2 = 0$

當$0 < \zeta < 1$時，特性根為$s = -\zeta\omega_n \pm j\omega_n\sqrt{1 - \zeta^2}$

・ζ(阻比尼)：與系統暫態響應的振盪程度有關

・ω_n(自然無阻尼頻率)：與系統的響應速度有關

・α(阻尼因子)：$\alpha = \zeta\omega_n$，與系統響應的衰減率有關，與系統的時間常數成反比

・各種阻尼比時特性根的落點及步級響應與穩定度之結果

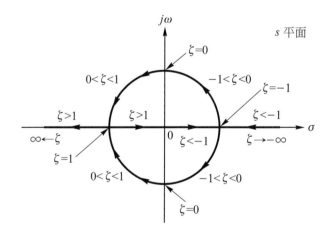

阻尼比	特性根	步級響應	穩定度
$\zeta < 0$ (負阻尼)	具正實部根 $-1 < \zeta < 0 : s_1, s_2 = -\zeta\omega_n \pm j\omega_n\sqrt{1-\zeta^2}$ $\zeta \leqq -1 : \qquad s_1, s_2 = -\zeta\omega_n \pm \omega_n\sqrt{\zeta^2-1}$	無窮大終值響應，呈弦式振盪上升$(-1 < \zeta < 0)$或指數式上升$(\zeta \leq -1)$。	不穩定
$\zeta = 0$ (無阻尼)	共軛虛根 $s_1, s_2 = \pm j\omega_n$	持續正弦振盪	臨界(不)穩定
$0 < \zeta < 1$ (欠阻尼)	具負實部的共軛複根 $s_1, s_2 = -\zeta\omega_n \pm j\omega_n\sqrt{1-\zeta^2}$	暫態阻尼振盪，安定在固定終值上。	穩定
$\zeta = 1$ (臨界阻尼)	相等負實根 $s_1, s_2 = -\omega_n$	不呈現振盪，安定在固定終值上。	穩定
$\zeta > 1$ (過阻尼)	相異負實根 $s_1, s_2 = -\zeta\omega_n \pm \omega_n\sqrt{\zeta^2-1}$	不呈現振盪，但安定在固定終值上所需的時間較長。	穩定

6. 精確度

(1) 穩態誤差的定義

$$e_{ss} = \lim_{t \to \infty} e(t) = r(\infty) - c(\infty)$$

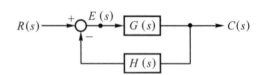

(2) 穩態誤差的計算

① 誤差函數$E(s) = \dfrac{R(s)}{1 + G(s)H(s)}$

$$e_{ss} = \lim_{s \to 0} sE(s) = \lim_{s \to 0} \frac{sR(s)}{1 + G(s)H(s)}$$

② 由系統的型式及誤差常數計算穩態誤差

❶ 系統的型式由開路轉移函數來決定

$$GH(s) = \frac{k_1(s + z_1)(s + z_2)\cdots\cdots}{s^N(s + p_1)(s + p_2)\cdots\cdots} \quad (\text{型式 N})$$

❷

輸入訊號		步級函數 1	斜坡函數 t	拋物線函數 $\dfrac{t^2}{2}$
型式 0		$\dfrac{1}{1+K_p}$	∞	∞
型式 1		0	$\dfrac{1}{K_v}$	∞
型式 2		0	0	$\dfrac{1}{K_a}$
備考	穩態誤差	$e_{ss}=\dfrac{1}{1+K_p}$	$e_{ss}=\dfrac{1}{K_v}$	$e_{ss}=\dfrac{1}{K_a}$
	誤差常數	位置誤差常數 $K_p=\lim\limits_{s\to0}GH$	速度誤差常數 $K_v=\lim\limits_{s\to0}sGH$	加速度誤差常數 $K_a=\lim\limits_{s\to0}s^2GH$

討論

當方塊圖中未標示 $E(s)$ 時，穩態誤差的計算方法為

$$E(s)=R(s)-C(s)\Rightarrow\frac{E(s)}{R(s)}=1-\frac{C(s)}{R(s)}$$

再利用 $e_{ss}=\lim\limits_{s\to0}sE(s)$ 求解

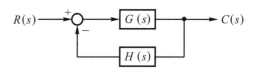

7.　穩態誤差

$$C(s)=\frac{G(s)}{1+G(s)H(s)}R(s)$$

$$c_{ss}=\lim_{s\to0}sC(s)=\lim_{s\to0}s\frac{sG(s)R(s)}{1+G(s)H(s)}$$

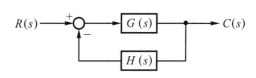

8.　根軌跡

$$\frac{C(s)}{R(s)}=\frac{KG_1(s)}{1+KG_1H(s)}$$

(1)　回授控制系統的特性方程式為

　　　$1+KG_1(s)H(s)=0$

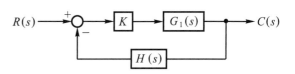

$$
即 G_1H(s) = \frac{-1}{K} = \begin{cases} 大小關係 & |G_1H(s)| = \dfrac{1}{|K|} \\[2mm] 相位關係 & \underline{/G_1H(s)} = (2n+1)p \quad (K>0 \text{ 時}) \\[2mm] & = 2n\pi \quad (K<0 \text{ 時}) \end{cases}
$$

(2) 根軌跡的作圖規則

[規則1]　根軌跡的起點、終點

當 $K=0$ 時為根軌跡的起點(起於開路極點)

當 $K \to \infty$ 時為根軌跡的終點(終於開路零點)

[規劃2]　根軌跡的分支數

與極點的數目相同(一般極點的數目 n 大於零點的數目 m)。

[規則3]　根軌跡的對稱性

完全根軌跡對稱於實軸,一般而言應對稱於開迴路轉移函數的極點與零點的對稱軸。

[規則4]　根軌跡往無窮遠處的支點數為 $(n-m)$ 條。(其中有 m 條為中止於有限零點處)

[規則5]　在座標軸中的實數軸及非實數軸的根軌跡

⑴　在實數軸上的根軌跡

當 $K>0$ 時,在實軸上的任一點,若其右側的極點數與零點數之和為奇數時,則在實數軸上該區段的點必為根軌跡的點。

⑵　在非實數軸上的根軌跡

①　當 K 值變化時,特性方程式的根可能由實軸變化到複數平面,此時根軌跡會朝無窮遠處移動,而其移動的方向可藉由漸進線來引導。

②　漸近線可由與 s 平面上的實軸交點及夾角來決定。

③　與實軸的交點 σ

$$
\frac{\Sigma 有限值極點的實部 - \Sigma 有限值零點的實部}{G(s)H(s) 有限極點的數目 - G(s)H(s) 有限零點的數目}
$$

④　與實軸的夾角γ (K>0 時)

$$\frac{(2n + 1)\times 180°}{G(s)H(s)有限極點的數目 - G(s)H(s)有限零點的數目}$$

$$(K > 0)$$

[規則6]　根軌跡的分歧點

令$\dfrac{dK}{ds} = 0$，求得分歧點的s。再代回原式求出所對應的K值。

[規則7]　根軌跡的離開角及到達角

(1)　離開角(Departure angle)θ_D

根軌跡離開起始點(複數極點)或分離點(特性根為重根)的角度。

$\theta_D = 180° \arg GH \big|_{s = 所對應的極點}$

(2)　到達角(Arrival angle)θ_A

根軌跡進入終點(複數零點)或切入點(特性根為重根)的角度。

$\theta_A = 180° - \arg GH \big|_{s = 所對應的零點}$

[規則8]　根軌跡與虛軸的交點(臨界穩定的K值)

由特性方程式列出羅斯表，依下列步驟

(1)　令s^1列整列為零，求得K值

(2)　再將求得的K值代入s^2列中，可得到輔助方程式 $A(s)$，又輔助方程式 $A(s)$的解即為根軌跡與虛軸的交點。

習　題

1. 如圖所示的回授控制系統，試求下列各小題的輸出穩態值。

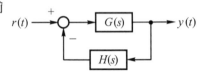

(1) $G(s) = \dfrac{20}{(s + 1)(s + 5)}$，

　$H(s) = 0.5$

　$r(t) = 0.1$，$(t \geq 0)$

(2) $G(s) = \dfrac{1}{s + 1}$，$H(s) = \dfrac{1}{s}$

　$r(t) = tu_s(t)$

(3) $G(s) = \dfrac{1}{s^2 + 4s + 3}$，$H(s) = \dfrac{1}{s + 2}$

　$r(t) = u_s(t)$

(4) $G(s) = \dfrac{2}{s^2(s + 1)}$，$H(s) = 1$

　$r(t) = u_s(t)$

2. 若二階控制系統之輸出輸入轉移函數為 $H(s) = \dfrac{1}{s^2 + 2s + 1}$，則該系統之步級響應為何？

3. 如右圖所示電路，若輸入的電壓 E_i 為單位步階函數，即 $e_i = u_s(t)$ 伏特，假設電容器初值電壓為零，則輸出端 E_o 的暫態響應為多少伏特？

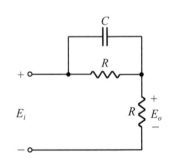

4. 考慮標準二階控制系統，若其特性方程式根為 $-1 + j2$ 及 $-1 - j2$，則此系統之閉迴路轉移函數為何？

5. 一閉迴路系統的轉移函數為 $\dfrac{100}{s^2 + 20s + 100}$，則此系統的阻尼比及無阻尼共軛頻率為何？

6.　(1)有一系統如圖所示$G_c(s)=K$，欲使閉迴路系統具有阻尼比爲 0.5，則K值應爲多少？

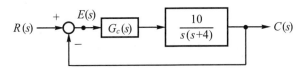

　　(2)下圖所示系統，若阻尼比$\zeta=0.6$，則自然無阻尼振盪頻率ω_n及k值分別爲多少？

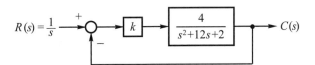

7.　試求下述有關二階閉路系統的阻尼比及最大超越量

(1)二階系統的阻尼比爲0.707，其單位步級響應的最大超越量約爲多少？

(2)一系統的轉移函數爲$\dfrac{100}{s^2+14s+100}$，其阻尼比約爲多少？又當輸入爲單位步級函數時，則輸出響應的最大超越量爲何？

(3)下圖所示系統，欲使閉迴路系統具有阻尼比爲0.707，則k值應爲多少？

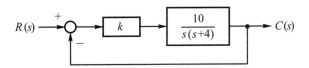

(4)一單位負回授系統之開迴路轉函數爲$G(s)=\dfrac{k}{s(s+2)}$，$(1<k<3)$，欲使系統步級響應之最大超越量爲最小時的k值？

(5)若二階控制系統之輸出輸入轉移函數$H(s)=\dfrac{\omega_n^2}{s^2+2\zeta\omega_n s+\omega_n^2}$，其中$\omega_n>0$，$0<\zeta<1$；當自然頻率$\omega_n$增加而阻尼比$\zeta$不變時，則系統之步級響應的最大超越量將如何變化？

8. 右圖所示，系統的輸入 $R(s) = \dfrac{1}{s}$，則其步

階響應(step response)達最終值±2％誤差

之安定時間 t_s 為何？

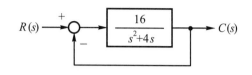

9. 某單位負回授系統，其開路轉移函數如下所示，試求下列各小題系統的型式、位置誤差常數 K_p、速度誤差常數 K_v、加速度誤差常數 K_a 之值。

(1) $G(s) = \dfrac{50}{s(s+10)}$

(2) $G(s) = \dfrac{K(s+3)}{s(s+5)(s+6)(s^2+2s+2)}$

10. 某單位負回授控制系統，若其閉迴路轉移函數為

$$\frac{1}{(s+1)(s+2)(s+3)+1}$$

試求系統的(1)開迴路轉移函數(2)系統的型式(3)誤差常數。

11. 如右圖的閉迴控制系統，試求系統的穩態誤差值。

(1) $G(s) = \dfrac{20}{1+0.05s}$，$H(s) = \dfrac{1}{1+0.1s}$，

$R(s) = \dfrac{0.1}{s}$

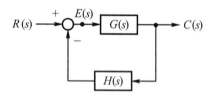

(2) $G(s) = \dfrac{1.06}{(s+1)(s+2)}$，$H(s) = 1$，$R(s) = \dfrac{1}{s}$

(3) $G(s) = \dfrac{50}{s(s+10)}$，$H(s) = 0.3(s+1)$，$r(t) = (3+5t)u_s(t)$

12. 右圖所示之控制系統

(1) $G(s) = \dfrac{1}{s(s+5)}$，當輸入訊號為單位步級函數

時，求系統的穩態誤差。

(2) $G(s) = \dfrac{2}{s^2(s+1)}$，當輸入訊號為單位斜坡函數時，求系統的穩態誤差。

(3) $G(s) = \dfrac{K(s+3)}{s(s+5)(s+6)(s^2+2s+2)}$，當輸入訊號為單位斜坡函數時，求此系統之穩態誤差為 10％時，K 值為多少？

13. 如圖所示系統方塊圖，若 $G(s) = \dfrac{s+1}{s^2+4s+3}$，$H(s)=2$，且輸入信號爲步階函數時，其穩態誤差爲何？

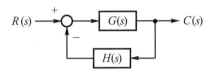

14. (1)如下圖所示之馬達速度控制系統，其中 $R(s)$ 表示參考命令輸入，$E(s)$ 表示誤差，$C(s)$ 表示控制器，$G(s)$ 表示馬達，$Y(s)$ 表示馬達轉速輸出，假設馬達轉移函數爲 $\dfrac{5}{s+10}$，參考命令爲 1000rpm，若 $C(s)$ 爲比例型控制器且增益爲 2，則 $Y(s)$ 之穩態值爲何？

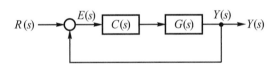

(2)承上題，若 $C(s)$ 爲積分型控制器且增益爲 1，則穩態誤差爲何？

15. 某單位回授控制系統之開迴路轉移函數爲

$$G(s) = \frac{K(s+3)}{s(s+5)(s+6)(s^2+2s+2)}$$

此系統在 s 平面上的根軌跡(1)起點；(2)終點；(3)漸近線與實軸之交點爲何？

16. (1)若一系統的特性方程式爲：$(s+1)(s^2+2s+2)+K(s+2)=0$，當利用根軌跡作圖時，試問根在 $s = -1-j1$ 時，其根軌跡離開角度爲多少度？

(2) 承上題，試問其根軌跡之漸近線交點爲何？

17. (1)一單位負回授系統之開迴路轉移函數爲 $G(s) = K\dfrac{s+2}{s^2+2s+2}$，其中 K 爲增益。

當 K 值變化時，此系統在 s-平面之根軌跡所代表意義？

(2)同(1)小題之系統，當 $K \geq 0$ 時，在 s-平面之根軌跡分支數目？

(3)同(1)小題之系統，當 $K \geq 0$ 時，試問下列 s 值是否在該軌跡上？

①$s = -3$　②$s = -5$　③$s = -2+2j$　④$s = -3+j$

(4)同(1)小題之系統，當 $K \geq 0$ 時，該根軌跡有一個分離點在 $s = -2 - \sqrt{2}$ 處，則對應此 s 值(根)的 K 值為何？

18. 某單位負回授系統，若其開迴路轉移函數為 $G(s) = \dfrac{k_1}{s(s^2 + 2s + 2)}$，$k_1 \leqq 0$，試求根軌跡的(1)漸近線交點(2)在 $(-1 + j1)$ 的到達角

19. 若一特性方程式為：$s(s + 3) + K(s + 4) = 0$，利用根軌跡作圖時，則其兩個分離點或切入點分別為何？

20. 某系統的特性方程式為 $s(s + 1)(s + 2) + K = 0$，其中 K 為一實常數。則此方程式之根軌跡圖與虛軸的交點為何？

21. 試繪 $1 + \dfrac{K(s + 2)}{s^2 + 2s + 2}$ 的根軌跡。

習題解答

1.　(1) 0.133　(2) 1　(3)$\dfrac{2}{7}$　(4)無窮大

2.　$1 - e^{-t} - te^{-t} \, (t \geq 0)$

3.　$0.5\left(1 + e^{-\frac{2t}{RC}}\right)$伏特

4.　$\dfrac{5}{s^2 + 2s + 5}$

5.　$\zeta = 1$，$\omega_n = 10$ rad/sec

6.　(1)$k = 1.6$　(2)$\omega_n = 10$，$k = 24.5$

7.　(1) 0.04　(2) 0.7，$e^{-\pi}$　(3) 0.8　(4)$k = 1$　(5)保持不變

8.　2 秒

9.　(1)型式 1，$K_p = \infty$，$K_v = 5$，$K_a = 0$

　　(2)型式 1，$K_p = \infty$，$K_v = \dfrac{K}{20}$，$K_a = 0$

10.　(1)$GH(s) = \dfrac{1}{(s+1)(s+2)(s+3)}$　(2)型式 0　(3)$K_p = \dfrac{1}{6}$，$K_v = 0$，$K_a = 0$

11.　(1) 0.00476　(2) 0.65　(3)$\dfrac{10}{3}$

12.　(1) 0　(2)系統發散，穩態誤差不存在或無窮大　(3) 200

13.　0.8

14.　(1) 500rpm　(2) 0rpm

15.　(1)$s = 0$，-5，-6，$-1 \pm j1$　(2)$s = -3$　(3)$\dfrac{-5}{2}$

16.　(1)$-45°$　(2)-0.5

17.　(1)閉迴路系統的極點　(2) 2 個　(3)①是②是③否④是　(4)$2 + 2\sqrt{2}$

18.　(1)$\dfrac{-2}{3}$　(2)$135°$

19.　分離點$s = -2$，切入點$s = -6$

20.　$s = \pm j\sqrt{2}$

21.

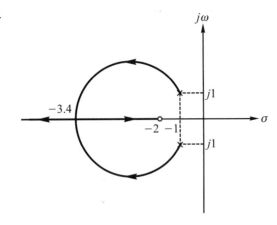

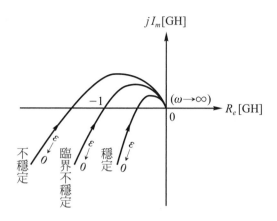

控制系統的頻域分析

第**6**章

6-1　前　言　　　　　　　　　　　6-2

6-2　線性非時變系統的頻率響應　　6-3

6-3　波德圖　　　　　　　　　　　6-7

6-4　極座標圖　　　　　　　　　　6-40

6-5　奈奎氏(Nyquist)穩定準則　　　6-48

6-6　簡化的奈奎氏穩定準則　　　　6-73

6-7　相對穩定度　　　　　　　　　6-82

6-8　閉路系統的頻域規格　　　　　6-90

6-9　閉路頻率響應　　　　　　　　6-96

6-10　尼可士圖(Nichols chart)　　　6-102

重點摘要　　　　　　　　　　　　6-106

習題　　　　　　　　　　　　　　6-112

習題解答　　　　　　　　　　　　6-117

6-1　前　言

一、在實際環境中，各類控制系統的狀況均會隨時間做持續變化，以時域來分析控制系統時，其具有直觀性，便於觀察，然而對於高階(二階以上)系統而言，通常其時間響應有不易求得的缺點。因此對於轉移函數不易求得的系統，要去做分析及設計是有其困難的。然而頻率響應是就控制系統的弦式穩態響應來做轉移函數的分析，其處理的過程較時域分析來得便捷，同時亦可利用實驗方式，以示波器來觀察輸出及輸入曲線，亦可快速的得到結果，所以頻率響應法成為設計回授控制系統的另一種實用的方法。

二、系統的響應是由暫態響應與穩態響應所組成。在暫態響應部份包含著許多高頻的成份，當系統達穩態時，穩態響應則是由低頻或零頻率的成份所組成。所以利用頻率響應可以描述出系統的特徵。

三、利用頻率做為控制系統分析及設計的主要因素

　1.　採用圖解法來分析；本章將介紹有關波德圖、極座標圖、尼可士圖的描繪方法。

　2.　由系統的開迴路轉移函數的頻域圖，推論該系統的閉迴路特性，其為頻率響應圖解分析的最重要一環。本章將介紹奈奎氏圖的畫法及奈奎氏穩定準則。

　3.　利用時域與頻域的關係來分析及設計複雜控制系統的時域性能。

小櫥窗

　1.　波德(1940 年～)提出閉迴路控制系統頻域的幅量與相位分析，並討論判斷系統穩定的增益邊限與相位邊限。

　2.　奈奎氏(1932 年)提出控制系統在頻域的穩定性之判斷法則，其可以實驗量測的數據資料利用繪圖(奈奎氏圖)方式來得知在閉迴路控制時的穩定性。

　3.　尼可士(1947 年)將控制系統的頻域之幅量與相位繪製在相同的圖面(幅量-相位圖)，再把常數 M 圓及常數 N 圓描繪在該幅量-相位圖上面。

6-2　線性非時變系統的頻率響應

一、對線性非時變的穩定系統輸入正弦訊號$r(t)=A\sin\omega t$時，當其暫態響應消失後，其穩態輸出爲$y(t)=B\sin(\omega t+\phi)$。其中$\omega$爲輸入頻率，$\phi$爲輸出與輸入的相位差角度。即系統的穩態輸出的頻率與輸入頻率相同，相位差一個角度，如圖 6-1 所示。

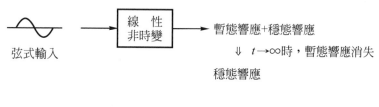

圖 6-1　線性非時變系統的頻率響應

二、由系統轉移函數到頻率響應

標準的負回授控制系統的轉移函數爲

$$M(s)=\frac{Y(s)}{R(s)}=\frac{G(s)}{1+G(s)H(s)}\ ,\ s=\sigma+j\omega$$

當系統在正弦穩態時，令$s=j\omega$

$$M(j\omega)=\frac{Y(j\omega)}{R(j\omega)}=\frac{G(j\omega)}{1+G(j\omega)H(j\omega)}$$

$$=實部+虛部=\mathrm{Re}[M(j\omega)]+j\mathrm{Im}[M(j\omega)]$$

$$=大小+相角$$

$$=\frac{\mid G(j\omega)\mid}{\mid 1+G(j\omega)H(j\omega)\mid}\Big/\underline{\frac{G(j\omega)}{1+G(j\omega)H(j\omega)}} \tag{6-2-1}$$

【例1】 某轉移函數具有振幅比及相位移分別爲

$$|M(\omega)| = \frac{4}{\sqrt{\omega^2 + 4}} \ , \ \underline{/M}(\omega) = 90° - \tan^{-1}\frac{\omega}{2}$$

輸入信號爲$r(t) = 3\cos 2t$，試求輸出訊號的弦波響應？

解：振幅大小：$|M(\omega)| = \frac{4}{\sqrt{\omega^2 + 4}}\Big|_{\omega = 2} = \frac{4}{2\sqrt{2}} = \sqrt{2}$

相位移：$\underline{/M}(\omega) = 90° - \tan^{-1}\frac{\omega}{2}\Big|_{\omega = 2} = 90° - \tan^{-1}\frac{2}{2} = 45°$

輸出穩態響應爲$y(t) = 3\sqrt{2}\cos(2t + 45°)$

【例2】 一線性二階系統，其輸出與輸入間的轉移函數關係爲

$$M(s) = \frac{10}{s^2 + 3s + 10}$$

若其輸入信號爲$r(t) = 8\cos(2t + 70°)$

試求其輸出訊號$y(t)$在穩態時的表示式？

解：$M(j\omega) = \frac{10}{j(3\omega) + (10 - \omega^2)}$

$$= \frac{10}{\sqrt{(3\omega)^2 + (10 - \omega^2)^2}}\underline{/-\tan^{-1}\frac{3\omega}{10 - \omega^2}}$$

當$\omega = 2$時，大小$= \frac{10}{\sqrt{(3\times2)^2 + (10 - 2^2)^2}} = \frac{10}{\sqrt{72}} = \frac{5}{3\sqrt{2}}$

相角$= -\tan^{-1}\frac{(3)(2)}{10 - 2^2} = -\tan^{-1}\frac{6}{6} = -45°$

$\therefore y(t) = 8\left(\frac{5}{3\sqrt{2}}\right)\cos(2t + 70° - 45°)$

$$= \frac{40}{3\sqrt{2}}\cos(2t + 25°)$$

討論

1. 由例 1、例 2 可知輸出響應的頻率不會隨時間變化而有所改變，仍然都是輸入訊號的頻率(本例均爲 2rad/sec)。

2. $A\sin(\omega t + \theta) \rightarrow \boxed{\text{M(S)}} \rightarrow B\sin(\omega t + \theta + \phi)$　ϕ 是增加或減少的相位

   $A\cos(\omega t + \theta) \rightarrow \boxed{\text{M(S)}} \rightarrow B\cos(\omega t + \theta + \phi)$　ϕ 是增加或減少的相位

【例 3】 1. 穩定之二階線性非時變系統之輸入爲正弦波時，有關其穩態輸出，下列敘述何者不正確？(A)其輸出亦爲正弦波(B)輸出之振幅隨著輸入之頻率而變(C)輸出之頻率與輸入之頻率必相同(D)輸出之相位與輸入之相位必相同。

2. 如圖所示方塊圖，若輸入爲 $\sin(2\pi 10t)$，當系統達穩態時之輸出頻率爲 (A)10　(B)20　(C)30　(D)40　Hz。

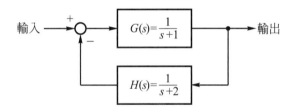

解：對線性非時變系統，輸出弦波頻率與輸入弦波頻率相同。

答：⑴ (D)　⑵ (A)

註：若系統爲非線性或時變時，將正弦訊號輸入系統時，則可能發生的情形爲

① 不保證爲正弦輸出。或

② 輸出爲正弦波形，但其頻率不同於輸入頻率。

小櫥窗

如果系統是非線性或時變的情況，就不存在頻率響應，如：

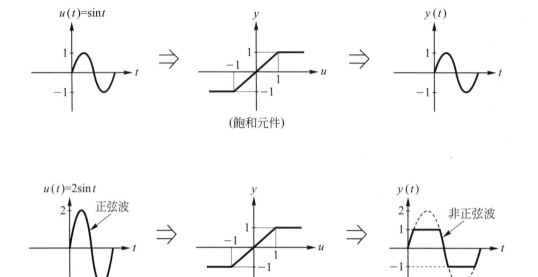

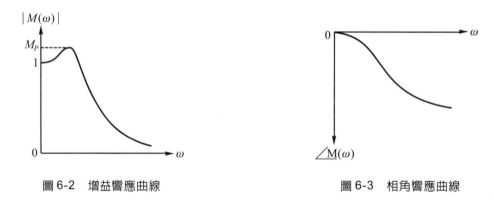

三、回饋控制系統的典型增益及相角特性圖

1. $M(j\omega)$ 為頻率 ω 的函數，故 $|M(\omega)|$ 與 ω 的座標圖形即為增益響應曲線，如圖 6-2 所示。

2. $\angle M(\omega)$ 為頻率 ω 的函數，故 $\angle M(\omega)$ 與 ω 的座標圖即為相角響應曲線，如圖 6-3 所示。

圖 6-2　增益響應曲線　　　　　　　　　　圖 6-3　相角響應曲線

3. 大多數的控制系統均為低通濾波器的特性，增益會隨頻率的增加而降低。

6-3　波德圖

一、波德圖由二種圖形組成，它們分別是幅量－頻率及相角－頻率的曲線，如圖 6-4
　　所示。在橫座標是 ω，其係以 10 爲基底的對數刻度，在縱座標的幅量亦是以 10
　　爲基底的對數刻度。

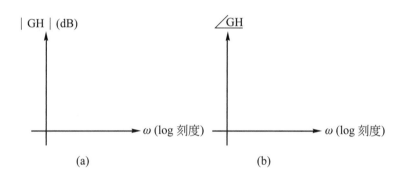

圖 6-4　波德圖的組成(a)幅量-頻率　(b)相角-頻率

1. 　橫座標的頻率及縱座標的幅量均選其對數來做處理，其理由爲

　　(1)　可以擴大座標所涵蓋的區域，使得幅量或相角的變化情形可以很容易的觀察
　　　　到。

　　(2)　在對數下的乘數運算可以轉化爲加法運算，如此可使得複雜的系統在繪製波
　　　　德圖時，能夠將其分解成數個簡單的系統分別描繪後，再予以疊加即可。

2. 　常用的 log 函數關係式

　　(1)　$\log AB = \log A + \log B$ 　　　　　　　　　　　　　　　　　　　　　(6-3-1)

　　(2)　$\log \dfrac{A}{B} = \log A - \log B$ 　　　　　　　　　　　　　　　　　　　(6-3-2)

　　(3)　$\log A^K = K \log A$ 　　　　　　　　　　　　　　　　　　　　　　(6-3-3)

　　(4)　基本的 log 值

x	0.1	1	2	3	5	7	10	100	1000	⋯
$\log x$	-1	0	0.3010	0.4771	0.6990	0.845	1	2	3	⋯

3. 幅量以 dB(分貝)為單位,亦即

$$| \, GH(j\omega) \, | \, _{dB} = 20\log \, | \, GH(j\omega) \, |$$

4. 頻率的間隔可利用十倍頻(decade)或二倍頻(octave)表示

(1) 十倍頻

當頻率變化 10 倍,橫座標變化一個單位長度,稱為十倍頻,如圖 6-5 所示。若頻率分別為 ω_2 及 ω_1,則間距以 decade 來表示,其計算公式為:

$$\text{dec} = \log_{10} \frac{\omega_2}{\omega_1} \tag{6-3-4}$$

(2) 二倍頻

當頻率變化 2 倍,橫座標變化一個單位長度,稱為二倍頻,如圖 6-5 所示。若頻率分別為 ω_2 及 ω_1,則其間距以 octave 來表示,其計算公式為:

$$\text{oct} = \log_2 \frac{\omega_2}{\omega_1} \tag{6-3-5}$$

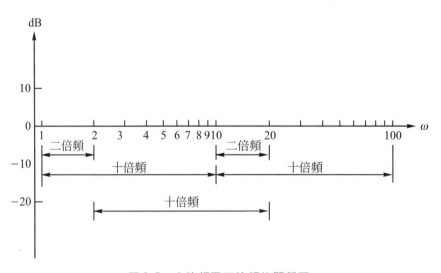

圖 6-5 十倍頻及二倍頻的關係圖

二、利用頻域方式來討論控制系統的動態響應及穩定度時,一般均係依據系統的開迴路轉移函數來分析,進而推論出閉迴路系統的特性。又一般的開迴路轉移函數 $GH(j\omega)$ 具有下述的組合

$$\frac{K(1 + j\omega T_z)}{(j\omega)^p(1 + j\omega T_p)\left\{\left[1 - \left(\dfrac{\omega}{\omega_n}\right)^2\right] + j2\zeta\left(\dfrac{\omega}{\omega_n}\right)\right\}} \tag{6-3-6}$$

其中

K為增益

p為正值時表示$GH(s)$含有積分因子$\dfrac{1}{s}$

p為負值時表示$GH(s)$含有微分因子s。

$(1 + j\omega T_z)$為一階零點

$\dfrac{1}{1 + j\omega T_p}$為一階極點

$\dfrac{1}{\left[1 - \left(\dfrac{\omega}{\omega_n}\right)^2\right] + j2\zeta\left(\dfrac{\omega}{\omega_n}\right)}$為二階極點

下述討論$GH(j\omega)$函數中的基本因式之頻率響應曲線圖：

1. 常數K

幅量：$\left|K\right|_{dB} = 20\log\left|K\right|$ (dB)

相角：$\angle K = \begin{cases} 0° & , K > 0 \\ 180° & , K < 0 \end{cases}$ $\tag{6-3-7}$

其幅量-頻率、相角-頻率的曲線如圖 6-6 所示。

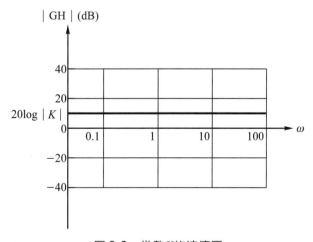

圖 6-6　常數K的波德圖

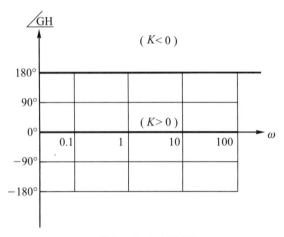

圖 6-6　常數K的波德圖(續)

2.　過原點的極點$\dfrac{1}{(j\omega)^p}$

幅量：$\left|\dfrac{1}{(j\omega)^p}\right|_{\mathrm{dB}} = -20p\log\omega\,(\mathrm{dB})$

相角：$\angle\dfrac{1}{(j\omega)^p} = (-90°)\times p$　　　　　　　　　　　(6-3-8)

幅量、相角對不同頻率的響應值如下：

p	1	2	3
$\omega = 0.1$	20dB	40dB	60dB
$\omega = 1$	0dB	0dB	0dB
$\omega = 10$	-20dB	-40dB	-60dB
$\omega = 100$	-40dB	-80dB	-120dB
相角	$-90°$	$-180°$	$-270°$

幅量-頻率圖形的斜率為

$$\frac{d(-20p\log\omega)}{d(\log\omega)} = -20p\,(\mathrm{dB/dec})$$

圖 6-7 所示為$\dfrac{1}{(j\omega)^p}$的幅量－頻率、相角-頻率的曲線圖。

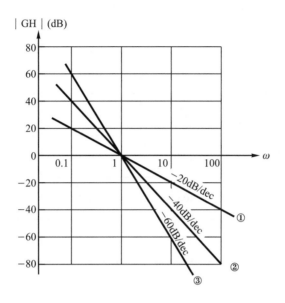

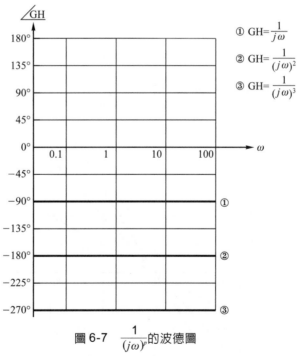

圖 6-7　$\dfrac{1}{(j\omega)^p}$ 的波德圖

3. 過原點的零點 $(j\omega)^p$

　幅量：$\left| (j\omega)^p \right|_{dB} = 20p\log\omega\,(dB)$

　相角：$\underline{/(j\omega)^p} = (90°)\times p$　　　　　　　　　　　　　　　　　(6-3-9)

　　幅量、相角對不同頻率的響應值如下：

p	1	2	3
$\omega = 0.1$	20dB	40dB	60dB
$\omega = 1$	0dB	0dB	0dB
$\omega = 10$	-20dB	-40dB	-60dB
$\omega = 100$	-40dB	-80dB	-120dB
相角	$-90°$	$-180°$	$-270°$

幅量-頻率圖形的斜率爲

$$\frac{d(20p\log\omega)}{d(\log\omega)} = 20p(\mathrm{dB/dec})$$

圖 6-8 所示爲 $(j\omega)^p$ 的幅量-頻率、相角-頻率的曲線圖

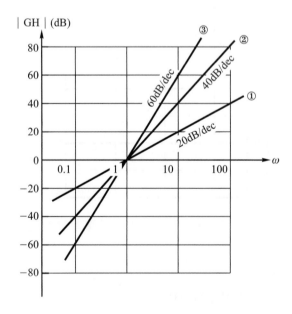

圖 6-8 $(j\omega)^p$ 的波德圖

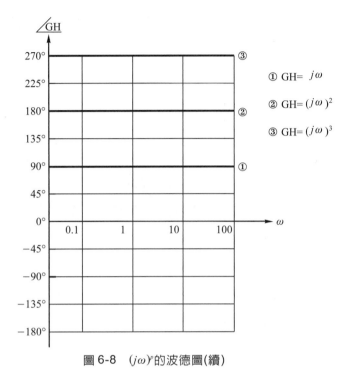

圖 6-8 $(j\omega)^r$ 的波德圖(續)

4. 一階零點$(1 + j\omega T)$

幅量：$\mid 1 + j\omega T \mid_{dB} = 20\log\sqrt{1 + (\omega T)^2}$

$$= \begin{cases} 0\text{dB} & , \omega T \ll 1 \\ 20\log(\omega T)\text{dB} & , \omega T \gg 1 \end{cases} \qquad (6\text{-}3\text{-}10)$$

相角：$\underline{/1 + j\omega T} = tan^{-1}\omega T$

幅量、相角對於不同的ωT所得到的響應值如下：

$(1 + \omega T)$		$\omega T = 0.1$	$\omega T = 1$	$\omega T = 10$	$\omega T = 100$
幅量 $20\log\sqrt{1 + (\omega T)^2}$	近似值	0dB	0dB	20dB	40dB
	實際值	0.043dB	3dB	20.04dB	40dB
相角 $tan^{-1}(\omega T)$	近似值	0°	45°	90°	90°
	實際值	5.7°	45°	84.3°	89.4°

圖 6-9 所示為 $(1 + j\omega T)$ 的幅量-頻率、相角-頻率的曲線圖。

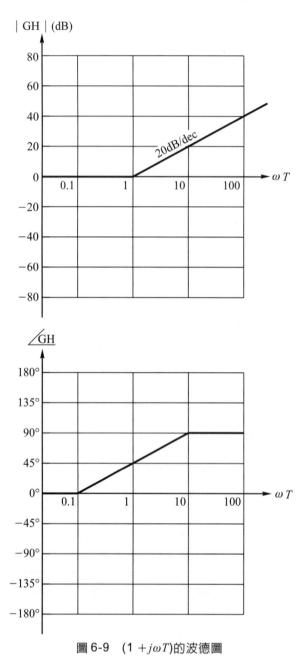

圖 6-9　$(1 + j\omega T)$ 的波德圖

5.　一階極點 $\dfrac{1}{1+j\omega T}$

幅量：$\left| \dfrac{1}{1+j\omega T} \right|_{dB} = -20\log\sqrt{1+(\omega T)^2}$

$$= \begin{cases} 0\mathrm{dB} & ，\omega T \ll 1 \\ -20\log(\omega T)\mathrm{dB} & ，\omega T \gg 1 \end{cases}$$

$$(6\text{-}3\text{-}11)$$

相角：$\left/ \dfrac{1}{1+j\omega T} \right. = -\tan^{-1}(\omega T)$

　　幅量、相角對於不同的 ωT 所得到的響應值如下：

$\dfrac{1}{1+j\omega T}$		$\omega T = 0.1$	$\omega T = 1$	$\omega T = 10$	$\omega T = 100$
幅量 $-20\log\sqrt{1+(\omega T)^2}$	近似值	0dB	0dB	-20dB	-40dB
	實際值	-0.043dB	-3dB	-20.04dB	-40dB
相角 $-\tan^{-1}(\omega T)$	近似值	0°	$-45°$	$-90°$	$-90°$
	實際值	$-5.7°$	$-45°$	$-84.3°$	$-89.4°$

　　圖 6-10 所示為 $\dfrac{1}{1+j\omega T}$ 的幅量-頻率、相角-頻率的曲線圖。

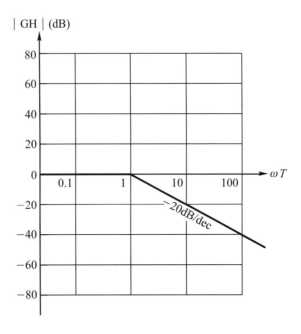

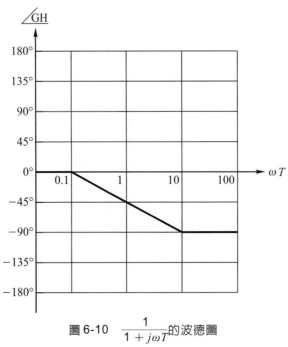

圖 6-10 $\dfrac{1}{1+j\omega T}$ 的波德圖

6.　複數極點 $\dfrac{1}{\left[1-\left(\dfrac{\omega}{\omega_n}\right)^2\right]+j2\zeta\left(\dfrac{\omega}{\omega_n}\right)}$

對於標準的二階系統而言，其具有如下之型式

$$GH(s)=\frac{\omega_n^2}{s^2+2\zeta\omega_n s+\omega_n^2}$$

一般會以共軛極點為考慮的對象，亦即

考慮 $\zeta<1$(欠阻尼)時，令 $s=j\omega$ 代入 $GH(s)$ 中，得

$$GH(j\omega)=\frac{\omega_n^2}{(\omega_n^2-\omega^2)+2j\zeta\omega\,\omega_n}$$

$$=\frac{1}{\left[1-\left(\dfrac{\omega}{\omega_n}\right)^2\right]+j2\zeta\dfrac{\omega}{\omega_n}}$$

幅量：$\left|\dfrac{1}{\left[1-\left(\dfrac{\omega}{\omega_n}\right)^2\right]+j2\zeta\dfrac{\omega}{\omega_n}}\right|_{dB}$

$$=-20\log\sqrt{\left[1-\left(\dfrac{\omega}{\omega_n}\right)^2\right]^2+\left(2\zeta\dfrac{\omega}{\omega_n}\right)^2}$$

$$=-20\log\sqrt{\left[1-\left(\dfrac{\omega}{\omega_n}\right)^2\right]^2+4\zeta^2\left(\dfrac{\omega}{\omega_n}\right)^2}$$

$$=\begin{cases}0\text{dB} & ,\ \dfrac{\omega}{\omega_n}\ll 1\\[4mm] -20\log(2\zeta)\text{dB} & ,\ \dfrac{\omega}{\omega_n}=1\\[4mm] -40\log\left(\dfrac{\omega}{\omega_n}\right)\text{dB} & ,\ \dfrac{\omega}{\omega_n}\gg 1\end{cases}$$

相角：$\left| \dfrac{1}{\left[1 - \left(\dfrac{\omega}{\omega_n}\right)^2\right] + j2\zeta\dfrac{\omega}{\omega_n}} = -\tan^{-1}\dfrac{2\zeta\dfrac{\omega}{\omega_n}}{1 - \left(\dfrac{\omega}{\omega_n}\right)^2} \right.$

$$= \begin{cases} 0° & , \dfrac{\omega}{\omega_n} \ll 1 \\[2mm] -90° & , \dfrac{\omega}{\omega_n} = 1 \\[2mm] -180° & , \dfrac{\omega}{\omega_n} \gg 1 \end{cases} \qquad (6\text{-}3\text{-}12)$$

圖 6-11 所示為 $\dfrac{1}{\left[1 - \left(\dfrac{\omega}{\omega_n}\right)^2\right] + j2\zeta\left(\dfrac{\omega}{\omega_n}\right)}$ 的幅量-頻率、相角-頻率的曲線圖

(在圖中，將 $\dfrac{\omega}{\omega_n} \leq 0.1$ 視為 $\dfrac{\omega}{\omega_n} \ll 1$ 的情況，將 $\dfrac{\omega}{\omega_n} \geq 10$ 視為 $\dfrac{\omega}{\omega_n} \gg 1$ 的情況)。

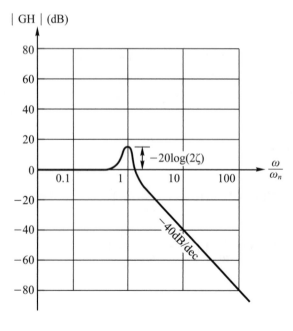

圖 6-11 $\dfrac{1}{\left[1 - \left(\dfrac{\omega}{\omega_n}\right)^2\right] + j2\zeta\left(\dfrac{\omega}{\omega_n}\right)}$ 的波德圖

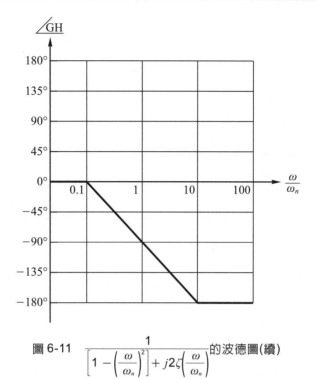

圖 6-11　$\dfrac{1}{\left[1-\left(\dfrac{\omega}{\omega_n}\right)^2\right]+j2\zeta\left(\dfrac{\omega}{\omega_n}\right)}$ 的波德圖(續)

小櫥窗

幅量－頻率、相角－頻率曲線圖換個方式表現如下：

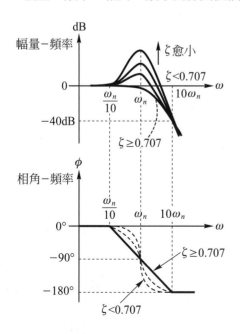

　　當工作頻率在系統的自然頻率時，輸出會產生峰值。在波德圖中，若要有較明顯的峰值輸出，要在 ζ 很小的時候。且其峰值為 $-20\log(2\zeta)$ dB

7. 時間延遲$e^{-j\omega T}$

　　幅量：$\mid e^{-j\omega T}\mid_{\text{dB}} = 20\log\mid e^{-j\omega T}\mid\; = 0\text{dB}$

　　相角：$\angle e^{-j\omega T} = -\omega T$

　　　　對於不同的ωT值所對應的相角關係：

ωT	0.1	1	10
$\angle e^{-j\omega T}$	$-5.73°$	$-57.3°$	$-573°$

　　　　圖 6-12 所示為$e^{-j\omega T}$的幅量－頻率、相角－頻率的曲線圖。由圖中可以看到$e^{-j\omega T}$不影響大小，只影響相角。

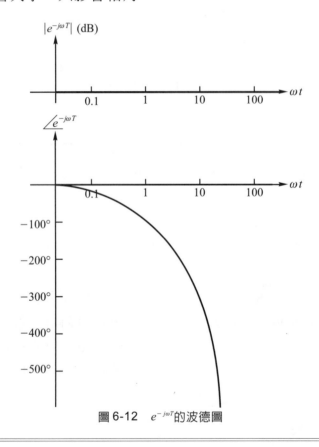

圖6-12　$e^{-j\omega T}$的波德圖

【例1】　函數$\dfrac{1}{s^2}$，其波德圖大小之斜率為多少？(A)20dB/dec　(B)$-$ 20dB/dec　(C)40dB/dec　(D)$-$ 40dB/dec。　　　　　　　　【85二技電機】

解：

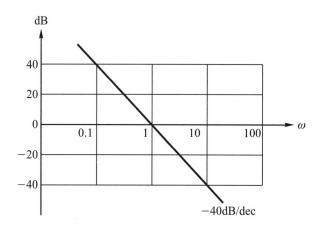

答：(D)

【例2】　試求下列各轉移函數的波德圖

$$(1) GH(s) = \frac{1}{s + 1000}$$

$$(2) GH(s) = \frac{1}{(s + 10)^3}$$

$$(3) GH(s) = \frac{1}{s^2 + s + 4} \text{。}$$

解析步驟：設法將開迴路轉移函數$GH(s)$的s以$j\omega$代入，整理成前述的基本因式的模式，分別將各因式的波德圖繪出，再將其合成即可得到完全的波德圖。

解：$(1) GH(s) = \dfrac{1}{s + 1000} \Big|_{s=j\omega}$

$$GH(j\omega) = \frac{1}{j\omega + 1000} = \frac{\dfrac{1}{1000}}{1 + j\dfrac{\omega}{1000}} = \frac{1}{1000} \cdot \frac{1}{1 + j\dfrac{\omega}{1000}}$$

將基本因式$\dfrac{1}{1000}$及$\dfrac{1}{1 + j\dfrac{\omega}{1000}}$利用前述所推導出的波德圖繪製在圖面上，再

將其合成，即可得完全的波德圖。

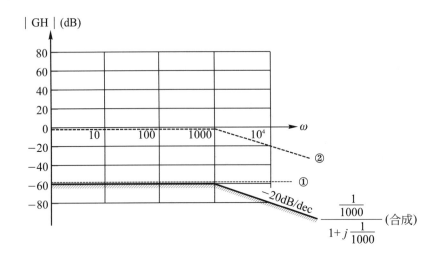

$$① : \frac{1}{1000}$$

$$② : \frac{1}{1 + j\dfrac{\omega}{1000}}，折角頻率在\omega = 1000\text{rad/sec}$$

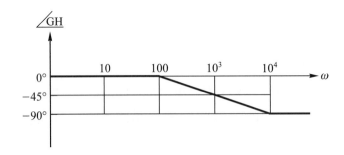

$$(2)\, GH(s) = \frac{1}{(s + 10)^3}\, \bigg|_{\,s = j\omega}$$

$$GH(j\omega) = \frac{1}{(j\omega + 10)^3} = \frac{1}{j\omega + 10}\frac{1}{j\omega + 10}\frac{1}{j\omega + 10}$$

$$= \frac{1}{1000}\frac{1}{1 + j\dfrac{\omega}{10}}\frac{1}{1 + j\dfrac{\omega}{10}}\frac{1}{1 + j\dfrac{\omega}{10}}$$

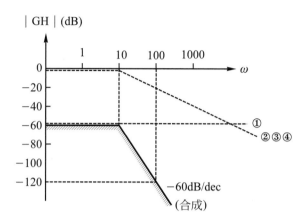

① : $\dfrac{1}{1000}$

②，③，④ : $\dfrac{1}{1 + j\dfrac{\omega}{10}}$ 折角頻率在 $\omega = 10\text{rad/sec}$

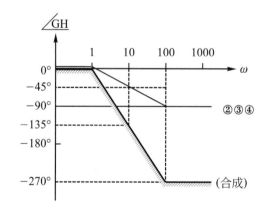

(3) $GH(s) = \dfrac{10}{s^2 + s + 4} = \dfrac{5}{2} \dfrac{4}{s^2 + s + 4} \bigg|_{s = j\omega}$

$GH(j\omega) = \dfrac{5}{2} \dfrac{4}{(4 - \omega^2) + j\omega} = \dfrac{5}{2} \dfrac{1}{\left[1 - \left(\dfrac{\omega}{2}\right)^2\right] + j\dfrac{\omega}{4}}$

$\qquad = \dfrac{5}{2} \dfrac{1}{\left[1 - \left(\dfrac{\omega}{2}\right)^2\right] + j(2)\left(\dfrac{1}{4}\right)\left(\dfrac{\omega}{2}\right)}$

二階極點$\left(\zeta=\dfrac{1}{4}\text{，}\omega_n=2\text{rad/sec}\right)$的波德圖

其轉折點在$\omega=2\text{rad/sec}$，此時的尖峰超越量為

$$-20\log(2\zeta)\mid_{\zeta=\frac{1}{4}}=-20\log\dfrac{1}{2}=6\text{dB}$$

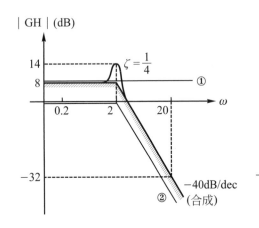 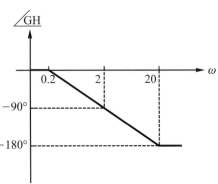

① ：$\dfrac{5}{2}$

② ：$\dfrac{1}{\left[1-\left(\dfrac{\omega}{2}\right)^2\right]+j(2)\left(\dfrac{1}{4}\right)\left(\dfrac{\omega}{2}\right)}$ 折角頻率在$\omega=2\text{rad/sec}$

【例3】 試繪$GH(s)=\dfrac{10(s+10)}{s(s+2)(s+5)}$的波德圖。

解：$GH(s)=\dfrac{10(s+10)}{s(s+2)(s+5)}\biggm|_{s=j\omega}$

$GH(j\omega)=\dfrac{10(j\omega+10)}{j\omega(j\omega+2)(j\omega+5)}$

$=\dfrac{10\left[10\left(1+j\dfrac{\omega}{10}\right)\right]}{(j\omega)\left[2\left(1+j\dfrac{\omega}{2}\right)\right]\left[5\left(1+j\dfrac{\omega}{5}\right)\right]}$

$$= (10)\left(\frac{1}{j\omega}\right)\left(1 + j\frac{\omega}{10}\right)\left(\frac{1}{1 + j\frac{\omega}{2}}\right)\left(\frac{1}{1 + j\frac{\omega}{5}}\right)$$

$\quad\quad$ ①　 ②　　 ③　　　　 ④　　　 ⑤

幅量：

① $20\log 10 = 20\text{dB}$

② $\frac{1}{j\omega}$，斜率為 -20dB/dec，$\omega = 1\text{rad/sec}$ 時，幅量值為 0dB

③ $1 + j\frac{\omega}{10}$，折角頻率為 $\omega = 10\text{rad/sec}$，當 $\omega > 10\text{rad/sec}$ 時，斜率為 20dB/dec

④ $\frac{1}{1 + j\frac{\omega}{2}}$，折角頻率為 $\omega = 2\text{rad/sec}$，當 $\omega > 2\text{rad/sec}$ 時，斜率為 -20dB/dec

⑤ $\frac{1}{1 + j\frac{\omega}{5}}$，折角頻率為 $\omega = 5\text{rad/sec}$，當 $\omega > 5\text{rad/sec}$ 時，斜率為 -20dB/dec

其幅量-頻率曲線圖如下圖所示。

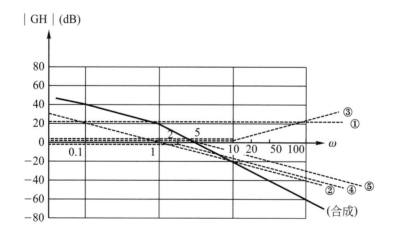

相角

① 10：相角為 $0°$

② $\frac{1}{j\omega}$：相角為 $-90°$

③ $1 + j\frac{\omega}{10}$：$0 < \omega < 1$ 時，相角為 $0°$

$\omega = 10$ 時，相角為 $45°$

$\omega \geq 100$ 時，相角為 $90°$

④ $\dfrac{1}{1+j\dfrac{\omega}{2}}$ ： $0 < \omega < 0.2$ 時，相角為 $0°$

$\omega = 2$ 時，相角為 $-45°$

$\omega \geq 20$ 時，相角為 $-90°$

⑤ $\dfrac{1}{1+j\dfrac{\omega}{5}}$ ： $0 < \omega < 0.5$ 時，相角為 $0°$

$\omega = 5$ 時，相角為 $-45°$

$\omega \geq 50$ 時，相角為 $-90°$

其相角-頻率曲線圖如下圖所示。

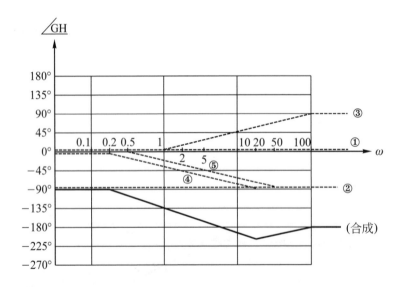

四、極小相位轉移函數

1.   在 s 平面的右半側無極點、零點且增益常數為正的系統之轉移函數，稱之為極小相位轉移函數。含有極小相位轉移函數的系統，稱為極小相位系統。

2.   極小相位系統與非極小相位系統的比較

在所有具有相同幅量特性的系統中，相位變化最小的為極小相位系統。如：

$$GH_1(j\omega) = \frac{1 + j\omega\tau_2}{1 + j\omega\tau_1} \quad (\tau_1 > \tau_2 > 0)$$

$$(6\text{-}3\text{-}13)$$

$$GH_2(j\omega) = \frac{1 - j\omega\tau_2}{1 + j\omega\tau_1} \quad (\tau_1 > \tau_2 > 0)$$

比較二者的幅量及相角：

幅量：$|GH_1(j\omega)| = \dfrac{\sqrt{1 + (\omega\tau_2)^2}}{\sqrt{1 + (\omega\tau_1)^2}} = |GH_2(j\omega)|$ $\qquad (6\text{-}3\text{-}14)$

相角：$\underline{/GH_1(j\omega)} = \tan^{-1}(\omega\tau_2) - \tan^{-1}(\omega\tau_1)$

$\qquad\quad \underline{/GH_2(j\omega)} = \tan^{-1}(-\omega\tau_2) - \tan^{-1}(\omega\tau_1)$ $\qquad (6\text{-}3\text{-}15)$

其相角－頻率關係圖如圖 6-13 所示。

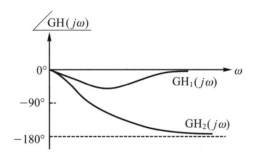

圖 6-13　極小相位與非極小相位系統，相角對頻率的關係

　　觀察圖 6-13 可得知：$GH_1(j\omega)$ 與 $GH_2(j\omega)$ 具有相同的幅量，但相位不同；即當 ω 由 0 變化到 ∞ 時，$GH_1(j\omega)$ 的相位由 0° 變化為負值再變化到 0°，但 $GH_2(j\omega)$ 的相位係由 0° 變化到 $-180°$，故 $GH_1(j\omega)$ 為極小相位系統的轉移函數。

3. 極小相位系統轉移函數的一般式

$$GH(j\omega) = \frac{k(1 + j\omega\tau_z)\cdots\cdots}{(j\omega)^N(1 + j\omega\tau_p)\cdots\cdots}$$

$$(6\text{-}3\text{-}16)$$

其中 k 為常數，N 為系統的型式。

　　下面依據系統的型式來討論常數、極點、零點的求法。

(1)　型式 0

如圖 6-14 所示的波德圖爲型式 0 的系統，其開迴路轉移函數可表示成

$$GH(j\omega) = \frac{k_p}{(1 + j\omega T)} \text{，} k_p : 位置誤差常數 \tag{6-3-17}$$

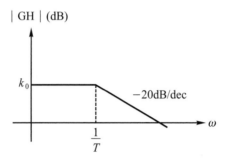

圖 6-14　型式 0 系統

幅量：$20\log \left| \dfrac{k_p}{1 + j\omega T} \right| \Big|_{\omega \to 0} = k_o$

即　　$20\log k_p = k_0$ 可求得 k_p 值

(2)　型式 1

如圖 6-15 所示的波德圖爲型式 1 的系統，其開迴路轉移函數可表示成

$$GH(j\omega) = \frac{k_v}{j\omega(1 + j\omega T)} \text{，} k_v : 速度誤差常數 \tag{6-3-18}$$

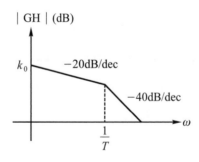

圖 6-15　型式 1 系統

k_v 的求法：

【法一】將圖 6-15 的 -20dB/dec 之斜線做延長線交橫軸於 ω_1，如圖 6-16 所示。

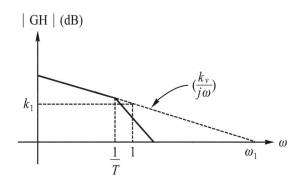

圖 6-16　型式 1 系統的 k_v 求法

$$\text{幅量：} 20\log \left| \frac{k_v}{j\omega} \right| \Bigg|_{\omega=\omega_1} = 0\text{dB}$$

$$\text{即} 20\log \frac{k_v}{\omega_1} = 0$$

$$\text{故} \frac{k_v}{\omega_1} = 1 \Rightarrow k_v = \omega_1$$

【法二】參考圖 6-16

選擇 $\omega = 1\text{rad/sec}$ 所對應的 dB 值，若為 k_1 dB，則

$$20\log \left| \frac{k_v}{j\omega} \right| \Bigg|_{\omega=1} = k_1 (\text{dB})$$

即 $20\log k_v = k_1$ 可推得 k_v 值

(3)　型式 2

　　　如圖 6-17 所示的波德圖為型式 2 的系統，其開迴路轉移函數可表示成

$$GH(j\omega) = \frac{k_a}{(j\omega)^2(1+j\omega T)} \text{，} k_a \text{：加速度誤差常數} \tag{6-3-19}$$

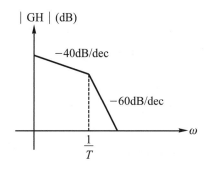

圖 6-17　型式 2 系統

【法一】將圖 6-17 的 -40dB/dec 之斜線做延長線交橫軸於 ω_1，如圖 6-18 所示。

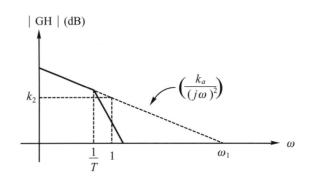

圖 6-18　型式 2 系統的 k_a 求法

幅量：$20\log\left|\dfrac{k_a}{(j\omega)^2}\right|\Big|_{\omega=\omega_1}=0\text{dB}$

即 $20\log\dfrac{k_a}{\omega_1^2}=0$

故 $\dfrac{k_a}{\omega_1^2}=1\Rightarrow k_a=\omega_1^2$

【法二】參考圖 6-18

選擇 $\omega=1\text{rad/sec}$ 所對應之 dB 值，若為 $k_2\text{dB}$，則

$20\log\left|\dfrac{k_a}{(j\omega)^2}\right|\Big|_{\omega=1}=k_2(\text{dB})$

即 $20\log k_a=k_2$，可推得 k_a 值

4.　在波德圖時，對於極小相位系統的判別

假設系統的開迴路轉移函數為

$$GH(j\omega)=\frac{k(1+j\omega T_1)(1+j\omega T_2)\cdots\cdots}{(j\omega)^N(1+j\omega\tau_1)(1+j\omega\tau_2)\cdots\cdots}\tag{6-3-20}$$

$$=\frac{b_0(j\omega)^m+b_1(j\omega)^{m-1}+\cdots\cdots}{a_0(j\omega)^n+a_1(j\omega)^{n-1}+\cdots\cdots}\tag{6-3-21}$$

在(6-3-21)式及(6-3-22)式確為極小相位系統。至於需判別系統所給予的開迴路轉移函數是否為極小相位系統，則可利用下述的方法得知。

步驟 1：　由｜GH｜－ω曲線，觀察ω→∞時的斜率，其斜率應為－ 20dB/dec
　　　　　的倍數關係，其倍數值即為(n－m)之值。

　　　　　如：－ 60dB/dec 表示(n－m)值為 3。

步驟 2：　由∠GH－ω曲線，觀察在ω→∞時的相位，其相位應為(－ 90°)的(n
　　　　　－m)倍(由步驟 1 推得)

　　　　　如：當ω→∞時｜GH｜－ω曲線斜率為－ 60dB/dec，則∠GH－ω曲
　　　　　線在ω→∞時為(－ 90°)×3 ＝－ 270°方為極小相位系統。

小櫥窗

系統鑑別(system identification)

利用實驗的方法(如找出波德圖)來求得系統轉移函數的過程稱之。

$$\text{波德圖} \xrightleftharpoons[\text{頻率響應}]{\text{系統鑑別}} \text{轉移函數 M(S)}$$

【例 4】　下圖所示波德圖，試求系統的型式及其誤差常數。

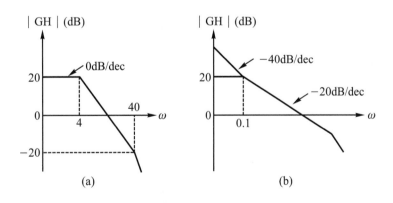

解：(a)　觀察波德圖，可得知當ω→0 時，曲線的斜率為 0dB/dec，故其屬於型式 0。
　　　　誤差常數 k_p 可利用下式求得：

　　　　$20\log k_p = 20\text{dB}$，即 $k_p = 10$

(b)　觀察波德圖，可得知當ω→0 時，曲線的斜率為－ 40dB/dec，故其屬於型式
　　　2。

誤差常數k_a的求法為：

沿-40dB/dec做一延長線(如下圖所示)，當$\omega = 1\text{rad/sec}$時，其幅量為-20dB(因為斜率-40dB/dec，表示每10倍頻，幅量降低40dB，由圖中知在$\omega = 0.1\text{rad/sec}$時，其幅量為20dB，則$\omega = 1\text{rad/sec}$時的幅量就應為$-20\text{dB}$)

故$20\log k_a = -20$，即$k_a = \dfrac{1}{10}$

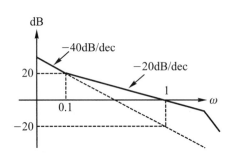

【例5】 求下列各增益響應曲線所對應之轉移函數

(1)
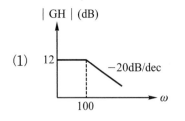

(2)
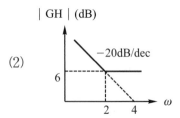

(3)
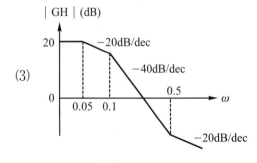

(4)
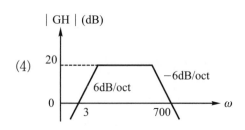

解：(1)

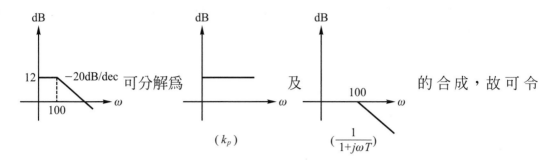

可分解為　　　　　　及　　　　　　　的合成，故可令

$$GH(j\omega) = \frac{k_p}{1 + j\omega T}$$

其中

$$\begin{cases} 20\log k_p = 12 ，即 \log k_p = 0.6 \approx 0.602 \Rightarrow k_p = 4 \\ \omega T = 1 \mid_{\omega=100} \Rightarrow T = \dfrac{1}{100} \end{cases}$$

故 $GH(j\omega) = \dfrac{4}{1 + j\dfrac{\omega}{100}}$

(2)

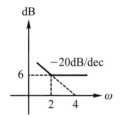

可分解為下述三個圖形的組合：

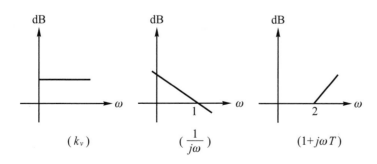

令 $GH(j\omega) = \dfrac{k_v(1 + j\omega T)}{j\omega}$

其中

$$\begin{cases} k_v = \omega \mid_{0\text{dB}} = 4 \text{ ，}(-20\text{dB/dec 延長線與 }0\text{dB 的交點}) \\ \omega T \mid_{\omega=2} = 1 \Rightarrow T = \dfrac{1}{2} \end{cases}$$

故 $\quad GH(j\omega) = \dfrac{4\left(1 + j\dfrac{\omega}{2}\right)}{j\omega}$

(3)

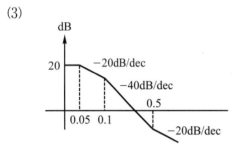

可分解為下述四個圖形的組合：

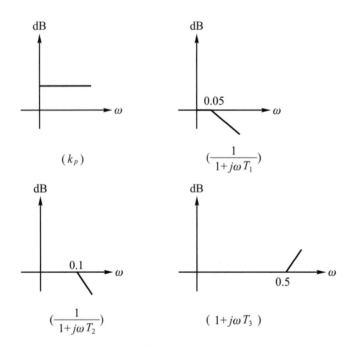

令 $GH(j\omega) = \dfrac{k_p(1 + j\omega T_3)}{(1 + j\omega T_1)(1 + j\omega T_2)}$

其中

$$\begin{cases} 20\log k_p = 20 \Rightarrow k_p = 10 \\[2mm] \omega T_1 \mid_{\omega = 0.05} = 1 \Rightarrow T_1 = \dfrac{1}{0.05} \\[2mm] \omega T_2 \mid_{\omega = 0.1} = 1 \Rightarrow T_2 = \dfrac{1}{0.1} \\[2mm] \omega T_3 \mid_{\omega = 0.5} = 1 \Rightarrow T_3 = \dfrac{1}{0.5} \end{cases}$$

故 $GH(j\omega) = \dfrac{10\left(1 + j\dfrac{\omega}{0.5}\right)}{\left(1 + j\dfrac{\omega}{0.05}\right)\left(1 + j\dfrac{\omega}{0.1}\right)}$

(4)

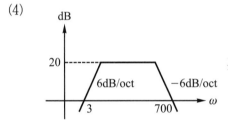

其中 6dB/oct 即為 20dB/dec，故可表示成如右圖

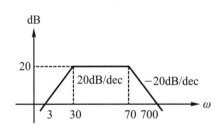

可將其分解成如下所示的四個圖形的組合：

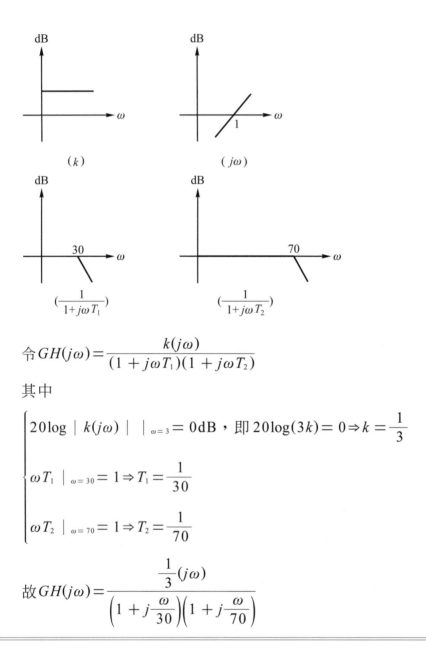

$$令 GH(j\omega) = \frac{k(j\omega)}{(1 + j\omega T_1)(1 + j\omega T_2)}$$

其中

$$\begin{cases} 20\log \mid k(j\omega) \mid \ \mid_{\omega=3} = 0\text{dB} , \text{即} 20\log(3k) = 0 \Rightarrow k = \frac{1}{3} \\ \\ \omega T_1 \mid_{\omega=30} = 1 \Rightarrow T_1 = \frac{1}{30} \\ \\ \omega T_2 \mid_{\omega=70} = 1 \Rightarrow T_2 = \frac{1}{70} \end{cases}$$

$$故 GH(j\omega) = \frac{\dfrac{1}{3}(j\omega)}{\left(1 + j\dfrac{\omega}{30}\right)\left(1 + j\dfrac{\omega}{70}\right)}$$

【例 6】某極小相位系統的漸近線 dB 圖如下圖所示,假設系統沒有複數極點存在,試求轉移函數。

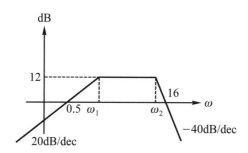

分析：本例的波德圖中，有一條曲線的斜率為 -40dB/dec，由圖 6-11 可知若系統為複數極點的模式時，其在轉折頻率點以後就具有斜率為 -40dB/dec 的曲線。但本例題意中強調系統沒有複數極點存在，故其應為具有二次重根的一階極點之組合。

解：

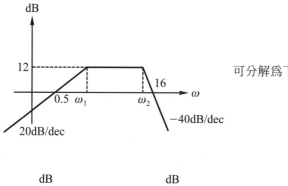

可分解為下述四個圖形的組合

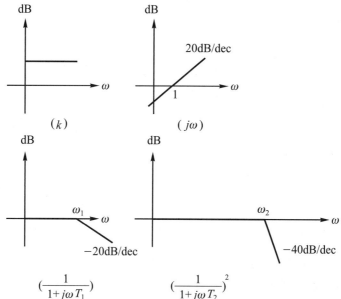

令 $GH(j\omega) = \dfrac{k(j\omega)}{(1 + j\omega T_1)(1 + j\omega T_2)^2}$

先求折角頻率 ω_1 及 ω_2

$\dfrac{12 - 0}{\log\omega_1 - \log 0.5} = 20\text{dB/dec} \Rightarrow \log\dfrac{\omega_1}{0.5} = \dfrac{12}{20} \Rightarrow \omega_1 = 2\text{rad/sec}$

$\dfrac{0 - 12}{\log 16 - \log\omega_2} = -40\text{dB/dec} \Rightarrow \log\dfrac{16}{\omega_2} = \dfrac{12}{40} \Rightarrow \omega_2 = 8\text{rad/sec}$

再求增益 k 及 T_1、T_2

$20\log |\,k(j\omega)\,|\ \big|_{\omega = 0.5} = 0$，即 $20\log(0.5k) = 0 \Rightarrow k = \dfrac{1}{0.5} = 2$

$\omega T_1\ \big|_{\omega = \omega_1 = 2} = 1 \Rightarrow T_1 = \dfrac{1}{2}$

$\omega T_2\ \big|_{\omega = \omega_2 = 8} = 1 \Rightarrow T_2 = \dfrac{1}{8}$

故 $GH(j\omega) = \dfrac{2(j\omega)}{\left(1 + j\dfrac{\omega}{2}\right)\left(1 + j\dfrac{\omega}{8}\right)^2}$

討論

折角頻率 ω_1、ω_2 亦可利用觀念求得：

ω_1 的部份：斜率為 20dB/dec 與 6dB/oct 的意義相同，即每十倍頻增加幅量 20dB 與每二倍頻增加幅量 6dB 的意義是相同的，現在 $\omega = 0.5$rad/sec 的幅量為 0dB，而 $\omega = \omega_1$rad/sec 的幅量為 12dB，表示其為二個 6dB 的合成，故 $\omega_1 = 0.5 \times 2 \times 2 = 2$rad/sec。

ω_2 的部份：斜率為 -40dB/dec 與 -12dB/oct 的意義相同，故 $\omega_2 = 16 \div 2 = 8$rad/sec(理由同 ω_1 的部份)。

【例 7】已知某受控體(plant)的波德圖幅量曲線，自 0rad/sec 起，即以 -40dB/dec 的斜率下降，試求(1)系統最有可能的型式為何？(2)若以此受控體為開迴路轉移函數，構成一單位負回授系統。當其輸入為單位斜坡訊號時，其穩態誤差為何？

解： ⑴由圖 6-7 可知，系統必含有過原點的極點 $\dfrac{1}{(j\omega)^2}$(即 $\dfrac{1}{s^2}$)的因式，故屬於型式 2。

⑵由於系統爲型式 2(∵單位負回授)，而輸入訊號爲斜坡，利用表 5-14，可得知 $e_{ss} = 0$。

【例 8】某系統的轉移函數爲 $G(s) = \dfrac{e^{-\frac{\pi}{2}s}}{(1 + s)(1 + \dfrac{s}{\sqrt{3}})}$。其中 $s = j\omega$，則當 $\omega=1$ 時，其

相位爲多少？

解： $G(s) = \left. \dfrac{e^{-\frac{\pi}{2}s}}{(1 + s)(1 + \dfrac{s}{\sqrt{3}})} \right|_{s = j\omega} = \dfrac{e^{-\frac{\pi}{2}j\omega}}{(1 + j\omega)(1 + \dfrac{j\omega}{\sqrt{3}})}$

當 $\omega = 1$ 時

$$\left| \dfrac{e^{-\frac{\pi}{2}j\omega}}{(1 + j\omega)(1 + j\dfrac{\omega}{\sqrt{3}})} \right|_{\omega = 1} = \left| \dfrac{e^{-j\frac{\pi}{2}}}{(1 + j)(1 + j\dfrac{1}{\sqrt{3}})} \right|$$

$$= \angle e^{-j\frac{\pi}{2}} - \angle 1 + j - \angle 1 + j\dfrac{1}{\sqrt{3}}$$

$$= -\dfrac{\pi}{2} - \tan^{-1}\dfrac{1}{1} - \tan^{-1}\dfrac{\dfrac{1}{\sqrt{3}}}{1}$$

$$= -90° - 45° - 30° = -165°$$

6-4 極座標圖

一、將開迴路轉移函數的頻率響應特性以圖形表示出來：

　　　將頻率 ω 由零變化到無窮大，描繪向量 $\mid GH(j\omega) \mid \underline{/GH(j\omega)}$ 的軌跡；即將 s 平面的正虛軸($j\omega$軸)映射到 $GH(s)$ 平面上。

二、極座標圖的描繪，通常依下述步驟為之：

1. 將轉移函數 $GH(s)$，以 $s = j\omega$ 代入。將 $GH(j\omega)$ 的實部及虛部描繪在由 $GH(s)$ 的實部($\mathrm{Re}\,(GH)$)及 $GH(s)$ 的虛部($j\mathrm{Im}\,(GH)$)所形成的平面上。

2. 將 $GH(j\omega)$ 依序由 $\omega = 0$ 到 ∞ 的幅量及相位角(或實部及虛部)描繪出，即

    (1) $\omega = 0$ 時的幅量及相位

    　　(相位的量度，當逆時針方向時為正值，順時針方向時為負值)。

    (2) $\omega = \infty$ 時的幅量及相位

    (3) 與實軸的交點

    (4) 與虛軸的交點

    (5) 某些特殊點的幅量及相位

3. 極座標圖如圖 6-19 所示。

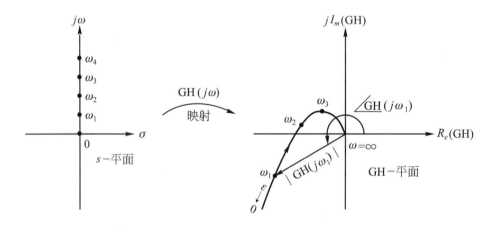

圖 6-19 極座標圖

【例 1】　試描繪一次落後系統的轉移函數

$$GH(s) = \frac{1}{\tau s + 1} \, (\tau \text{為正數})$$

的極座標圖。

解：$GH(s) = \dfrac{1}{\tau s + 1} \bigg|_{s = j\omega}$

$$GH(j\omega) = \frac{1}{j\omega\tau + 1} = \frac{1}{\sqrt{1 + (\omega\tau)^2}} \, \underline{/-\tan^{-1}(\omega\tau)}$$

(1) $\omega = 0$ 及 $\omega = \infty$ 時的幅量及相角

$$\lim_{\omega \to 0} GH(j\omega) = 1 \, \underline{/0°}$$

$$\lim_{\omega \to \infty} GH(j\omega) = 0 \, \underline{/-90°}$$

(2) 特殊點

當 $\omega\tau = 1$ 時，$GH(j\omega) = \dfrac{1}{\sqrt{2}} \, \underline{/-45°}$

(3) $GH(j\omega) = \dfrac{1}{j\omega\tau + 1} \xrightarrow{\text{(有理化)}} \dfrac{1}{1 + (\omega\tau)^2} + j\dfrac{-\omega\tau}{1 + (\omega\tau)^2} = x + jy$

由 $x = \dfrac{1}{1 + (\omega\tau)^2}$(恆正)……(a)

由 $y = \dfrac{-\omega\tau}{1 + (\omega\tau)^2}$(恆負)……(b)

因 $\dfrac{\text{(a)}}{\text{(b)}} = \dfrac{y}{x} = -\omega\tau$ 代入(a)式

得 $x = \dfrac{1}{1 + \left(-\dfrac{y}{x}\right)^2} = \dfrac{x^2}{x^2 + y^2}$

即 $x^2 + y^2 = x \Rightarrow \left(x - \dfrac{1}{2}\right)^2 + y^2 = \left(\dfrac{1}{2}\right)^2$

故圖形為圓心在 $\left(\dfrac{1}{2}, 0\right)$，半徑為 $\dfrac{1}{2}$ 的圓

又因為 x 恆正，y 恆負，使得極座標圖為圓心在 $\left(\dfrac{1}{2}, 0\right)$，半徑為 $\dfrac{1}{2}$ 的下半圓，

其極座標圖如下所示：

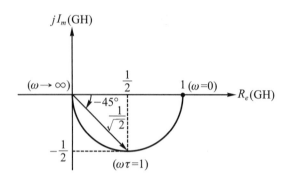

【例2】 試繪下述轉移函數的極座標圖

$$(1)GH(s)=\frac{10}{s(s+1)} \qquad (2)GH(s)=\frac{10}{s(s+1)(s+2)}$$

解：$(1)GH(s)=\dfrac{10}{s(s+1)}\bigg|_{s=j\omega}$

$$GH(j\omega)=\frac{10}{j\omega(j\omega+1)}=\frac{10}{\omega\sqrt{\omega^2+1}}\underline{/-90°-\tan^{-1}\omega}$$

① $\omega=0$ 及 $\omega=\infty$時的幅量及相角

$$\lim_{\omega\to0}GH(j\omega)=\infty\underline{/-90°}$$

$$\lim_{\omega\to\infty}GH(j\omega)=0\underline{/-180°}$$

又 $GH(j\omega)\big|_{\omega\to0}$時，其幅量爲$\infty$，在實軸與虛軸的分量爲

$$GH(j\omega)=\frac{10}{j\omega(j\omega+1)}=\frac{10j(-j\omega+1)}{-\omega(\omega^2+1)}$$

$$=\frac{-10(\omega+j)}{\omega(\omega^2+1)}=\frac{-10}{\omega^2+1}+j\frac{-10}{\omega(\omega^2+1)}$$

故 $\lim\limits_{\omega\to0}GH(j\omega)=-(10+j\infty)$（實軸分量爲$-10$，虛軸分量爲$-\infty$）

② 特殊點

$$GH(j\omega)=\frac{10}{\omega\sqrt{\omega^2+1}}\underline{/-90°-\tan^{-1}\omega}\bigg|_{\omega=1}=\frac{10}{\sqrt{2}}\underline{/-135°}$$

故可得轉移函數的極座標圖如下：

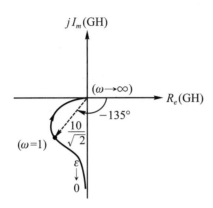

(2) $GH(s) = \dfrac{10}{s(s+1)(s+2)} \Big|_{s=j\omega}$

$GH(j\omega) = \dfrac{10}{j\omega(j\omega+1)(j\omega+2)}$

$\qquad = \dfrac{10}{\omega\sqrt{\omega^2+1}\sqrt{\omega^2+4}} \underline{/-90° - \tan^{-1}\omega - \tan^{-1}\dfrac{\omega}{2}}$

① $\omega = 0$ 及 $\omega = \infty$ 時的幅量及相角

$\displaystyle\lim_{\omega\to 0} GH(j\omega) = \infty \underline{/-90°}$

$\displaystyle\lim_{\omega\to\infty} GH(j\omega) = 0 \underline{/-270°}$

又 $GH(j\omega)\big|_{\omega\to 0}$ 時，其幅量為 ∞，在實軸與虛軸的分量為

$GH(s) = \dfrac{10}{s(s+1)(s+2)} = \dfrac{10}{s^3 + 3s^2 + 2s}\Big|_{s=j\omega}$

即 $GH(j\omega) = \dfrac{10}{(j\omega)^3 + 3(j\omega)^2 + 2(j\omega)} = \dfrac{10}{-3\omega^2 + j\omega(2-\omega^2)}$

$\qquad = \dfrac{-30}{9\omega^2 + (2-\omega^2)^2} + j\dfrac{-10(2-\omega^2)}{\omega(9\omega^2 + (2-\omega^2)^2)}$

故 $\displaystyle\lim_{\omega\to 0} GH(j\omega) = \dfrac{-30}{4} + j\infty \left(\text{實軸分量為}\dfrac{-30}{4}\text{，虛軸分量為}\infty\right)$

② 與實軸的交點(令虛部為零)

$\dfrac{-10(2-\omega^2)}{\omega(9\omega^2 + (2-\omega^2)^2)} = 0$

即 $2 - \omega^2 = 0$，故與實軸在 $\omega = \sqrt{2}\,\mathrm{rad/sec}$ 時相交

當 $\omega = \sqrt{2}$ 時，與實軸的交點在

$$\left.\frac{-30}{9\omega^2 + (2 - \omega^2)^2}\right|_{\omega = \sqrt{2}} = \frac{-30}{9 \times 2 + (2 - 2)^2} = \frac{-5}{3}$$

故可得轉移函數的極座標圖如下：

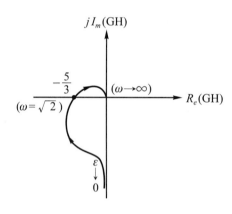

三、利用系統的開迴路轉移函數 $GH(s)$ 的型式和分子、分母的階次，可大略得到極座標圖。假設系統的開迴路轉移函數屬於極小相位系統，其方程式為

$$GH(j\omega) = \frac{K(1 + j\omega T_1)(1 + j\omega T_2)\cdots\cdots}{(j\omega)^N(1 + j\omega \tau_1)(1 + j\omega \tau_2)\cdots\cdots} \tag{6-4-1}$$

$$= \frac{b_0(j\omega)^m + b_1(j\omega)^{m-1} + \cdots\cdots}{a_0(j\omega)^n + a_1(j\omega)^{n-1} + \cdots\cdots} \; ; \; (n \geqq m) \tag{6-4-2}$$

1. 系統的型式；由(6-4-1)式，令

   (1) $N = 0$ 時，$\lim\limits_{\omega \to 0} GH(j\omega) = K \,\underline{/0^\circ}$

   (2) $N > 0$ 時，$\lim\limits_{\omega \to 0} GH(j\omega) = \infty \,\underline{/(-90^\circ)}\,(N)$；其中 N 為系統型式

2. 極點數目與零點數目的差；由(6-4-2)式，令

   (1) $\lim\limits_{\omega \to \infty} GH(j\omega) = \dfrac{b_0}{a_0} \,\underline{/0^\circ}$；極點數目與零點數目相同

   (2) $\lim\limits_{\omega \to \infty} GH(j\omega) = 0 \,\underline{/(-90^\circ)}\,(n-m)$；

   極點數目比零點數目多 $(n-m)$ 個

3. 系統的型式與極座標圖的關係，如表 6-1 所示。系統的極點數目與零點數目的差與極座標圖的關係，如表 6-2 所示。

表 6-1　系統型式與極座標圖的關係

型式	0	1	2	3
$\lim\limits_{\omega \to 0} GH(j\omega)$	$K \underline{/0°}$	$\infty \underline{/-90°}$	$\infty \underline{/-180°}$	$\infty \underline{/-270°}$
極座標圖 ($\omega \to 0$)				

表 6-2　系統極點數目與零點數目的差與極座標的關係

極點與零點數目的差	0	1	2	3
$\lim\limits_{\omega \to \infty} GH(j\omega)$	$\dfrac{b_0}{a_0} \underline{/0°}$	$0 \underline{/-90°}$	$0 \underline{/-180°}$	$0 \underline{/-270°}$
極座標圖 ($\omega \to \infty$)				

【例 3】試利用表 6-1 與表 6-2 的觀念，描繪極小相位系統 $GH(s) = \dfrac{s+3}{s^2(s+1)}$ 的概略極座標圖。

解：$GH(s) = \dfrac{s+3}{s^2(s+1)} \Big|_{s=j\omega}$

$GH(j\omega) = \dfrac{(j\omega + 3)}{(j\omega)^2(j\omega + 1)}$，系統屬於型式 2，極點數目較零點數目多 2 個。可繪出 $GH(j\omega)$ 在 $\omega \to 0$ 及 $\omega \to \infty$ 部份的極座標圖。

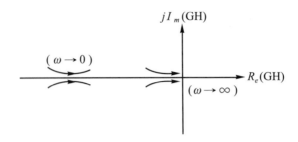

至於$GH(j\omega)$的曲線是否會與座標軸有交點，可利用下述方法判別：

$$GH(s) = \frac{s+3}{s^2(s+1)} = \frac{s+3}{s^3+s^2}\bigg|_{s=j\omega}$$

$$GH(j\omega) = \frac{j\omega+3}{(j\omega)^3+(j\omega)^2} = \frac{(3+j\omega)}{-\omega^2-j\omega^3} = -\frac{1}{\omega^2}\frac{3+j\omega}{(1+j\omega)}(做有理化)$$

$$= -\frac{1}{\omega^2}\frac{(3+\omega^2)+j(-2\omega)}{1+\omega^2} = -\frac{3+\omega^2}{\omega^2(1+\omega^2)} + j\frac{2}{\omega(1+\omega^2)}$$

與實軸的交點，令虛部 $= 0$，

即 $\dfrac{2}{\omega(1+\omega^2)} = 0 \Rightarrow \omega = \infty\,\text{rad/sec}$，故無解

與虛軸的交點，令實部 $= 0$，

即 $\dfrac{3+\omega^2}{\omega^2(1+\omega^2)} = 0 \Rightarrow \omega = \pm j\sqrt{3}(非實根)$，故無解

表示$GH(j\omega)$的曲線與座標軸沒有交點。

又 $GH(j\omega) = \underline{\bigg/\dfrac{(j\omega+3)}{(j\omega)^2(j\omega+1)}} = \underline{/(j\omega+3)} - \underline{/(j\omega)^2} - \underline{/(j\omega+1)}$

$$= \tan^{-1}\frac{\omega}{3} - 180° - \tan^{-1}\omega < -180°$$

故可描繪出$GH(j\omega) = \dfrac{(j\omega+3)}{(j\omega)^2(j\omega+1)}$的概略極座標圖

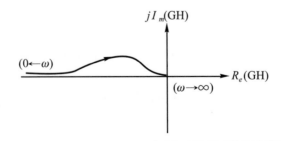

四、極座標圖在頻率響應方面的描繪是很方便的，但若要觀察某個頻率時候的幅量及相角就不是那麼容易，而且在高頻時因爲其圖形過於集中，致使觀察更不易。若將極座標圖與下一節的奈奎氏準則相結合，則可做爲閉迴路系統的穩定度之判斷。

6-5 奈奎氏(Nyquist)穩定準則

一、在頻域穩定性的判別，是利用開迴路轉移函數(GH)的頻率響應圖形來判斷閉迴路系統是否穩定。利用開迴路頻率響應的極座標圖來判別閉迴路系統的穩定度，即為奈奎氏穩定準則。(羅斯準則是利用閉路轉移函數來判定系統是否為絕對穩定)。

二、奈奎氏分析的特點

   1. 可判斷系統的絕對穩定度、相對穩定度

   2. 可提供系統頻率響應的資料

   3. 可處理有時間延遲的系統

   4. 採用圖解法；由描繪開迴路轉移函數，以求出穩定度

三、奈奎氏圖的描繪

   1. 奈氏路徑(Nyquist contour)

        包括完全的$j\omega$軸(ω由$-\infty$到∞)及s平面的右半側(半徑為無窮大的半圓路徑)的Γ_s輪廓，即為奈氏路徑。

   2. 奈氏路徑的邊界

    (1) 奈氏路徑主要是在於包含開迴路轉移函數$GH(s)$在s平面右半側的所有極點與零點，如圖 6-20 所示，其路徑Γ_s可表示為

$$\overline{ab} : s=j\omega，(\omega=0\sim\infty)$$

$$\widehat{bcd} : s=Re^{j\theta}\ (R\rightarrow\infty，\theta : 90°\sim-90°)$$

$$\overline{da} : s=j\omega\ (\omega : -\infty\sim0)$$

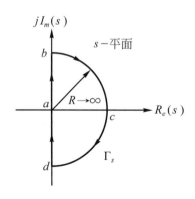

圖 6-20　奈氏路徑

(2)　奈氏路徑在虛軸上的邊界若有極點與零點必須避開(可以半圓形路徑繞過，假設其半徑$r \to 0$)，如圖 6-21 所示，其路徑Γ_s可表示為

$$\widehat{ab} : s = \lim_{r \to 0} re^{j\theta} \, (\theta : -90° \sim 90°)$$

$$\overline{bc} : s = j\omega \, (\omega : 0^+ \sim \omega_1^-)$$

$$\widehat{cd} : s = \lim_{r \to 0} [j\omega_1 + re^{j\theta}] \, (\theta : -90° \sim 90°)$$

$$\overline{de} : s = j\omega \, (\omega = \omega_1^+ \sim \infty)$$

$$\widehat{ef} : s = \lim_{R \to \infty} Re^{j\theta} \, (\theta : 90° \sim -90°)$$

$$\overline{fg} : s = j\omega \, (\omega : -\infty \sim -\omega_1^-)$$

$$\widehat{gh} : s = \lim_{r \to \infty} [-j\omega_1 + re^{j\theta}] \, (\theta : -90° \sim 90°)$$

$$\overline{ha} : j\omega \, (\omega : -\omega_1^+ \sim 0^-)$$

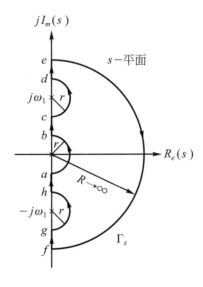

圖 6-21　奈氏路徑

3.　奈奎氏路徑Γ_s確定後，可描繪出對應在$F(s)$平面上的軌跡，其稱為$F(s)$的奈氏圖形($F(s) = G(s)H(s) =$開迴路轉移函數)。

註：映射關係

　　將$s = \sigma + j\omega$代入函數$F(s)$中，可得出其相對應的映射值，如圖 6-22 所示。

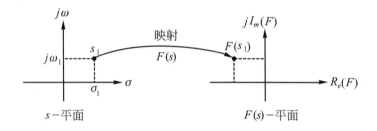

圖 6-22 映射關係

【例 1】已知 $F(s) = \dfrac{2}{s + 3}$，試求在點 $s = 2 + j$ 處的映射關係圖形。

解：$F(s) = \dfrac{2}{s + 3} \bigg|_{s = 2 + j}$

$$F(2 + j) = \frac{2}{(2 + j) + 3} = \frac{2(5 - j)}{26} = \frac{5}{13} - j\frac{1}{13}$$

其相對應的關係圖形如下：

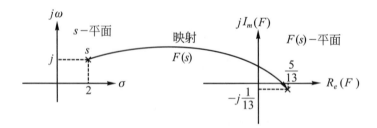

【例 2】試繪開迴路轉移函數 $GH(s) = \dfrac{6}{(s + 1)(s + 2)}$ 的奈奎氏圖。

解：(1)開迴路轉移函數

$$GH(s) = \frac{6}{(s+1)(s+2)}$$

開路極點：$s = -1$，$s = -2$

(2)奈奎氏路徑

$\overline{ab}$：$s = j\omega\,(\omega : 0 \sim \infty)$

$\widehat{bc}$：$s = Re^{j\theta}\,(R \to \infty，\theta : 90° \sim 0°)$

(3)映射到$GH(s)$平面

① $\overline{ab}$：$s = j\omega\,(\omega : 0 \sim \infty)$

$$GH(s) = \frac{6}{(s+1)(s+2)}\Bigg|_{s=j\omega}$$

$$GH(j\omega) = \frac{6}{(j\omega+1)(j\omega+2)}$$

幅量 $= \dfrac{6}{\sqrt{\omega^2+1}\sqrt{\omega^2+4}}$，相角 $= -\tan^{-1}\omega - \tan^{-1}\dfrac{\omega}{2}$

相對應的幅量及相角關係為

ω	0	1	10	∞
幅量	3	1.89	0.06	0
相角	0°	$-72°$	$-163°$	$-180°$

相對應的奈氏圖如圖(a)所示

② $\widehat{bc}$：$s = Re^{j\theta}\,(R \to \infty，\theta : 90° \sim 0°)$

$$GH(s) = \frac{6}{(s+1)(s+2)}\Bigg|_{s=Re^{j\theta}}$$

$$GH(s) = \frac{6}{(Re^{j\theta}+1)(Re^{j\theta}+2)}\Bigg|_{R \to \infty}$$

$$= \frac{6}{R^2}\big/\!-2\theta = 0\big/\!-2\theta$$

相對應的相角關係為

θ	90°	45°	0°
-2θ	$-180°$	$-90°$	0°

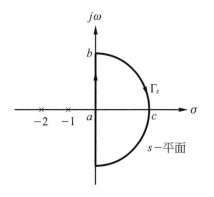

相對應的奈氏圖如圖(b)所示

(4)$GH(s) = \dfrac{6}{(s+1)(s+2)}$ 的奈奎氏全圖(對稱於實軸)，如圖(c)所示。

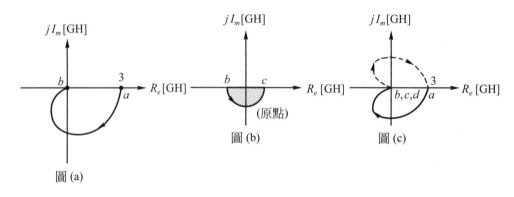

圖 (a)

圖 (b)

圖 (c)

【例 3】　試繪開迴路轉移函數 $GH(s) = \dfrac{6}{s(s+2)}$ 的奈奎氏圖。

解：(1)開迴路轉移函數 $GH(s) = \dfrac{6}{s(s+2)}$

開路極點：$s = 0$，$s = -2$

(2)奈奎氏路徑

$\widehat{ab} : s = re^{j\theta}$，$(r \to 0$，$\theta : 0° \sim 90°)$

$\overline{bc} : s = j\omega$，$(\omega : 0^+ \sim \infty)$

$\widehat{cde} : s = Re^{j\theta}$，$(R \to \infty$，$\theta : 90° \sim 0°)$

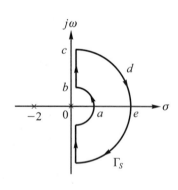

(3)映射到 $GH(s)$ 平面

①$\widehat{ab} : s = re^{j\theta}$，$(r \to 0$，$\theta : 0° \sim 90°)$

$$GH(s) = \frac{6}{s(s+2)} = \left.\frac{6}{re^{j\theta}(re^{j\theta}+2)}\right|_{r \to 0}$$

$$= \frac{6}{re^{j\theta}(2)} = \frac{3}{r} \underline{/-\theta} = \infty \underline{/-\theta}$$

相對應的相角關係為：

θ	0°	45°	90°
$-\theta$	0°	$-45°$	$-90°$

相對應的奈氏圖如圖(a)所示

② $\overline{bc}$: $s = j\omega$, $(\omega : 0^+ \sim \infty)$

$$GH(s) = \frac{6}{s(s+2)}\bigg|_{s=j\omega}$$

$$GH(j\omega) = \frac{6}{j\omega(j\omega+2)} = \frac{6}{\omega\sqrt{\omega^2+4}}\underline{/-90° - \tan^{-1}\frac{\omega}{2}}$$

相對應的幅量及相角關係為

ω	0^+	1	10	∞
幅量	∞	2.68	0.06	0
相角	$-90°$	$-117°$	$-169°$	$-180°$

相對應的奈氏圖，如圖(b)所示

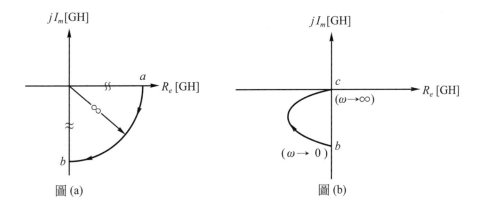

圖 (a)　　　　　　　　　　圖 (b)

$\widehat{cde}$:　$s = Re^{j\theta}$ ($R \to \infty$, $\theta : 90° \sim 45° \sim 0°$)

$$GH(s) = \frac{6}{s(s+2)}\bigg|_{s=Re^{j\theta}}$$

$$GH(s) = \frac{6}{Re^{j\theta}(Re^{j\theta}+2)}\bigg|_{r\to\infty} = \frac{6}{R^2 e^{j2\theta}} = 0\underline{/-2\theta}$$

相對應的相角關係為：

θ	90°	45°	0°
-2θ	$-180°$	$-90°$	0°

相對應的奈氏圖，如圖(c)所示

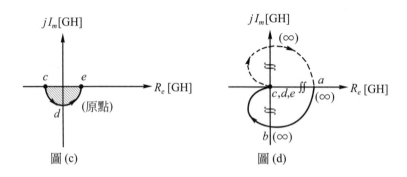

圖 (c)　　　　　　　　圖 (d)

(4) $GH(s) = \dfrac{6}{s(s+2)}$ 的奈奎氏全圖(對稱於實軸)，如圖(d)所示。

【例4】試繪開迴路轉移函數 $GH(s) = \dfrac{6}{s^2(s+2)}$ 的奈奎氏圖。

解： (1)開迴路轉移函數 $GH(s) = \dfrac{6}{s^2(s+2)}$

　　　開路極點：$s = 0$，$s = 0$，$s = -2$

　　(2)奈奎氏路徑

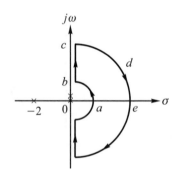

　　　$\widehat{ab}$: $s = re^{j\theta}$ ($r \rightarrow 0$，$\theta : 0° \sim 90°$)

　　　$\overline{bc}$: $s = j\omega$ ($\omega : 0^{+} \sim \infty$)

　　　$\widehat{cde}$: $s = Re^{j\theta}$ ($R \rightarrow \infty$，$\theta : 90° \sim 0°$)

　　(3)映射到 $GH(s)$ 平面

　　　① $\widehat{ab}$: $s = re^{j\theta}$ ($r \rightarrow 0$，$\theta : 0° \sim 90°$)

$$GH(s) = \dfrac{6}{s^2(s+2)} \bigg|_{s = re^{j\theta}} = \dfrac{6}{(re^{j\theta})^2(re^{j\theta}+2)} \bigg|_{r \rightarrow 0}$$

$$= \frac{3}{r^2} \; \big/ -2\theta = \infty \; \big/ -2\theta$$

相對應的相角關係為

θ	0°	45°	90°
-2θ	0°	$-90°$	$-180°$

相對應的奈氏圖，如圖(a)所示

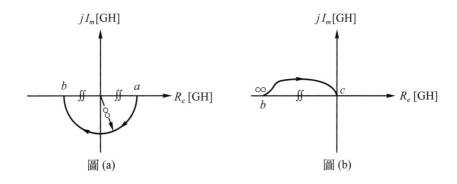

圖 (a)　　　　　　　圖 (b)

② $\overline{bc}$: $s = j\omega \, (\omega : 0^+ \sim \infty)$

$$GH(s) = \frac{6}{s^2(s+2)} \bigg|_{s=j\omega}$$

$$GH(j\omega) = \frac{6}{(j\omega)^2(j\omega+2)}$$

幅量 $= \dfrac{6}{\omega^2 \sqrt{\omega^2+4}}$，相角 $= -180° - \tan\dfrac{\omega}{2}$

相對應的幅量及相角關係為

ω	0^+	1	10	∞
幅量	∞	2.68	0.006	0
相角	$-180°$	$-217°$	$-259°$	$-270°$

相對應的奈氏圖，如圖(b)所示

③ $\widehat{cde}$: $s = Re^{j\theta} \, (R \to \infty，\theta : 90° \sim 45° \sim 0°)$

$$GH(s) = \frac{6}{s^2(s+2)} \bigg|_{s=Re^{j\theta}}$$

$$GH(s) = \frac{6}{(Re^{j\theta})^2(Re^{j\theta}+2)}\bigg|_{R\to\infty} = \frac{6}{R^3 e^{j3\theta}} = 0 \underline{/-3\theta}$$

相對應的相角關係為

θ	90°	45°	0°
-3θ	$-270°$	$-135°$	0°

相對應的奈氏圖,如圖(c)所示

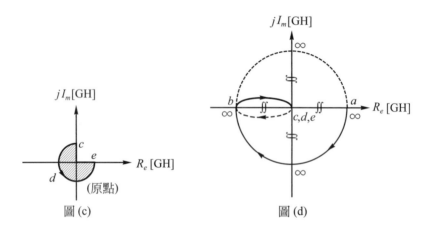

圖 (c)　　　　　　　　　圖 (d)

(4) $GH(s) = \dfrac{6}{s^2(s+2)}$ 的奈奎氏全圖(對稱於實軸),如圖(d)所示。

四、奈奎氏準則

1.　路徑的相關知識

(1)　封閉路徑(closed contour)

在複數平面上,起點與終點為同一點的連續曲線,如圖 6-23 所示,分別為順時針封閉路徑及逆時針封閉路徑。

(2)　包圍(encircled)

在複數平面上,若點位於封閉路徑內,則稱其被此封閉路徑所包圍。如圖 6-24 所示,A 點被封閉路徑 Γ 包圍,B 點不被封閉路徑 Γ 包圍。

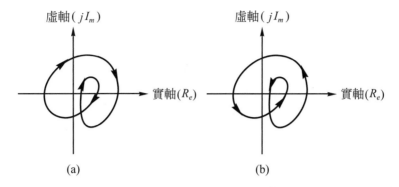

圖 6-23　封閉路徑(a)順時針　(b)逆時針

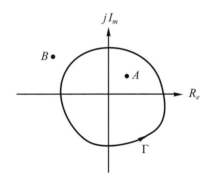

圖 6-24　封閉路徑Γ包圍A點，不包圍B點

(3)　包圍次數

　　如圖 6-25 所示，A點被封閉路徑Γ的外圈包圍一次，B點被封閉路徑Γ的外圈及內圈各包圍一次，共被包圍二次。

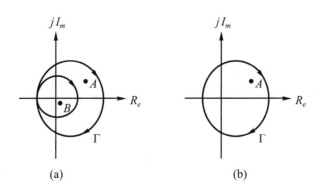

圖 6-25　包圍次數(a)原圖；(b)A點的包圍情形；(c)B點的包圍情形

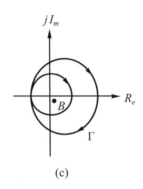

(c)

圖 6-25 包圍次數(a)原圖；(b)A點的包圍情形；(c)B點的包圍情形(續)

2. 映射觀念

觀察如圖 6-26 複數平面上的封閉區域R及其邊界C，若在區域R中有零點$-z_i$、極點$-p_i$，在區域R外有零點$-z_o$、極點$-p_o$。對於

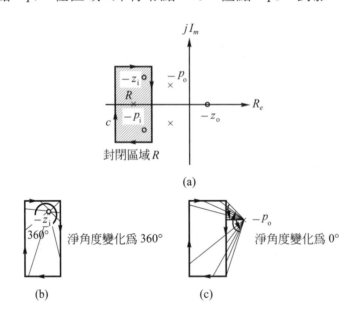

封閉區域 R

(a)

(b)   (c)

圖 6-26 (a)複數平面極點零點分佈情形

       (b)在封閉區域R中的零點，當圍繞邊界C轉一圈後，其淨角   度為 360°

       (c)在封閉區域R外的極點，當圍繞邊界C轉一圈後，其淨角   度為 0°

(1) 封閉區域R中的零點$-z_i$(即$(s + z_i)$的因子)，若s順時針沿邊界C繞一圈，則$(s+z_i)$的幅角變化量爲順時針 360°(如圖 6-26(b))，同理$(s+p_i)$的幅角變化量亦爲順時針 360°。又對迴路轉移函數而言，$(s+z_i)$在分子，$(s+p_i)$在分母，故在封閉區域R中的零點對系統的貢獻爲 360°、極點對系統的貢獻爲$-360°$。

(2) 封閉區域R外的極點$-p_o$(即$(s+p_o)$的因子)，若s順時針沿邊界C繞一圈，則$(s+p_o)$的幅角變化量為$0°$(如圖 6-26(c))，同理$(s+z_o)$的幅角變化量亦為$0°$。

(3) $F(s)$為一多項式，其在s平面上的封閉路徑Γ_s內的極點數目有P個，零點數目有Z個，當s順時針沿Γ_s繞一圈後，其所對應在$F(s)$平面上Γ_F圍繞原點的次數為$(Z-P)$次，當$(Z-P)$大於零時，Γ_F的方向與Γ_s的方向相同，當$(Z-P)$小於零時，Γ_F的方向與Γ_s方向相反。在圖 6-27 中，s平面上的封閉路徑Γ_s內有一個零點、三個極點($Z=1$、$P=3$)，故對應到$F(s)$平面的封閉路徑Γ_F為反時針圍繞原點 2 次($\because Z-P=1-3=-2$)。利用映射的觀念可推得下述的幅角原理。

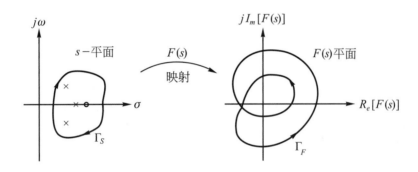

圖 6-27　s平面封閉路徑映射到$F(s)$平面

3. 幅角原理(principle of the argument)

　$F(s)$：單值有理函數，且其在s平面上的極點數為有限個，$F(s)$除了極點外均可解析。

　Γ_s：　在s平面上選擇不經過$F(s)$的極點、零點之任意封閉路徑。

　Γ_F：　封閉路徑Γ_s映像至$F(s)$平面上的封閉路徑。

　則對應於$F(s)$平面上的封閉路徑Γ_F包圍原點的次數N為：

$$N = Z - P \tag{6-5-1}$$

　其中：$N=$在$F(s)$-平面上，Γ_F圍繞原點的次數。

　　　　$Z=$在s平面上，Γ_s包圍$F(s)$零點之數目。

　　　　$P=$在s平面上，Γ_s包圍$F(s)$極點之數目。

　　　　$N>0$，Γ_F與Γ_s同方向，包圍$F(s)$平面的原點N次。

$N=0$，Γ_F將不包圍$F(s)$平面的原點。

$N<0$，Γ_F與Γ_s反方向，包圍$F(s)$平面的原點N次。

【例5】 若s平面的Γ_s軌跡爲逆時針旋轉，試求下列各種Γ_F圖中的N值：

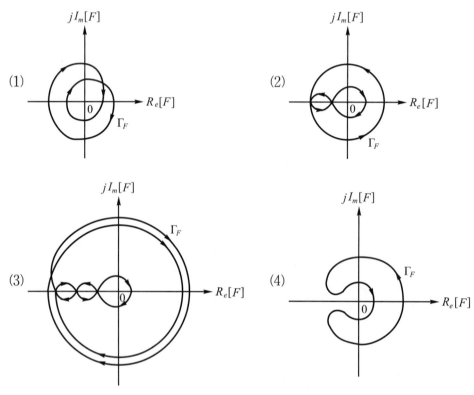

解：(1)$N=-2$(封閉路徑包圍原點2次，又其方向與Γ_s方向相反)

(2)$N=0$(封閉路徑順時針包圍原點1次，逆時針包圍原點1次)

(3)$N=-3$(封閉路徑順時針包圍原點3次，又其方向與Γ_s方向相反)

(4)$N=0$(封閉路徑未包圍原點)

討論

　　N值的速解法：可由原點朝第一象限繪一直線，由其與封閉路徑Γ_F的交點數目決定N值，旋轉方向決定N值的"＋"、"－"符號(若與Γ_s同向取"＋"，反之取"－")。

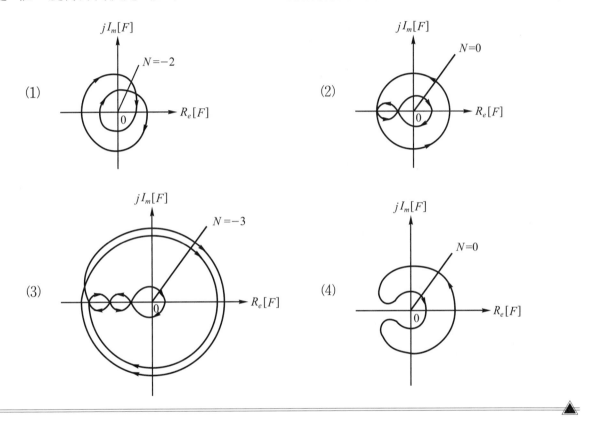

【例6】　某系統的極點－零點位置及封閉路徑關係如圖所示：

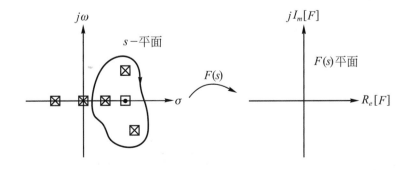

試描繪Γ_s映射至$F(s)$平面上的封閉路徑Γ_F包圍原點的次數N值。

解：Γ_s所包圍的極點數目有 3 個，零點數目有 1 個

$N = Z - P = 1 - 3 = -2$(負號表逆時針)

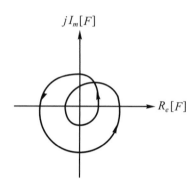

【例 7】下圖所示極－零位置關係，試求封閉路徑Γ_s所包圍的零點數：

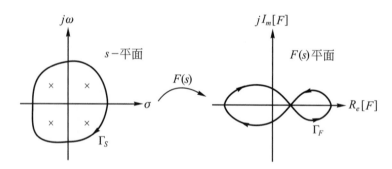

解：Γ_s順時針所包圍的極點數目有 4 個，零點數目待求

Γ_F所包圍原點的次數為 1 次(順時針)，$\therefore N = 1$

又 $N = Z - P$

$1 = Z - 4 \Rightarrow Z = 5$ 個

4. 利用幅角原理在閉迴路系統的穩定度判別

(1) 開迴路穩定度

開迴路轉移函數$G(s)H(s)$的極點均位於s平面的左半側。

閉迴路穩定度

　　閉迴路轉移函數的極點或 $1 + G(s)H(s)$ 的零點均在 s 平面的左半側。

⑵　奈奎氏圖

　　在 s 平面上的奈奎氏路徑 Γ_s，經 $\Delta(s)$ 映射到 $\Delta(s)$ 平面所得到的圖形為 Γ_Δ，稱為 $\Delta(s)$ 的奈氏圖形，奈氏圖形會對稱於實軸。

⑶　$\Delta(s)$ 奈氏圖與 $F(s)$ 奈氏圖的關係

　　在閉迴路系統中，$G(s)H(s)$ 的奈氏圖形較易畫出，在奈奎氏穩定準則中，係利用研究 $G(s)H(s)$[即 $F(s)$]圖形和 $G(s)H(s)$ 平面上 $(-1, 0)$ 點的關係[因為 $\Delta(s) = 1 + G(s)H(s) = 1 + F(s)$]，來決定閉路系統的穩定性。[此乃因在 $\Delta(s)$ 平面上的原點相當於 $F(s)$ 平面上的 $(-1, 0)$ 點]。圖 6-28 所示為 $G(s)H(s)$ 奈氏圖及 $1 + G(s)H(s)$ 奈氏圖，二者之間只相差 1 單位。

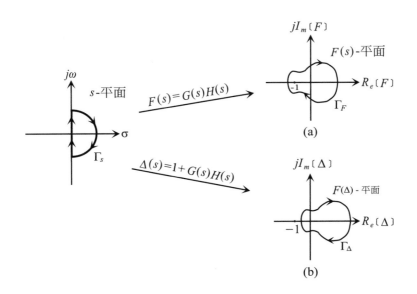

圖 6-28　(a) $G(s)H(s)$ 奈氏圖　(b) $1 + G(s)H(s)$ 奈氏圖

⑷　典型的回授控制系統，其轉移函數為

$$\frac{C(s)}{R(s)} = \frac{G(s)}{1 + G(s)H(s)} \tag{6-5-2}$$

　　假設開迴路轉移函數 $G(s)H(s)$ 沒有不穩定的極點與零點之對消情況。又閉路系統的特性方程式為

$$\Delta(s) = 1 + G(s)H(s) = 0 \qquad\qquad (6\text{-}5\text{-}3)$$

則閉迴路轉移函數與系統的特性方程式具有下述之關係：

① 閉迴路系統的極點＝特性方程式的根＝$\Delta(s)$的零點

② 開迴路轉移函數$GH(s)$的極點＝$\Delta(s)$的極點

(5) 符號的定義

$N_0 = G(s)H(s)$包圍原點的次數

$Z_0 =$ 奈氏路徑包圍$G(s)H(s)$的零點數目($G(s)H(s)$在s平面右半側的零點數目)

$P_0 =$ 奈氏路徑包圍$G(s)H(s)$的極點數目($G(s)H(s)$在s平面右半側的極點數目)

$N_{-1} = G(s)H(s)$包圍$(-1, j0)$點的數目

$Z_{-1} =$ 奈氏路徑包圍$1 + G(s)H(s)$的零點數目($1 + G(s)H(s)$在s平面右半側的零點數目)

$P_{-1} =$ 奈氏路徑包圍$1 + G(s)H(s)$的極點數目($1 + G(s)H(s)$在s平面右半側的極點數目)

又因為$G(s)H(s)$的極點即為$1 + G(s)H(s)$的極點，故

$$P_0 = P_{-1}$$

結論

① 開迴路系統穩定，$G(s)H(s)$的極點必須在s平面的左半側，即$P_0 = 0$

② 閉迴路系統穩定，$1 + G(s)H(s)$的零點必須在s平面的左半側，即$Z_{-1} = 0$

(6) 解題步驟

討論閉迴路控制系統轉移函數$\dfrac{G(s)}{1 + G(s)H(s)}$的穩定度：

① 依據$G(s)H(s)$的極點、零點的性質決定出奈氏路徑

② 描繪$G(s)H(s)$的奈氏圖

③ 由$G(s)H(s)$的奈氏圖觀察在$G(s)H(s)$平面的封閉路徑包圍原點及$(-1, j0)$點的情形來決定N_0及N_{-1}之值

④ 若已求得Z_0值，則可利用$N_0 = Z_0 - P_0$，求得P_0值

⑤　再利用 $P_{-1} = P_0$ 及　$N_{-1} = Z_{-1} - P_{-1}$ 的關係，求得 Z_{-1} 值(當 $Z_{-1} = 0$ 時，閉路系統為穩定，此時 $N_{-1} = P_{-1}$)

結論

穩定的閉迴路系統，$G(s)H(s)$ 的奈氏圖包圍 $(-1, j0)$ 點的次數，必須與 $G(s)H(s)$ 在 s 平面右半側的極點數目相同且奈氏圖包圍極點的方向必須與奈氏路徑方向相反(因為 $N_{-1} = Z_{-1} - P_{-1}$，又穩定的條件為 $Z_{-1} = 0$，故 $N_{-1} = -P_{-1}$)。

【例8】　某回授控制系統的開迴路轉移函數為

$$GH(s) = \frac{k}{s(s+2)} \ (k > 0)$$

試討論此系統的穩定度。

解：
(1)開迴路轉移函數：$GH(s) = \dfrac{k}{s(s+2)}$

開路極點：$s = 0$，$s = -2$

(2)奈奎氏路徑

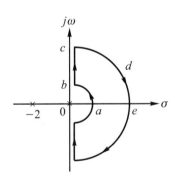

(3)映射到 $GH(s)$ 平面

① $\widehat{ab}$：$s = re^{j\theta} \ (r \rightarrow 0 , \theta : 0° \sim 90°)$

$$GH(s) = \frac{k}{s(s+2)} \bigg|_{s = re^{j\theta}}$$

$$GH(s) = \frac{k}{re^{j\theta}(re^{j\theta} + 2)} \bigg|_{r \rightarrow 0}$$

$$= \frac{k}{(re^{j\theta})(2)}$$

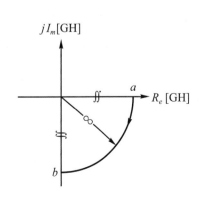

$$= \frac{k}{2r} e^{-j\theta} \bigg|_{r \to 0} = \infty \; \underline{/\, -\theta}$$

②$\widehat{bc}$：$s = j\omega \, (\omega : 0^{+} \sim \infty)$

$$GH(s) = \frac{k}{s(s+2)} \bigg|_{s = j\omega}$$

$$GH(j\omega) = \frac{k}{j\omega(j\omega+2)}$$

大小 $= \dfrac{k}{\omega\sqrt{\omega^2+4}}$，相角 $= -90° - \tan^{-1}\dfrac{\omega}{2}$

當 $\omega = 0^{+}$ 時，大小 $= \infty$，相角 $= -90°$

當 $\omega = 1$ 時，大小 $= \dfrac{k}{\sqrt{5}}$，

相角 $= -90° - \tan^{-1}\dfrac{1}{2}$

當 $\omega = \infty$ 時，大小 $= 0$，

相角 $= -90° - 90° = -180°$

③$\widehat{cde}$：$s = Re^{j\theta}$

　　　$(R \to \infty , \theta : 90° \sim 0°)$

$$GH(s) = \frac{k}{s(s+2)} \bigg|_{s = Re^{j\theta}}$$

$$GH = \frac{k}{Re^{j\theta}(Re^{j\theta}+2)} \bigg|_{R \to \infty} = \frac{k}{R^2 e^{j2\theta}} \bigg|_{R \to \infty} = 0 \; \underline{/\, -2\theta}$$

θ	90°	45°	0°
-2θ	$-180°$	$-90°$	0°

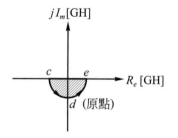

(4)$GH(s) = \dfrac{k}{s(s+2)}$ 的奈奎氏全圖為(對稱於實軸)

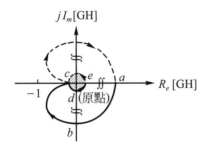

若將上圖中的原點縮回原狀，則可得在一般書本上所常見到的 GH 奈氏圖。

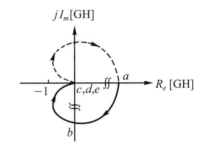

(5) $G(s)H(s)$ 的極點在 $s=0$，$s=-2$(無任何極點在 s 平面右半側)

　　故　　$P_0 = P_{-1} = 0$

　　由奈氏圖可看出　　$N_0 = 0$，$N_{-1} = 0$

　　利用　　$N_0 = Z_0 - P_0$

　　　　　　$0 = Z_0 - 0 \Rightarrow Z_0 = 0$（開路系統為穩定）

　　利用　　$N_{-1} = Z_{-1} - P_{-1}$

　　　　　　$0 = Z_{-1} - 0 \Rightarrow Z_{-1} = 0$（閉路系統為穩定）

討論

利用羅斯準則判斷穩定度

特性方程式：$s(s+2) + k = 0$

　　　　　　$s^2 + 2s + k = 0\,(k > 0)$

系統為穩定(二次方程式不缺項且符號一致，系統為穩定)

【例9】試求下圖所示系統，系統為 (A)穩定 (B)臨界穩定 (C)不穩定的k值範圍。

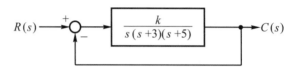

解：(1)開迴路轉移函數$GH = \dfrac{k}{s(s+3)(s+5)}$

開路極點$s = 0$，$s = -3$，$s = -5$

(2)奈奎氏路徑

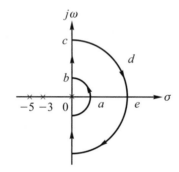

(3)映射到$GH(s)$平面

①$\widehat{ab}$：$s = re^{j\theta}$（$r \to 0$，$\theta : 0° \sim 90°$）

$$GH(s) = \frac{k}{s(s+3)(s+5)} \bigg|_{s = re^{j\theta}}$$

$$GH = \frac{k}{re^{j\theta}(re^{j\theta}+3)(re^{j\theta}+5)} \bigg|_{r \to 0} = \frac{\dfrac{k}{15}}{re^{j\theta}} = \infty \; \underline{/-\theta}$$

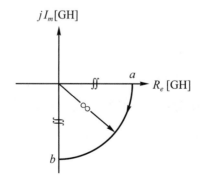

② $\overline{bc}$：$s = j\omega\,(\omega：0^+\sim\infty)$

$$GH(s) = \frac{k}{s(s + 3)(s + 5)} \bigg|_{s=j\omega}$$

$$GH(j\omega) = \frac{k}{j\omega(j\omega + 3)(j\omega + 5)}$$

$$大小 = \frac{k}{\omega\sqrt{\omega^2 + 9}\sqrt{\omega^2 + 25}}$$

$$相角 = -90° - \tan^{-1}\frac{\omega}{3} - \tan^{-1}\frac{\omega}{5}$$

當 $\omega = 0$ 時，大小 $= \infty$，相角 $= -90°$

當 $\omega = \infty$ 時，大小 $= 0$，相角 $= -270°$

因為當 $\omega = 0$ 時，其相角為 $-90°$，$\omega = \infty$ 時，其相角為 $-270°$，故其與實軸必有交點，由

$$GH = \frac{k}{s(s + 3)(s + 5)} = \frac{k}{s^3 + 8s^2 + 15s}$$

$$GH(j\omega) = \frac{k}{-8\omega^2 + j\omega(15 - \omega^2)}$$

與實軸的交點

令 $(15 - \omega^2) = 0$，$\therefore \omega = \sqrt{15}\,\mathrm{rad/sec}$

交點在 $\dfrac{k}{-8\omega^2} \bigg|_{\omega=\sqrt{15}} = \dfrac{-k}{120}$

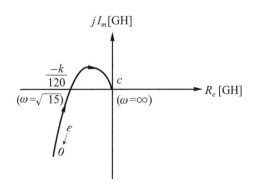

③$\overparen{cde}$： $s = Re^{j\theta}\,(R \rightarrow \infty，\theta : 90° \sim 0°)$

$$GH(s) = \frac{k}{s(s+3)(s+5)}\bigg|_{s=Re^{j\theta}}$$

$$= \frac{k}{Re^{j\theta}(Re^{j\theta}+3)(Re^{j\theta}+5)}\bigg|_{R \rightarrow \infty}$$

$$= \frac{k}{R^3}\underline{/-3\theta}\,\bigg|_{R \rightarrow \infty} = 0\,\underline{/-3\theta}$$

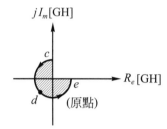

(4)$GH(s) = \dfrac{k}{s(s+3)(s+5)}$的奈奎氏全圖為(對稱於實軸)

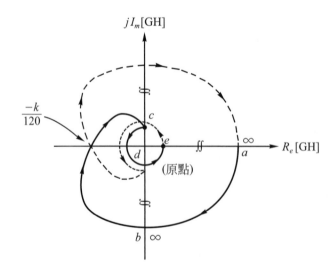

①穩定的條件：$\dfrac{-k}{120} > -1 \Rightarrow k < 120$

故 $0 < k < 120$ 為穩定的系統

②臨界穩定的條件：$k = 120$

③不穩定的條件：$k > 120$

討論

利用羅斯準則判斷穩定度

特性方程式 $s(s+3)(s+5)+k=0$

$$s^3+8s^2+15s+k=0$$

羅斯表

s^3	1	15
s^2	8	k
s^1	$\dfrac{120-k}{8}$	
s^0	k	

穩定的條件

$$\begin{cases} \dfrac{120-k}{8}>0 \\ k>0 \end{cases} \text{，故 } 0<k<120$$

【例10】下圖為開路轉移函數的奈氏圖(若 s 平面的封閉路徑 Γ_s 為順時針方向旋轉)，
設 $(-1,j0)$ 點分別在 Ⅰ、Ⅱ 區域中，試就如下所示的各種開路極點與零點
分佈情況來討論 Γ_F 包圍原點的次數 N 值及系統的穩定度。

(1)無開路極點與開路零點在 s 右半平面。

(2)無開路極點但有一開路零點在 s 右半平面。

(3)有一開路極點但無開路零點在 s 右半平面。

(4)有二開路極點但無開路零點在 s 右半平面。

(5)有二開路極點與二開路零點在 s 右半平面。

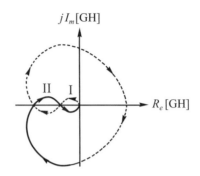

解：若$(-1，j0)$在區域 I 時，$N_{-1}=0$

　　若$(-1，j0)$在區域 II 時，$N_{-1}=2$

小題	區域	P_0	$P_{-1}(=P_0)$	N_{-1}	Z_{-1} $(N_{-1}=Z_{-1}-P_{-1})$	閉路系統的穩定度
(1)	I	0	0	0	0	穩定
	II			2	2	不穩定
(2)	I	0	0	0	0	穩定
	II			2	2	不穩定
(3)	I	1	1	0	1	不穩定
	II			2	3	不穩定
(4)	I	2	2	0	2	不穩定
	II			2	4	不穩定
(5)	I	2	2	0	2	不穩定
	II			2	4	不穩定

6-6　簡化的奈奎氏穩定準則

一、因為奈奎氏圖是與實軸對稱，在幾種特殊的情況下可以利用簡化的奈奎氏準則
來判斷系統的穩定性。

1. 如果系統為開路穩定($P_0 = 0$)，則閉路系統亦為穩定($Z_{-1} = 0$)
   ⇔奈奎氏圖不會包到(-1，0)。

2. 若開路轉移函數$GH(s)$為極小相位系統且為嚴格適當(strickly proper)(即$GH(s)$
   的分子階次小於分母階次)，則
   閉路系統為穩定
   ⇔(-1，0)位於$GH(j\omega)$極座標圖形沿頻率增加方向的左側。
   如圖6-29所示曲線(甲)未包到(-1，0)，故為穩定，曲線(乙)恰巧交在(-1，
   0)，故為臨界不穩定，曲線(丙)包到(-1，0)，故為不穩定。

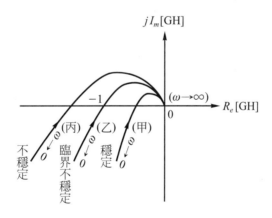

圖 6-29　$GH(s)$為極小相位系統時的穩定度判別

【例1】　某系統的開迴路轉移函數為

$$GH = \frac{k}{(s+1)(s+2)(s+3)} \text{，} (k > 0)$$

(1)試繪$k = 1$時的極座標圖，並判斷其穩定性

(2)當$k = 50$時，系統是否穩定

(3)當$k = 100$時，系統是否穩定

(4)k值為多少時，系統為臨界不穩定。

解：【法一】利用簡化奈奎氏準則解題

(1)① $GH = \dfrac{k}{(s+1)(s+2)(s+3)}$

開路極點：$s = -1 \cdot -2 \cdot -3$(均在s平面左半側)

② $GH(s) = \dfrac{k}{(s+1)(s+2)(s+3)} \bigg|_{s=j\omega \cdot k=1}$

$GH(j\omega) = \dfrac{1}{(j\omega+1)(j\omega+2)(j\omega+3)}$

幅量 $= \dfrac{1}{\sqrt{\omega^2+1}\sqrt{\omega^2+4}\sqrt{\omega^2+9}}$

相角 $= -\tan^{-1}\omega - \tan^{-1}\dfrac{\omega}{2} - \tan^{-1}\dfrac{\omega}{3}$

當 $\omega = 0$，大小 $= \dfrac{1}{(1)(2)(3)} = \dfrac{1}{6}$，相角 $= 0°$

當 $\omega = \infty$，大小 $= \dfrac{1}{\infty} = 0$，

相角 $= -90° - 90° - 90° = -270°$

③極座標圖與實軸、虛軸的交點，其求法為

與實軸的交點：令虛部為零

與虛軸的交點：令實部為零

$GH(s) = \dfrac{k}{(s+1)(s+2)(s+3)} \bigg|_{k=1}$

$\qquad = \dfrac{1}{s^3 + 6s^2 + 11s + 6} \bigg|_{s=j\omega}$

$\qquad = \dfrac{1}{6(1-\omega^2) + j\omega(11-\omega^2)}$

❶與實軸交點

令 $11 - \omega^2 = 0 \Rightarrow \omega = \sqrt{11}\,\text{rad/sec}$

交點 $\dfrac{1}{6(1-\omega^2)} \bigg|_{\omega=\sqrt{11}} = \dfrac{1}{6(1-11)} = \dfrac{-1}{60}$

❷與虛軸交點

令$6(1 - \omega^2) = 0 \Rightarrow \omega = 1\text{rad/sec}$

交點$\dfrac{1}{j\omega(11 - \omega^2)}\Bigg|_{\omega=1} = \dfrac{1}{j1(11 - 1)}$

$$= -j\dfrac{1}{10} = -j0.1$$

故其極座標圖形如下：

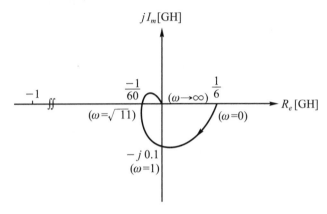

軌跡未包圍$(-1, j0)$點，故系統為穩定

(2)(3)二小題只需描繪出極座標圖與實軸的相交的部份，即可判定系統的穩定度。

其中(2)小題

$$GH(s) = \dfrac{k}{(s+1)(s+2)(s+3)}\Bigg|_{k=50}$$

$$= \dfrac{50}{(s+1)(s+2)(s+3)}$$

其中(3)小題

$$GH(s) = \dfrac{k}{(s+1)(s+2)(s+3)}\Bigg|_{k=100}$$

$$= \dfrac{100}{(s+1)(s+2)(s+3)}$$

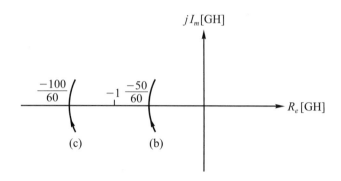

　　由圖知，⑵小題軌跡未包圍(－1，j0)點，故系統為穩定

　　　　　⑶小題軌跡包圍(－1，j0)點，故系統為不穩定

$$⑷GH(s) = \frac{k}{(s+1)(s+2)(s+3)}\bigg|_{k=60}$$

$$= \frac{60}{(s+1)(s+2)(s+3)}$$

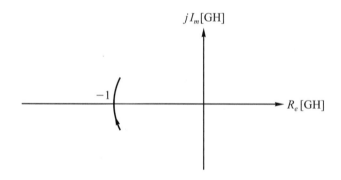

　　　　當 $k = 60$ 時，極座標與實軸交點正好為(－1，j0)，故系統為不穩定

【法二】利用羅斯準則解題

$$GH(s) = \frac{k}{(s+1)(s+2)(s+3)}$$

　　特性方程式：$(s+1)(s+2)(s+3) + k = 0$

$$s^3 + 6s^2 + 11s + (6+k) = 0$$

羅斯表：

s^3	1	11
s^2	6	$6+k$
s^1	$\dfrac{66-(6+k)}{6}=\dfrac{60-k}{6}$	
s^0	$6+k$	

$\therefore$ 系統為穩定的條件

$$\begin{cases} \dfrac{60-k}{6} > 0 \\[2mm] 6+k > 0 \\[2mm] k > 0(已知) \end{cases}$$

故系統穩定的條件為 $0 < k < 60$

【例 2】　某系統的開迴路轉移函數為：

$$G(s)H(s) = \frac{k}{s(s+1)(2s+1)}，試求$$

(1)臨界穩定的 k 值

(2)當 $k = 2$ 時，系統是否為穩定？

解：【法一】利用簡化奈奎氏準則解題

(1)$GH(s) = \dfrac{k}{s(s+1)(2s+1)}$

$GH(j\omega) = \dfrac{k}{j\omega(j\omega+1)(j2\omega+1)}$

大小 $= \dfrac{k}{\omega\sqrt{\omega^2+1}\sqrt{4\omega^2+1}}$，

相角 $= -90° - \tan^{-1}\omega - \tan^{-1}(2\omega)$

因為 $GH(s)$ 沒有極點落在 s 平面的右半側，故可利用簡化的奈奎氏準則(即只繪 ω：$0 \sim \infty$ 的映射軌跡)，只需考慮與實軸的交點

$$GH(j\omega) = \frac{k}{j\omega(j\omega + 1)(j2\omega + 1)}$$

$$= \frac{k}{-3\omega^2 + j\omega(1 - 2\omega^2)}$$

令虛部為零,即

$$1 - 2\omega^2 = 0 \Rightarrow \omega = \frac{1}{\sqrt{2}}\text{rad/sec}$$

$$GH\left(j\frac{1}{\sqrt{2}}\right) = \frac{-2}{3}k$$

當 $-\frac{2}{3}k = -1 \Rightarrow k = \frac{3}{2}$

故 $0 < k < \frac{3}{2}$ 時,系統為穩定

(2) $k = 2$,不在(1)小題的穩定區間內,故系統為不穩定。

【法二】利用羅斯準則解題

$$GH(s) = \frac{k}{s(s + 1)(2s + 1)}$$

特性方程式:$\Delta(s) = s(s + 1)(2s + 1) + k$

$$= 2s^3 + 3s^2 + s + k$$

羅斯表:

s^3	2	1
s^2	3	k
s^1	$\dfrac{3 - 2k}{3}$	
s^0	k	

∴系統穩定的條件為

$$\begin{cases} \dfrac{3 - 2k}{3} > 0 \\ k > 0 \end{cases} \Rightarrow 0 < k < \frac{3}{2}$$

【例3】 下圖所示爲某些控制系統的極座標圖

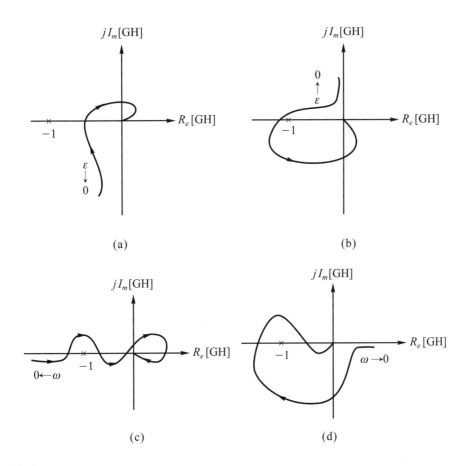

(a)

(b)

(c)

(d)

試求

⑴若上述系統的開路轉移函數沒有極點及零點落在s的右半平面，試利用奈氏穩定準則判定各閉路系統的穩定度。

⑵假使系統爲單位負回授控制系統，則系統的型式爲何？

解：⑴因爲系統的開迴路轉移函數沒有極點及零點落在s的右半平面，故系統爲極小相位系統。

圖(a)中，$(-1, j0)$落在$GH(j\omega)$極座標圖形沿頻率增加方向的左側，故閉迴路系統爲穩定

圖(b)中，$(-1, j0)$落在$GH(j\omega)$極座標圖形沿頻率增加方向的左側，故閉迴路系統爲穩定

圖(c)中，$(-1, j0)$落在$GH(j\omega)$極座標圖形沿頻率增加方向的右側，故閉迴路系統為不穩定

圖(d)中，$(-1, j0)$落在$GH(j\omega)$極座標圖形沿頻率增加方向的右側，故閉迴路系統為不穩定

討論

下述為針對圖(c)、(d)的極座標圖來估測原來系統的完整奈奎氏圖形，並具有驗證其閉路系統為不穩定。

圖(c)

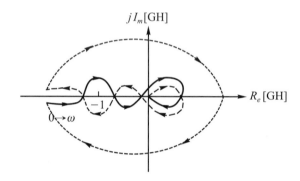

由奈奎氏準則

$$N_{-1} = Z_{-1} - P_{-1}$$

$$2 = Z_{-1} - 0 \quad (\because P_{-1} = P_0 = 0)$$

故$Z_{-1} = 2 \neq 0$(閉路系統為不穩定)

圖(d)

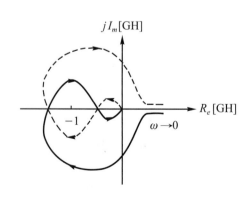

由奈奎氏準則

$$N_{-1} = Z_{-1} - P_{-1}$$
$$2 = Z_{-1} - 0 \quad (\because P_{-1} = P_0 = 0)$$

故 $Z_{-1} = 2 \neq 0$ 　（閉路系統爲不穩定）

⑶由開路轉移函數極座標圖形在 $\omega \to 0$ 的方位來判定系統的型式

圖(a)中，$\omega \to 0$ 由 $(-90°)$ 方向出發，屬於型式 1

圖(b)中，$\omega \to 0$ 由 $(-270°)$ 方向出發，屬於型式 3

圖(c)中，$\omega \to 0$ 由 $(-180°)$ 方向出發，屬於型式 2

圖(d)中，$\omega \to 0$ 由 $(0°)$ 方向出發，屬於型式 0

6-7　相對穩定度

一、在實際應用上，除了要求系統必需穩定外，且需達到一定程度的穩定，此即所謂的相對穩定度。

二、控制系統的相對穩定性判別：

在時域系統分析時，是以阻尼因子$\alpha = \zeta\omega_n$來判定。

在頻域系統分析時，可利用極座標上$GH(j\omega)$圖形與$(-1, j0)$點接近的程度來判定。

三、判定閉路系統相對穩定度的規格是增益邊限及相位邊限

1. 增益邊限(gain margin，G.M.)

　(1)　相位交越頻率(phase crossover frequency)

　　　　$GH(j\omega)$與負實軸的交點，稱為相位交越點，對應的頻率稱為相位交越頻率ω_c，亦即 $\underline{/GH(j\omega)} = -180°$時的頻率，如圖6-30所示的$\omega_c$即為相位交越頻率。故相位交越頻率的求法為

$$\underline{/GH(j\omega)} = -180° \quad 或 \quad I_m[GH(j\omega)] = 0 \tag{6-7-1}$$

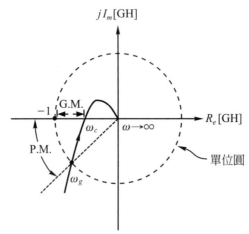

圖6-30　相位交越頻率、增益邊限、增益交越頻率、增益邊限

　(2)　增益邊限

　　　　軌跡在實軸的交點與$(-1, j0)$點的距離，如圖6-30所示。故增益邊限的求法為：

$$\text{G.M.} = 20\log | - 1 | - 20\log | GH(j\omega_c) |$$

$$= 20\log \frac{1}{| GH(j\omega_c) |} \tag{6-7-2}$$

$$\text{或 G.M.} = 20\log \frac{\text{仍能保持系統穩定的最大(或最小)}K\text{值}}{\text{設計的}K\text{值}}$$

$$\tag{6-7-3}$$

2. 相位邊限(phase margin，P.M.)

(1) 增益交越頻率(gain crossover frequency)

滿足 $| GH(j\omega) | = 1$ 之條件的點，稱之為增益交越點，其所對應的頻率稱為增益交越頻率ω_g，亦即 $| GH(j\omega) | = 1$ 時的頻率，如圖6-30所示的 ω_g即為增益交越頻率。故增益交越頻率的求法為

$$| GH(j\omega) | = 1 \tag{6-7-4}$$

(2) 相位邊限

增益大小 $| GH(j\omega) | = 1$ 時，原點與增益交越點的連線和負實軸的夾角，如圖6-30所示。故相位交越頻率的求法為：

$$\text{P.M.} = \underline{/GH(j\omega_g)} - (- 180°)$$

$$= 180° + \underline{/GH(j\omega_g)} \tag{6-7-5}$$

四、G.M.與 P.M.對於系統的穩定性的影響，如表6-3所示。

表 6-3　G.M.與 P.M.對於系統的穩定度的影響

種類　　穩定度	G.M.	P.M.	備註
不穩定	< 0	< 0	G.M.> 0可想像成系統達到不穩定點$(- 1,0)$之前，還可以再增加的增益
臨界穩定	$= 0$	$= 0$	P.M.> 0可想像成系統沿順時針方向旋轉，在未達負實軸$(- 180°)$前與負實軸$(- 180°)$的夾角
穩定	> 0	> 0	適當的設計範圍：G.M.：$10\sim20$dB，P.M.：$40°\sim60°$

在穩定性方面的比較：需同時考慮G.M.及P.M.。在圖6-31所示，其中系統A、B具有相同的G.M.，但系統B的穩定性較差(因系統B的P.M.較小)。

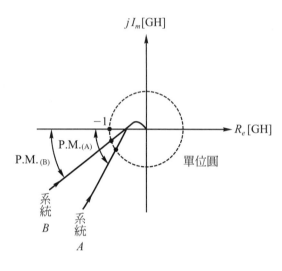

圖6-31　穩定性的比較

小櫥窗

一般的系統而言，G.M.好的，P.M.也較好，反之亦是如此。但也有例外的情況，如：

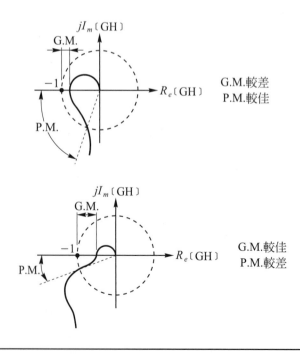

【例 1】如圖所示系統，試求當增益 $k = 3$ 時的增益邊限 G.M.

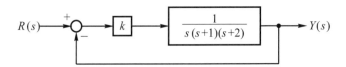

解：【法一】$GH(s) = \dfrac{k}{s(s + 1)(s + 2)} \Big|_{s = j\omega \,,\, k = 3}$

$GH(j\omega) = \dfrac{3}{j\omega(j\omega + 1)(j\omega + 2)} = \dfrac{2}{-3\omega^2 + j\omega(2 - \omega^2)}$

與實軸的交點，令虛部為零，即

$(2 - \omega^2) = 0 \Rightarrow \omega_c = \sqrt{2}\,\text{rad/sec}$

$\text{G.M.} = 20\log | -1 | - 20\log | GH(j\omega_c) |$

$= 0 - 20\log \left| \dfrac{3}{-3(\sqrt{2})^2} \right| = 20\log 2 = 6\text{dB}$

【法二】利用羅斯準則解題

特性方程式：$s(s + 1)(s + 2) + k = 0$

$s^3 + 3s^2 + 2s + k = 0$

羅斯表：

s^3	1	2
s^2	3	k
s^1	$\dfrac{6 - k}{3}$	
s^0	k	

系統穩定的條件為

$\begin{cases} \dfrac{6 - k}{3} > 0 \\ k > 0 \end{cases} \Rightarrow 0 < k < 6$

當設計值 $k = 3$ 時

$\text{G.M.} = 20\log \dfrac{6}{3} = 2\text{dB}$

【例 2】

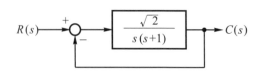

(1)在如圖所示系統中，其增益邊限(gain margin)為多少 dB 值？

　　(A)1　(B)4.4　(C)20　(D)無限大。

(2)同上圖所示系統，其相位邊限(phase margin)值為何？

　　(A)15°　(B)25°　(C)45°　(D)65°。　　　　　　【85 二技電機】

解：$GH(s) = \dfrac{\sqrt{2}}{s(s+1)}\Big|_{s=j\omega}$

$GH(j\omega) = \dfrac{\sqrt{2}}{j\omega(j\omega+1)}$

大小 $= \dfrac{\sqrt{2}}{\omega\sqrt{\omega^2+1}}$，相角 $= -90° - \tan^{-1}\omega$

(1)相角 $= -90° - \tan^{-1}\omega = -180° \Rightarrow \omega = \infty$

$G.M. = 20\log|-1| - 20\log\left|\dfrac{\sqrt{2}}{\infty(j\infty+1)}\right| = \infty$

答：(D)

討論

在系統的極座標圖中，若其與負實軸沒有交點時，其 G.M.$=\infty$

(2)$\dfrac{\sqrt{2}}{\omega\sqrt{\omega^2+1}} = 1 \Rightarrow \omega = 1\text{rad/sec}$

相角 $= -90° - \tan^{-1}\omega\Big|_{\omega=1} = -90° - 45° = -135°$

$P.M. = -135° - (-180°) = 45°$

答：(C)

【例 3】某單位負回授系統的閉路轉移函數為 $\dfrac{G(s)}{1+G(s)}$，若 $G(s)$ 為最小相位且相位為

　　$-180°$、幅量為 0.1，試求系統的增益邊限為多少 dB？

解： $G.M. = -20\log \mid GH(j\omega_c) \mid = -20\log \mid G(j\omega_c) \mid$

$\qquad = -20\log \mid 0.1 \mid = 20dB$

五、利用波德圖來判定系統的相對穩定性

1. 找出相位交越頻率 ω_c(在相位角為 $-180°$ 時)時所對應的 G.M.

2. 找出增益交越頻率 ω_g(在大小為 0dB 時)時所對應的 P.M.

3. 圖 6-32 所示為穩定系統。即當 G.M. > 0 且 P.M. > 0 時系統方為穩定

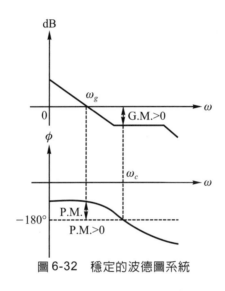

圖 6-32 穩定的波德圖系統

【例 4】試由下圖所示波德圖，估算出增益邊限及相位邊限。

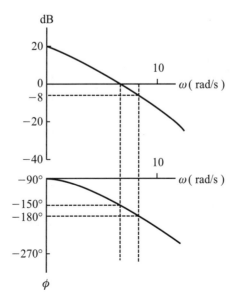

解：相位在－180°時所對應到 dB 值約爲－8dB⇒G.M.＝8dB

增益在 0dB 時所對應到相位角約爲－150°⇒P.M.＝－150°－

（－180°）＝30°

六、各種頻率表示法中的 G.M.及 P.M.，如圖 6-33 所示。

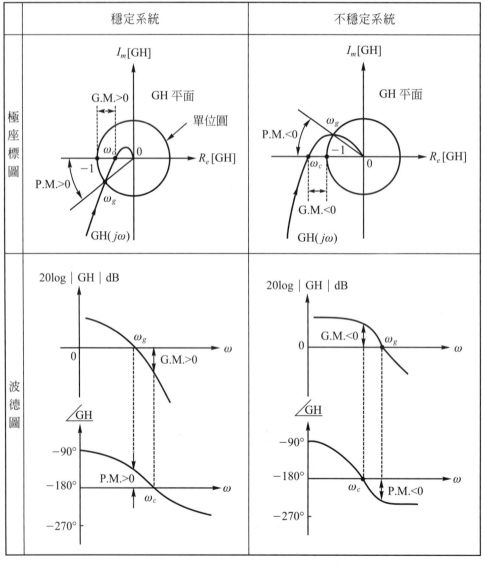

圖 6-33　各種頻率表示法時的 G.M.及 P.M.

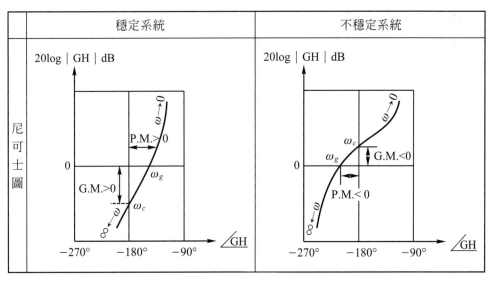

圖 6-33　各種頻率表示法時的 G.M.及 P.M.(續)

註：尼可士圖在 6-10 節再行介紹

6-8　閉路系統的頻域規格

一、一階單位回授系統的頻域性能規格

如圖6-34所示一階單位回授控制系統的方塊圖，其轉移函數為

$$M(s) = \frac{Y(s)}{R(s)} = \frac{1}{\tau s + 1} \tag{6-8-1}$$

令 $s = j\omega$ 代入(6-8-1)式中

$$M(j\omega) = \frac{1}{j\omega\tau + 1} = \frac{1}{\sqrt{(\omega\tau)^2 + 1}} \angle - \tan^{-1}(\omega\tau) \tag{6-8-2}$$

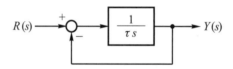

圖 6-34　一階單位回授控制系統

其頻域規格為

頻帶寬度：系統增益為零頻率增益(即直流增益)的 $\frac{1}{\sqrt{2}}$ 時之頻率。即

$$|M(j\omega)| = \frac{1}{\sqrt{2}} |M(j0)| \tag{6-8-3}$$

$$\frac{1}{\sqrt{(\omega\tau)^2 + 1}} = \frac{1}{\sqrt{2}}(1)$$

可解得 $\omega = \frac{1}{\tau}$ ，即 $\text{B.W.} = \frac{1}{\tau}$ \tag{6-8-4}

觀察(6-8-4)式可知，頻帶寬度為時間常數的倒數，亦即頻帶寬度愈大時，其時間常數愈短，系統的反應速度愈快。

二、二階單位回授系統的頻域性能規格

1.　典型的頻域性能規格

(1)　尖峰共振 M_p

$|M(j\omega)|$ 的最大值，做為衡量閉路系統的相對穩定度。

(2)　共振頻率 ω_p

產生尖峰共振時的頻率，其做為衡量暫態響應的速度。

(3)　頻率寬度 B.W.

$|M(j\omega)|$ 降為零頻率時的位準($|M(j0)|$)的 0.707 倍時的頻率。其做為衡量響應速度及抗雜訊的能力。

(4)　截止率

$|M(j\omega)|$ 在截止頻率附近的斜率，其做為衡量分辨訊號或抗雜訊的能力，截止率可以表示高頻雜訊隨頻率增加而衰減的速度。二個具有相同頻寬的系統，其頻率響應的截止率不一定相同。

2.　二階單位回授系統方塊圖如圖 6-35 所示。

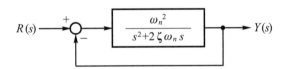

圖 6-35　二階單位回授控制系統

系統的轉移函數為

$$M(s) = \frac{Y(s)}{R(s)} = \frac{\omega_n^2}{s^2 + 2\zeta\omega_n s + \omega_n^2} \tag{6-8-5}$$

其頻域性能規格(考慮 $0 < \zeta < 0.707$)為(推導過程見附錄 G)

(1)　共振頻率

$$\omega_p = \omega_n\sqrt{1 - 2\zeta^2} \quad (0 < \zeta < 0.707) \tag{6-8-6}$$

(2)　尖峰共振

$$M_p = \frac{1}{2\zeta\sqrt{1 - \zeta^2}} \quad (0 < \zeta < 0.707) \tag{6-8-7}$$

(3)　頻帶寬度

$$\text{B.W.} = \omega_n \sqrt{(1 - 2\zeta^2) + \sqrt{4\zeta^4 - 4\zeta^2 + 2}} \qquad (6\text{-}8\text{-}8)$$

當 ω_n 增加 ⇒ 頻帶寬度 B.W.增加

　　　　⇒ 系統的響應速度變快

　　　　⇒ 上升時間 t_r 變少

當 ζ 增加 ⇒ 尖峰共振 M_p 愈小，頻帶寬度 B.W.減少

當 $\zeta = 0.707$ ⇒ 頻帶寬度 B.W. $= \omega_n$

(4) 其相對應的幅量－頻率曲線如圖 6-36 所示。由圖中可看出 ω_p、M_p、B.W.的情形，只有當 $0 < \zeta < 0.707$ 之間時才有上述的三樣性能規格。若 $\zeta > 0.707$ 時，則性能規格只剩下 M_p 及 B.W.二者。

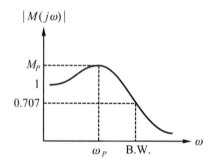

圖 6-36　由幅量－頻率曲線可獲得 ω_p、M_p 及 B.M.的相關資料

小櫥窗

在 (6-8-7) $M_p = \dfrac{1}{2\zeta\sqrt{1 - \zeta^2}}$　$(0 < \zeta < 0.707)$

(6-8-6) $\omega_p = \omega_n \sqrt{1 - 2\zeta^2}$　$(0 < \zeta < 0.707)$

回顧波德圖(圖 6-11)，可以看到要有明顯的峰值出現是在 ζ 很小的時候，且其值為

$-20\log(2\zeta)$dB，而 $-20\log(2\zeta) = 20\log\left(\dfrac{1}{2\zeta}\right)$ dB

其大小為 $\dfrac{1}{2\zeta}$

其與 (6-8-7) $M_p = \dfrac{1}{2\zeta\sqrt{1 - \zeta^2}}\bigg|_{\zeta\text{很小}} \cong \dfrac{1}{2\zeta}$ ⇒ 一致的

又 (6-8-6) $\omega_p = \omega_n \sqrt{1 - 2\zeta^2}\bigg|_{\zeta\text{很小}} \cong \omega_n$ ⇒ 表示共振頻率在 ζ 很小時就會自然無阻尼頻率相近

三、若遇到不是二階標準系統，欲求其頻帶寬度可直接由定義求解，即利用 $|M(j\omega)|$ 降爲零頻率時位準 $|M(j0)|$ 的 $\dfrac{1}{\sqrt{2}}$ 倍時的頻率。

【例 1】　某系統的閉路轉移函數 $\dfrac{C(j\omega)}{R(j\omega)} = \dfrac{5}{5 + j(2\omega) + (j\omega)^2}$，試求：

　　　　(1)共振頻率 ω_p

　　　　(2)尖峰共振 M_p

　　　　(3)頻帶寬度 B.W.

解：$\dfrac{C(j\omega)}{R(j\omega)} = \dfrac{5}{5 + j(2\omega) + (j\omega)^2}$

　　　即 $\dfrac{C(s)}{R(s)} = \dfrac{5}{s^2 + 2s + 5} = \dfrac{\omega_n^2}{s^2 + 2\zeta\omega_n s + \omega_n^2}$

　　　比較得 $2\zeta\omega_n = 2$，$\omega_n^2 = 5$

　　　即　　$\omega_n = \sqrt{5}\,\text{rad/sec}$，$\zeta = \dfrac{1}{\sqrt{5}}$（滿足 $0 < \zeta < 0.707$ 的條件）

　　　(1)$\omega_p = \omega_n\sqrt{1 - 2\zeta^2} = \sqrt{5}\sqrt{1 - 2\left(\dfrac{1}{\sqrt{5}}\right)^2} = \sqrt{3}\,\text{rad/sec}$

　　　(2)$M_p = \dfrac{1}{2\zeta\sqrt{1 - \zeta^2}} = \dfrac{1}{2\dfrac{1}{\sqrt{5}}\sqrt{1 - \left(\dfrac{1}{\sqrt{5}}\right)^2}} = \dfrac{5}{4}$

　　　(3)$\text{B.W.} = \omega_n\sqrt{1 - 2\zeta^2 + \sqrt{4\zeta^4 - 4\zeta^2 + 2}}$

　　　　　　$= \sqrt{5}\sqrt{1 - 2\left(\dfrac{1}{\sqrt{5}}\right)^2 + \sqrt{4\left(\dfrac{1}{\sqrt{5}}\right)^4 - 4\left(\dfrac{1}{\sqrt{5}}\right)^2 + 2}}$

　　　　　　$= \sqrt{3 + \sqrt{34}} = 2.97\,\text{rad/sec}$

【例 2】　若二階控制系統之輸出輸入轉移函數爲

　　　　$H(s) = \dfrac{10}{(1 + s)(1 + 0.1s)}$

則該系統的頻寬約爲多少？ (A)1rad/sec (B)10rad/sec (C)100rad/sec
(D)∞rad/sec (88二技電機)

解：$H(s) = \dfrac{10}{(1+s)(1+0.1s)} = \dfrac{10}{0.1s^2 + 1.1s + 1}$

$= \dfrac{100}{s^2 + 11s + 10} = \dfrac{K\omega_n^2}{s^2 + 2\zeta\omega_n s + \omega_n^2}$

比較得 $2\zeta\omega_n = 11$，$\omega_n^2 = 10 \Rightarrow \omega_n = \sqrt{10}$，$\zeta = \dfrac{11}{2\sqrt{10}}$

頻寬 B.W $= \omega_n \sqrt{1 - 2\zeta^2 + \sqrt{4\zeta^4 - 4\zeta^2 + 2}} \Big|_{\omega_n = \sqrt{10},\ \zeta = \frac{11}{2\sqrt{10}}}$

$= \sqrt{10}\ \sqrt{1 - 2\left(\dfrac{11}{2\sqrt{10}}\right)^2 + \sqrt{4\left(\dfrac{11}{2\sqrt{10}}\right)^4 - 4\left(\dfrac{11}{2\sqrt{10}}\right)^2 + 2}}$

$\doteqdot 1\text{rad/sec}$

答：(A)

【另解】

$H(s) = \dfrac{10}{(1+s)(1+0.1s)}$

$H(j\omega) = \dfrac{10}{(1+j\omega)\left(1 + \dfrac{j\omega}{10}\right)}$

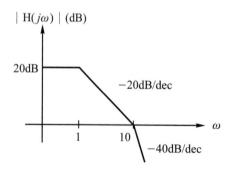

其頻寬約爲 1rad/sec

小櫥窗

　　回顧前面所學的根軌跡、波德圖、奈氏圖、G.M.與 P.M.等都是利用開路轉移函數($GH(s)$)來推得的。在古典控制理論是以開路轉移函數為基礎進而得知閉迴路的特性，也就是不必直接對閉迴路轉移函數去求解。有助於降低解題的複雜度。下述為以開路轉移函數 GH(s)發展出來的相關方法之簡要整理。

誤差常數：k_p、k_v、k_a	可求得閉迴路系統的穩態誤差e_{ss}
根軌跡	可求得閉迴路系統的極點軌跡
波德圖	可求得閉迴路系統的穩定度
奈氏圖	可求得閉迴路系統的穩定度
G.M.與 P.M.	可求得閉迴路系統的穩定度

　　又在第 6-8 節所提到的求解閉路系統的頻域規格(如：M_p、ω_p、B.W.等)，就必須利用閉迴路轉移函數直接求解。如果仍然希望使用開路轉移函數求解 M_p、ω_p、B.W.，則可由第 6-9 節介紹的 M 圓、N 圓與第 6-10 節介紹的尼可士圖來做處理。

6-9 閉路頻率響應

一、如圖 6-37 所示單位負回授的閉路系統。轉移函數為

$$M(s) = \frac{Y(s)}{R(s)} = \frac{G(s)}{1 + G(s)} \Bigg|_{s = j\omega} \tag{6-9-1}$$

$$M(j\omega) = \frac{Y(j\omega)}{R(j\omega)} = \frac{G(j\omega)}{1 + G(j\omega)} \tag{6-9-2}$$

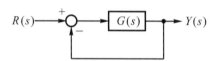

圖 6-37　單位負回授閉路系統

考慮系統的頻率響應，如果利用極座標來表示，令 $G(j\omega) = u + jv$ 代入 (6-9-2) 式，可得

$$M(j\omega) = \frac{u + jv}{1 + (u + jv)} = \frac{u + jv}{(1 + u) + jv} \tag{6-9-3}$$

$$幅量 = |M(j\omega)| = \frac{\sqrt{u^2 + v^2}}{\sqrt{(1 + u)^2 + v^2}} \tag{6-9-4}$$

$$相角 = \tan^{-1}\frac{v}{u} - \tan^{-1}\frac{v}{1 + u} \tag{6-9-5}$$

也就是說在極座標平面上的任何一點 (u, v) 均會有與之對應的閉路系統幅量與相角值。極座標平面上的點經由 $M(j\omega)$ 映射後，將其相同幅量的相連接，可得到恰為圓形，即為等幅量圓，簡稱為 M 圓。同理，極座標上的點經由 $M(j\omega)$ 映射後，將其相同相位的點相連接，可得到恰為圓形，即為等相位圓，簡稱為 N 圓。

二、M 圓的計算

將 (6-9-4) 式的幅量式做平方處理

$$M^2 = \frac{u^2 + v^2}{(1 + u)^2 + v^2}$$

做數學運算

$$(1 - M^2)u^2 + (1 - M^2)v^2 - 2M^2u = M^2$$

$$u^2 + v^2 - \frac{2M^2u}{1 - M^2} = \frac{M^2}{1 - M^2}$$

$$\left(u - \frac{M^2}{1 - M^2}\right)^2 + v^2 = \left(\frac{M}{1 - M^2}\right)^2 \tag{6-9-6}$$

其中(6-9-6)式表示圓心在$\left(\dfrac{M^2}{1 - M^2}, 0\right)$，半徑爲$\dfrac{M}{1 - M^2}$的圓，改變$M$值，將所對應的圓描繪在$G(j\omega)$的平面上，所得到的圓就是所謂的$M$圓。表 6-4 爲不同的$M$值所對應的圓心、半徑的關係。

表 6-4　不同M值所對應的圓心、半徑

M值	圓心 $\left(\dfrac{M^2}{1 - M^2}, 0\right)$	半徑 $\left\lvert\dfrac{M}{1 - M^2}\right\rvert$
0.3	(0.01,0)	0.33
0.5	(0.33,0)	0.67
0.7	(0.96,0)	1.37
1.0	∞	∞(退化)
1.2	$(-3.27,0)$	2.73
1.3	$(-2.45,0)$	1.88

由表 6-4 的數值可繪出如圖 6-38 所示在極座標中的常數M圓。

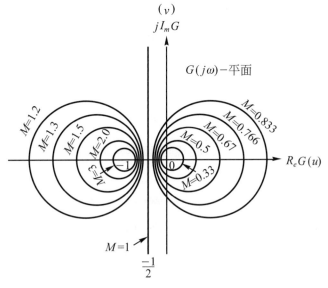

圖 6-38　常數M圓軌跡

由圖 6-38 可觀察得常數 M 圓具有如下的特點：

1. 　對稱性

　　① 　常數 M 圓對稱於實軸

　　② 　常數 M 圓與 $\dfrac{1}{M}$ 圓對稱於 $M = 1$ 的垂直線

2. ① 　$M > 1$ 的圓在 $G(j\omega)$ 平面的左側

　　　　M 值愈大，其半徑愈小，當 $M \to \infty$ 時，圓收斂到 $(-1，0)$

　　② 　$M = 1$ 時退化成一條垂直實軸的直線，並交實軸於 $\dfrac{-1}{2}$

　　③ 　$M < 1$ 的圓在 $G(j\omega)$ 平面的右側

　　　　M 值愈小，其半徑愈小，當 $M = 0$ 時，圓收斂到原點

三、單位負回授系統的 $G(j\omega)$ 極座標圖與常數 M 圓軌跡間之關係：

　　　　當極座標圖與常數 M 圓同時描繪在 $G(j\omega)$ 平面上時，除了原極座標圖所提供的訊息外，由極座標與 M 圓相交的情形，可求得閉迴路系統的頻帶寬度、尖峰共振、共振頻率的訊息。

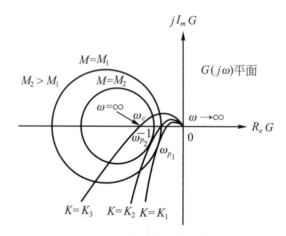

圖 6-39　$G(j\omega)$ 的極座標圖與常數 M 圓軌跡

由圖 6-39 可得知下述的結論：

1. 　$G(j\omega)$ 與 M 圓的相交點，即為該頻率處所具有的 M 值。

2. 　$G(j\omega)$ 與 M 圓相切點的 M 值，即為共振峰值 M_p，又其切點頻率 ω 即為共振頻率 ω_p。

3. 　考慮迴路增益 $K = K_1$ 時的極座標圖，其與 M_1 的圓相切，其相對應閉迴路系統的共振頻率 ω_{p_1}，共振峰值為 M_1。

當迴路增益增大到K_2時，則與M_2圓相切，其半徑較小，而其相對應的閉路系統的共振頻率ω_{p_2}值較大，共振峰值M_2值亦較大。當迴路增益增大到K_3時，則極座標圖$G(j\omega)$曲線恰通過$(-1，j0)$，表示系統不穩定，其所對應的共振峰值M_p值為無限大，且其共振頻率$\omega_{p_3}=\omega_c$。圖6-40所示即為閉路頻率響應曲線。

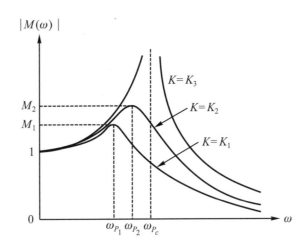

圖6-40　閉路頻率響應曲線

四、N圓的計算

$$\underline{/\,GH(j\omega)}=\phi=\tan^{-1}\frac{v}{u}-\tan^{-1}\frac{v}{1+u} \tag{6-9-7}$$

利用$\tan\phi=\tan\left(\tan^{-1}\dfrac{v}{u}-\tan^{-1}\dfrac{v}{1+u}\right)$的關係式，

令$\tan\phi=N$，代入(6-9-7)式，可得

$$N=\frac{\tan\tan^{-1}\dfrac{v}{u}-\tan\tan^{-1}\dfrac{v}{1+u}}{1+\tan\tan^{-1}\dfrac{v}{u}\tan\tan^{-1}\dfrac{v}{1+u}}$$

$$=\frac{\dfrac{v}{u}-\dfrac{v}{1+u}}{1+\dfrac{v}{u}\dfrac{v}{1+u}}$$

$$= \frac{v}{u^2 + u + v^2} \tag{6-9-8}$$

整理得：$u^2 + u + v^2 - \dfrac{1}{N}v = 0$

$$\left(u + \frac{1}{2}\right)^2 + \left(v - \frac{1}{2N}\right)^2 = \left(\frac{1}{2N}\right)^2 + \frac{1}{4} \tag{6-9-9}$$

在(6-9-9)式表示圓心在$\left(-\dfrac{1}{2}，\dfrac{1}{2N}\right)$，半徑為$\dfrac{\sqrt{N^2+1}}{2N}$。改變$N$值，將所對應的圓描繪在$G(j\omega)$的平面上，所得到的圖即為所謂的$N$圓。表 6-5 為不同的$N$值所對應的圓心、半徑的關係。

表 6-5　不同 N 值所對應的圓心、半徑

相位角 ϕ	N值 $(N = \tan\phi)$	圓心 $\left(-\dfrac{1}{2}，\dfrac{1}{2N}\right)$	半徑 $\left(\dfrac{1}{2N}\right)\sqrt{N^2+1}$
$-90°$	$-\infty$	$\left(-\dfrac{1}{2}，0\right)$	0.500
$-60°$	-1.732	$\left(-\dfrac{1}{2}，-0.289\right)$	0.577
$-45°$	-1.000	$\left(-\dfrac{1}{2}，-0.500\right)$	0.707
$-30°$	-0.577	$\left(-\dfrac{1}{2}，-0.866\right)$	1.000
$0°$	0	∞	∞
$30°$	0.577	$\left(-\dfrac{1}{2}，0.866\right)$	1.000
$45°$	1.000	$\left(-\dfrac{1}{2}，0.500\right)$	0.707
$60°$	1.732	$\left(-\dfrac{1}{2}，0.289\right)$	0.577
$90°$	∞	$\left(-\dfrac{1}{2}，0\right)$	0.50

由表 6-5 中的相關數值可描繪出在極座標中的常數N圓(一定會通過 0，-1 二點)，如圖 6-41 所示。

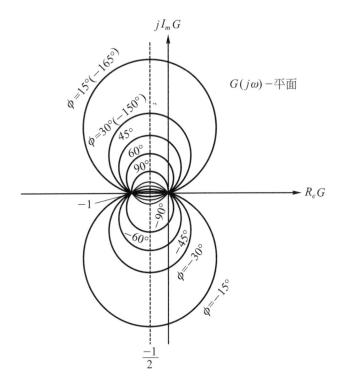

圖 6-41　常數 N 圓軌跡

五、單位負回授系統的 $G(j\omega)$ 極座標圖與常數 N 圓軌跡間的關係

　　當極座標圖與常數 N 圓同時描繪在 $G(j\omega)$ 平面上(如圖 6-42 所示)時，除了原極座標圖所提供的訊息外，由極座標圖與 N 圓相交的情形，可求得閉迴路系統在各頻率時的相位。

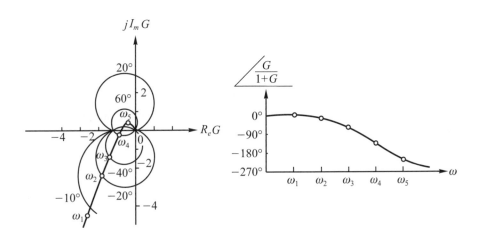

圖 6-42　閉迴路在各頻率時的相位

6-10 尼可士圖(Nichols chart)

一、將開路頻率響應的常數M圓及常數N圓以極座標的方式取其幅量(dB值)及相角，將其值描繪到幅量(dB)、相位(度)的平面上，在此平面上所繪得的圖形即為尼可士圖。

二、利用作圖法將常數M圓轉換至幅量-相位平面：由$G(j\omega)$平面上的原點對常數M圓的某一點畫一向量，則其長度(以分貝表示)即為幅量，其與實軸的夾角即為相位。

1. 圖 6-43 所示即為$G(j\omega)$平面上的常數M圓，如果針對$M=1.3$的圓，由座標原點分別依序對該圓周上的每一點量測其幅量及相位(目前$M=1.3$圓周上描繪有三組資料)，即可獲得$M=1.3$的尼可士圖所需的資料。

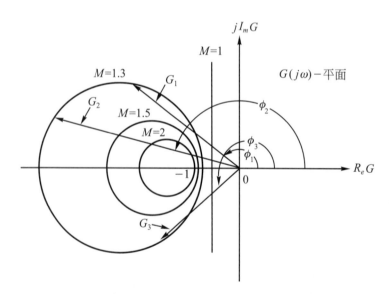

圖 6-43　在常數M圓上，對應於不同幅量、相位的關係圖

2. 將圖 6-43 中的G_1、ϕ_1，G_2、ϕ_2，G_3、ϕ_3，對應到幅量－相位的平面上，即可得到如圖 6-44 中的 A、B、C 三點，如果在圖 6-43 中多做數筆資料，即可對應得到$M=1.3$的軌跡。同理亦可針對圖 6-43 中的$M=1.5$，$M=2$ 做相同的動作，即可對應得到 6-44 中(內側)的$M=1.5$及$M=2$的軌跡。

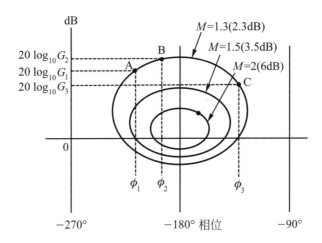

圖 6-44　M = 1.3、1.5 及 2 的尼可士圖

三、以相同於上述常數 M 圓轉換至幅量－相位平面的步驟，亦可將常數 N 軌跡轉移至幅量－相位平面上。

四、典型的尼可士圖，如圖 6-45 所示。

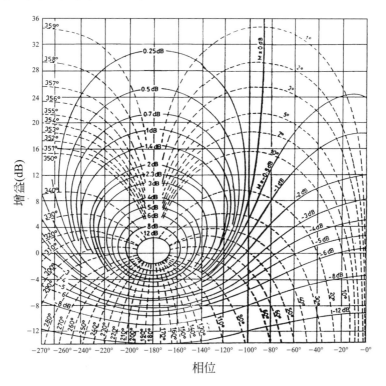

圖 6-45　尼可士圖

五、尼可士圖的應用

　　將$G(j\omega)$的軌跡描繪在尼可士圖表上面，可用來決定閉路系統的尖峰共振M_p、共振頻率ω_p、頻帶寬度ω_{BW}、增益邊限 G.M.及相位邊限 P.M.等頻域規格，其做法為

1. 尖峰共振M_p，共振頻率ω_p

　　由$G(j\omega)$的軌跡與常數M圓相切點處的頻率及大小決定之。

2. 頻帶寬度ω_{BW}

　　當閉路直流增益為 1 時，由$G(j\omega)$的軌跡與常數M圓的-3dB軌跡之交點頻率決定之。

3. 增益邊限 G.M.

　　當$G(j\omega)$的軌跡在相位為$-180°$時，其大小(dB值)與 0dB 之差距決定之。

4. 相位邊限 P.M.

　　當$G(j\omega)$的軌跡在大小為 0dB 時，其相角與$-180°$間之差距決定之。

【例 1】下圖所示為$G(j\omega)$軌跡及尼可士圖，試求

　　　　(1)共振頻率ω_p　　　　(2)尖峰共振M_p

　　　　(3)增益邊限 G.M.　　　(4)相位邊限 P.M.

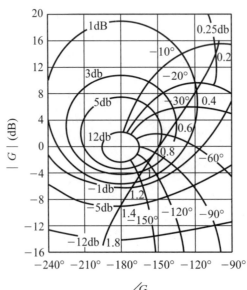

解：⑴⑵ $G(j\omega)$ 曲線與常數 M 圓

　　　　在大小為 5dB 時相切，其切點處的頻率及大小值分別為

　　　　共振頻率 $\omega_p = 0.8\text{rad/sec}$ 及

　　　　尖峰共振 $M_p = 5\text{dB}$

　　⑶ $G(j\omega)$ 曲線在 $(-180°)$ 時的大小與 0dB 的差距

　　　G.M. $= 0 - (-9.4) = 9.4\text{dB}$

　　⑷ $G(j\omega)$ 曲線在 0dB 時的相位與 $(-180°)$ 的差距

　　　P.M. $= -148° - (-180°) = 32°$

重點摘要

1. 線性非時變系統的頻率響應

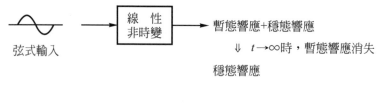

弦式輸入

暫態響應＋穩態響應

⇩　$t\to\infty$時，暫態響應消失

穩態響應

$r(t)=A\sin\omega t$ ⟶ 線性非時變 ⟶ $y(t)=B\sin(\omega t+\phi)$

$$放大率 = \frac{B}{A} = \frac{輸出振幅}{輸入振幅}$$

$$相位差 = \phi = 輸出相位 - 輸入相位$$

標準的負回授控制系統的轉移函數

$$M(s)=\frac{Y(s)}{R(s)}=\frac{G(s)}{1+G(s)H(s)}，s=\sigma+j\omega$$

當系統在正弦穩態時，令$s=j\omega$

$$M(j\omega)=\frac{Y(j\omega)}{R(j\omega)}=\frac{G(j\omega)}{1+G(j\omega)H(j\omega)}$$

$$=實部+虛部=\mathrm{Re}[M(j\omega)]+j\mathrm{Im}[M(j\omega)]$$

$$=大小+相角$$

$$=\frac{|G(j\omega)|}{|1+G(j\omega)H(j\omega)|}\Bigg/\underline{\frac{G(j\omega)}{1+G(j\omega)H(j\omega)}}$$

2. 波特圖

   (1) 由幅量－頻率及相角－頻率二種圖形組成

   (2) 基本常見的波德圖

① 常數 K

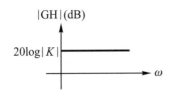
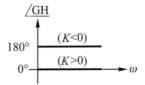

② 過原點的極點 $\dfrac{1}{(j\omega)}$

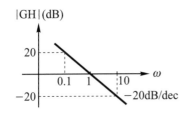
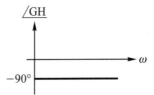

③ 過原點的零點 $(j\omega)$

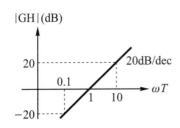
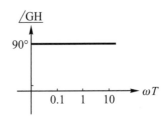

④ 一階極點 $(\dfrac{1}{1+j\omega T})$

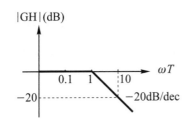
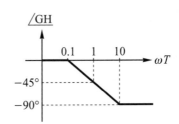

⑤ 一階零點$(1 + j\omega T)$

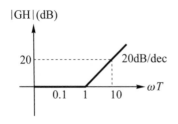 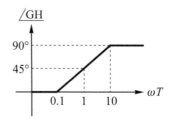

(3) 極小相位系統的轉移函數

① 型式 0

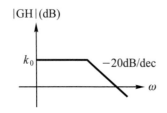

$$GH(j\omega) = \frac{k_p}{1 + j\omega T}$$

其中 $20\log k_p = k_0$，可求得 k_p

② 型式 1

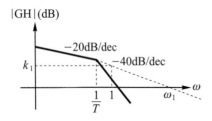

$$GH(j\omega) = \frac{k_v}{j\omega(1 + j\omega T)}$$

其中 $k_v = \omega_1$ 或由 $20\log k_v = k_1$ 推得 k_v 值

③ 型式 2

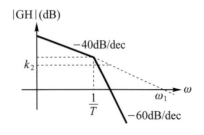

$$GH(j\omega) = \frac{k_a}{(j\omega)^2(1 + j\omega T)}$$

其中 $k_a = \omega_1$ 或由 $20\log k_a = k_2$ 推得 k_a 值

3. 極座標圖

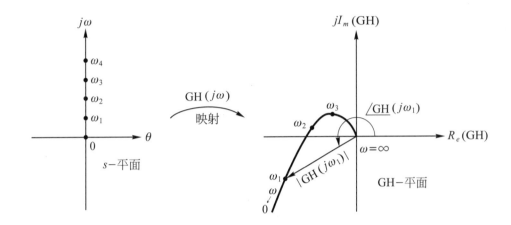

極座標圖的描繪步驟：

(1) 將轉移函數 $GH(s)$，以 $s = j\omega$ 代入。將 $GH(j\omega)$ 的實部及虛部描繪在由 $GH(s)$ 的實部($R_e(GH)$)及 $GH(s)$ 的虛部($jIm(GH)$)所形成的平面上。

(2) 將 $GH(j\omega)$ 依序由 $\omega = 0$ 到 ∞ 的幅量及相位角(或實部及虛部)描繪出，即

　① $\omega = 0$ 時的幅量及相位

　　(相位的量度，當逆時針方向時為正值，順時針方向時為負值)。

　② $\omega = \infty$ 時的幅量及相位

　③ 與實軸的交點

　④ 與虛軸的交點

　⑤ 特殊點的幅量及相位

4. 奈奎氏穩定準則

(1) 利用開迴路轉移函數 GH 的頻率響應圖形來判斷閉迴路系統的穩定度。

(2) 討論閉迴路控制系統轉移函數 $\dfrac{G(s)}{1 + G(s)H(s)}$ 的穩定度：

　① 依據 $G(s)H(s)$ 的極點、零點的性質決定出奈氏路徑

　② 描繪 $G(s)H(s)$ 的奈氏圖

　③ 由 $G(s)H(s)$ 的奈氏圖觀察在 $G(s)H(s)$ 平面的封閉路徑包圍原點及 $(-1, j0)$ 點的情形來決定 N_0 及 N_{-1} 之值

　④ 若已求得 Z_0 值，則可利用 $N_0 = Z_0 - P_0$，求得 P_0 值

⑤　再利用$P_{-1}=P_0$及　$N_{-1}=Z_{-1}-P_{-1}$的關係，求得Z_{-1}值(當$Z_{-1}=0$時，閉路系統為穩定，此時$N_{-1}=P_{-1}$)

5.　簡化的奈奎氏穩定準度

　　$GH(s)$為極小相位系統時

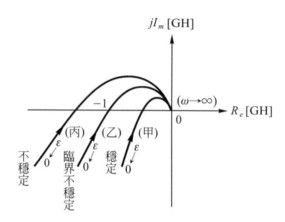

　　如果系統為開路穩定($P_0=0$)，則閉路系統亦為穩定($Z_{-1}=0$)⇔奈奎氏圖不會包到$(-1, 0)$

6.　相對穩定度

　(1)　增益邊限(G.M.)

$$G.M.=20\log\frac{1}{|GH(j\omega_c)|}$$

　　　ω_c為$GH(j\omega)$在相位為$-180°$時的頻率，稱為相位交越頻率。

　(2)　相位邊限(P.M.)

$$P.M.=\underline{/GH(j\omega_g)}-(-180°)$$

　　　ω_g為$GH(j\omega_c)$的大小為1(或 0dB)的頻率，稱為增益交越頻率

　(3)　在極座標圖與波得圖中的表示法

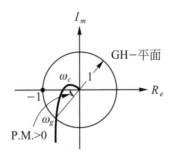
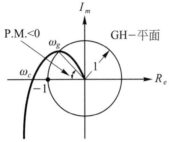

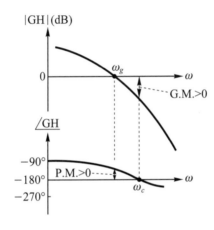
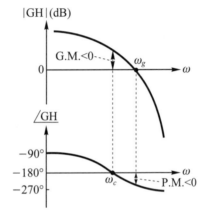

7. 閉路系統的頻域規格

 (1) 一階單位負回授系統

頻寬 $\text{B.W.} = \dfrac{1}{\tau}$

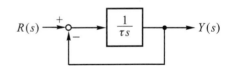

 (2) 二接單位負回授系統性能規格

共振頻率 $\omega_p = \omega_n\sqrt{1-2\zeta^2}$ 　$(0 < \zeta < 0.707)$

尖峰頻率 $M_p = \dfrac{1}{2\zeta\sqrt{1-\zeta^2}}$ 　$(0 < \zeta < 0.707)$

頻寬 $\text{B.W.} = \omega_n\sqrt{(1-2\zeta^2)+\sqrt{4\zeta^4-4\zeta^2+2}}$

習　題

1.　試求下述各小題的直流增益值

(1)假設一控制系統之轉移函數為$G(s) = \dfrac{5}{s^2 + 2s + 5}$，則此一系統之直流增益為何？

(2)一具有穩定性的單位負回授系統之系統為型式1時，則該閉迴路系統的直流增益為何？

2.　一線性二階系統，其輸出與輸入間轉移函數關係為$\dfrac{Y(s)}{U(s)} = \dfrac{850}{s^2 + 12s + 850}$，如果輸入一信號$u(t) = 10\sin(25t + 20°)$，則其輸出信號$y(t)$在穩態時域響應為何？

3.　若轉移函數為$\dfrac{1}{s^2}$，則其大小的波德圖斜率為何？又其相角的波德圖在$\omega = 10$弳／秒時為何？

4.　試描繪下列各小題的波德圖

$(1)GH(s) = \dfrac{s + 10}{s(s + 100)}$　　$(2)GH(s) = \dfrac{8\left(s + \dfrac{1}{2}\right)}{s(s^2 + s + 4)}$

5.　下圖為濾波器之波德曲線的近似圖，根據此曲線，此濾波器之轉移函數應為

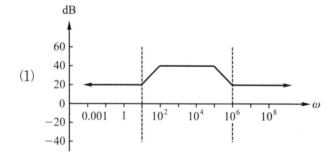

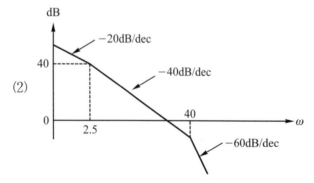

6. 圖(a)非反相放大電路中的運算放大器，有如圖(b)所示的開迴增益波德圖，此運算放大器的其餘特性均假設為理想狀況，且$R_1 = 1$仟歐姆，$R_2 = 9$仟歐姆，$V_1 = 0.1\sin(2\pi ft)$伏特，試求下列各小題的輸出電壓V_o的表示式

   (1)$f = 100\text{Hz}$

   (2)$f = 100\text{kHz}$

   (3)$f = 10^6\text{Hz}$

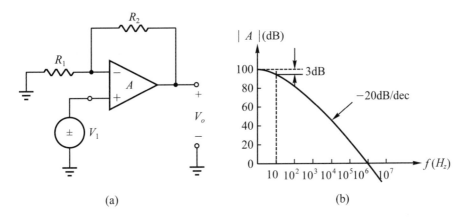

(a)　　　　　　　　　(b)

7. 以實驗方式量測某直接耦合(direct-coupled)電壓放大器之頻率響應特性時，獲得下表的數據，其中輸入信號$v_i = V_1\sin(2\pi ft)$伏特，輸出信號$v_o = V_2\sin(2\pi ft - \theta)$伏特。假設實驗過程中放大器沒有發生飽和現象，則此放大器的頻寬約為多少？

V_1	f	V_2	θ
0.05 伏特	1 赫芝	5.00 伏特	0°
0.05 伏特	10 赫芝	5.00 伏特	0°
0.05 伏特	100 赫芝	4.99 伏特	2.5°
0.05 伏特	250 赫芝	4.98 伏特	5.6°
0.05 伏特	1 仟赫芝	4.64 伏特	22°
0.05 伏特	5 仟赫芝	2.24 伏特	63°
0.05 伏特	10 仟赫芝	1.21 伏特	76°
0.05 伏特	25 仟赫芝	0.50 伏特	84°
0.05 伏特	50 仟赫芝	0.25 伏特	87°

註：假設此放大器為一階系統，且其零點之頻率為無窮大

8. 一個系統的轉移函數為$G(s) = \dfrac{10}{s(s+1)(s+2)}$，如令$s = j\omega$以求其極座標圖，則$G(j\omega)$的虛數部份為零時，$\omega$為多少？

9. 試繪開迴路轉移函數

   $GH(s) = \dfrac{s+3}{s^2 + 4s + 16}$的極座標圖。

10. 若定義奈氏路徑(Nyquist path)的方向為逆時針。某單位負回授系統的開迴路轉移函數在s平面的右半平面的極點個數為2，奈氏圖(Nyquist plot)環繞$-1 + j0$的圈數為N，則對於使系統穩定的N及奈氏圖繞圈方向為何？

11. ⑴下圖所示為一個單位回授控制系統的開迴路轉移函數$G(s)$之完全尼奎氏圖，若 $G(s)$ 有一個零點在s平面的右半側，又$(-1, j0)$在A點處，試就閉迴路系統討論其穩定性。

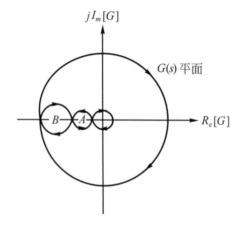

   ⑵若$G(s)$無零點在s平面的右半側，又$(-1, j0)$點在B處。試就閉迴路系統討論其穩定性。

12. 右圖所示某單位負回授系統的開路轉移
    函數為

    $G(s) = \dfrac{kP(s)}{Q(s)}$

    ($Q(s)$無因式在右半平面)
    當$k = 50$時的奈奎氏圖，試求系統為穩
    定的k值範圍。

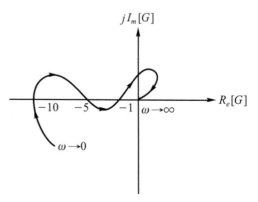

13. 若一單位負回授控制系統之開迴路轉移函數為 $G(s) = \dfrac{1}{s(s+1)^2}$，則該系統之增益邊限約為多少 dB？

14. 若系統之迴路轉移函數為 $G(s)H(s) = \dfrac{9}{s(s+2)^2}$，則系統之相位交越頻率為何？

15. 右圖所示回授控制系統，試利用(1)羅斯準則，(2)奈奎氏準則，求閉路系統為穩定的 k 值範圍。

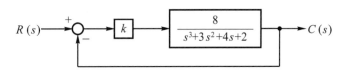

16. 下圖所示為單位回授控制系統的開路增益及相位的波德圖，試求
　(1)增益交越頻率 ω_g
　(2)相位邊限 P.M.
　(3)相位交越頻率 ω_c
　(4)增益邊限 G.M.

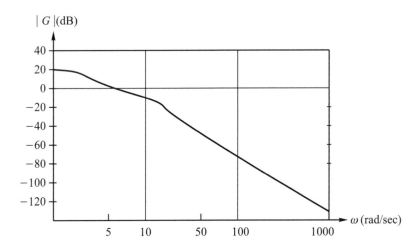

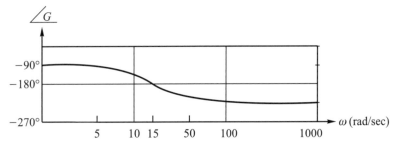

17. (1)對一單位負回授系統，若開迴路轉移函數為：

$$G(s) = \frac{K}{s^2 + 10s}$$

　　當 $K = 1$ 時，試用波德圖近似法求其增益邊界 G.M. 之值。

(2)承上題，當系統在 $K = 10$ 時，其相角邊界 P.M. 之值。

18. 某單位負回授控制系統，已知其開迴路轉移函數為

$$G(s) = \frac{k}{s(1 + 0.1s)(1 + s)}$$

(1)欲使系統的 G.M. 為 20dB，試求 k 值。

(2)欲使系統的 P.M. 為 60°，試求 k 值。

(3)欲使系統的尖峰共振 $M_p = 1.4$，試求 k 值。

19. 若二階系統，其輸出入之轉移函數：$G(s) = 4/(s^2 + 2s + 4)$，則其尖峰共振值 M_p 為何？

20. 放大器的轉移函數為 $\dfrac{10}{s + 1}$，若輸入為極高頻率的正弦訊號，則輸出訊號與輸入訊號比較，其相位差多少？

21. 試求下列各小題系統的頻帶寬度

(1)單位負回授控制系統之開迴路轉移函數為 $G(s) = \dfrac{1000}{s + 100}$

(2)二階控制系統之輸出輸入轉移函數為

$$T(s) = \frac{10000}{s^2 + 141.42s + 10000}$$

習題解答

1.　(1) 1　(2) 1

2.　$22.67\sin(25t - 33°)$

3.　-40dB/decade，-180度

4.　(1)

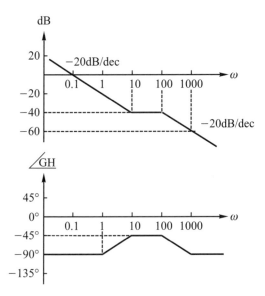

(2)

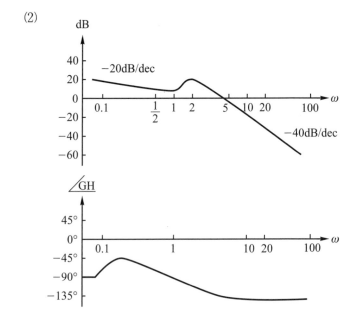

5. (1)$\dfrac{10(s+10)(s+10^6)}{(s+10^2)(s+10^5)}$ (2)$\dfrac{250}{s(1+0.4s)(1+0.025s)}$

6. (1)$\sin(200\pi t)$伏特   (2)$0.7\sin(2\times10^5\pi t-45°)$伏特   (3)$0.1\sin(2\times10^6\pi t-90°)$伏特

7. 2.5kHz

8. $\sqrt{2}$rad/sec

9.

10. $N=2$，順時針

11. (1)系統不穩定，有三個極點在右半平面   (2)系統穩定

12. $0<k<5$ 或 $10<k<50$

13. 6dB

14. 2rad/sec

15. $-0.25<k<1.25$

16. (1)$\omega_g=5$rad/sec   (2)P.M.$=50°$ (3)$\omega_c=15$rad/sec   (4)G.M.$=20$dB

17. (1)∞dB   (2)$90°$

18. (1)1.1 (2)0.577 (3)0.85

19. 1.155

20. 落後$90°$

21. (1)1100rad/sec   (2)100rad/sec

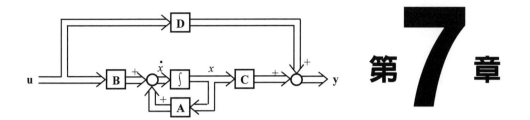

第**7**章

狀態變數模型與分析

簡要說明

　　針對一個實際的物理系統，依其所需滿足之輸入與輸出的物理關係，以數學化的方式來進行系統的描述，建立完成對應的模型(Model)；此種以系統輸入及輸出關係求得轉移函數之過程，稱爲系統建模(System Modeling)。一般控制系統建模可以有時域(描述物理訊號對時間的關係)或頻域(描述系統特性對不同工作頻率的關係)的方式，另外有轉移函數、狀態空間與極零點增益公式的表示方式。

　　轉移函數是在1960年代以前所發展的，屬於古典控制的範疇，其構成的主體是拉式轉換，適用在單輸入單輸出(SISO)的系統。狀態空間是在 1960 年代以後發展的，屬於近代控制，其構成的主體是向量矩陣，可處理多輸入多輸出(MIMO)系統。

　　在時域控制是以微分方程式做爲分析的基礎。由微分數學的觀點可知，一個高階微分方程式可以被轉換成數個一階微分方程式的組合型式，而每一個的一階微分方程式皆代表著該控制系統內部的其中一個狀態之動態行爲；亦即由數個一階微分方程式所組成的，用來表示控制系統的動態特性，被稱爲「狀態方程式」。

動態方程式

　　狀態方程式是用來描述狀態變數$x(t)$與輸入變數$u(t)$之間的關係。另輸出方程式則是描述輸出變數與狀態變數$x(t)$、輸入變數$u(t)$之間的關係。又狀態方程式與輸出方程式合成爲動態方程式。(相關的介紹請參閱光碟片的 7-2 節)

動態方程式的解

　　產生出來的狀態方程式就必須設法求得狀態變數的解，其求解方式可透過狀態轉移矩陣$\Phi(t)$的協助。而$\Phi(t)$的獲得可以藉由反拉氏轉換的技巧或是凱里-漢來頓定理的運算來完成，後者需運用到特徵值與特徵向量的計算。(相關介紹請參閱光碟片的 7-3 節，7-4 節)

系統的數學模型

　　一個線性系統的數學模型可以是微分方程式、轉移函數、動態方程式的表達方式，三者之間存在著相互轉換的關係；其中

(甲) 轉移函數 ⇨ $\left\{\begin{array}{l}\text{直接分解法}\\[4pt]\text{串聯分解法}\\[4pt]\text{並聯分解法}\end{array}\right\}$ ⇨ 動態方程式(相關介紹請參閱光碟片的 7-5 節)

(乙) 微分方程式 ⇨ 狀態變數 ⇨ 動態方程式(相關介紹請參閱光碟片的 7-6 節)

(丙) 以狀態模型(動態方程式)法來描述系統，其可利用計算機輔助以數值分析的方法來求解。

　　　狀態模型 ⇨ 拉氏轉換 ⇨ 轉換函數矩陣(相關介紹請參閱光碟片的 7-10 節)

控制性與觀測性

　　一個線性非時變系統，在輸入端是否可以影響系統內的狀態變數(控制性)，在輸出端是否可以得知系統內狀態變數的變化情形(觀測性)。

　　若該系統是以動態方程式做呈現(相關介紹請參閱光碟片的 7-7 節)

　　若該系統是以轉換函數做呈現(相關介紹請參閱光碟片的 7-9 節)

　　又在動態方程式的系統矩陣，若能予以對角化，則在判斷控制性、觀測性會更加迅速。(相關介紹請參閱光碟片的 7-8 節)

　　※「狀態變數模型與分析」之完整內容，請參考附書光碟。

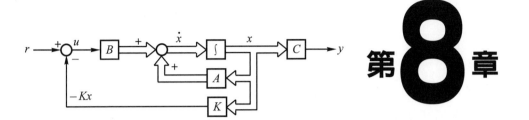

控制系統的設計與補償

第 8 章

簡要說明

控制系統設計的目標是希望達到快(反應速度快)、穩(穩定性好)、準(精準)。但該三項目標之間必須折衷處理或是加入適當的補償器(安置方式有串聯補償、並聯補償、串並聯補償、狀態回授補償)做改善。(相關介紹請參閱光碟片的 8-1 節)

控制器的控制動作

控制器的三種基本控制動作：比例(P)控制、積分(I)控制、微分(D)控制。其可被組合成 PI 控制器、PD 控制器、PID 控制器。

PID 控制器

Nicolas Mimorsky 在 1921 年提出 PID(比例-積分-微分)控制理論，就是將系統的誤差訊號做大小(即：比例)調變、誤差訊號做累積(即：積分調變)調變、誤差訊號做變化率(即：微分)調變，將三者的調變值給予不同程度的數值，再將其做加總合成至受控系統的驅動輸入訊號，其可以改善閉路控制系統的暫態與穩態特性。前述的

比例調變是指將目前的誤差訊號乘上一個比例控制的參數值 k_P。

積分調變是指將誤差訊號累加(過去累計誤差)後乘上一個積分控制的參數值 K_I。

微分調變是指將相鄰二階段控制過程的誤差訊號的差值(做為預估未來誤差的參考)乘上一個微分控制的參數值 K_D。

在實務應用方面，由於PID控制架構簡單，仍被工業界廣泛的使用。PID控制器根據過往的數據和差別的出現率來調整輸入值，藉由調整 PID 控制器的三個參數，可以調整控制系統，設法滿足設計需求，使系統能夠更加準確穩定。若未知受控系統的特性，一般認為 PID 控制器是最適用的控制器。(相關介紹請參閱光碟片的 8-2 節～8-5 節)

狀態回授設計

動態方程式的內部狀態變數以固定增益來做回授，可以安置閉路極點(特性根)至特定的位置，此種方法即為狀態回授設計。因為一個實體完成的動態系統，若其性能未能符合要求，此時可以透過設計額外的控制器(或稱補償器)，利用硬體的電路方式或軟體來實現，以達成調整該動態系統的性能指標。(相關介紹請參閱光碟片的 8-6 節)

補償器

　　另在補償器又可分為相位領先補償器、相位落後補償器、相位落後-領先補償器。
(相關介紹請參閱光碟片的 8-7 節)

　　※「控制系統的設計與補償」之完整內容，請參考附書光碟。

附 錄

附錄 A　拉氏轉換表

$f(t)$	$\pounds\{f(t)\}=F(s)$	$f(t)$	$\pounds\{f(t)\}=F(s)$
1.　1	$\dfrac{1}{s}$	16.　$e^{at}\sinh kt$	$\dfrac{k}{(s-a)^2-k^2}$
2.　t	$\dfrac{1}{s^2}$	17.　$e^{at}\cosh kt$	$\dfrac{s-a}{(s-a)^2-k^2}$
3.　t^n	$\dfrac{n!}{s^{n+1}}$，n為正整數	18.　$t\sin\omega t$	$\dfrac{2\omega s}{(s^2+\omega^2)^2}$
4.　$t^{-1/2}$	$\sqrt{\dfrac{\pi}{s}}$	19.　$t\cos\omega t$	$\dfrac{s^2-\omega^2}{(s^2+\omega^2)^2}$
5.　$t^{1/2}$	$\dfrac{\sqrt{\pi}}{2s^{3/2}}$	20.　$\dfrac{e^{at}-e^{bt}}{a-b}$	$\dfrac{1}{(s-a)(s-b)}$
6.　t^α	$\dfrac{\Gamma(\alpha+1)}{s^{\alpha+1}}$，$\alpha>-1$	21.　$\dfrac{ae^{at}-be^{bt}}{a-b}$	$\dfrac{s}{(s-a)(s-b)}$
7.　$\sin\omega t$	$\dfrac{\omega}{s^2+\omega^2}$	22.　$\delta(t)$	1
8.　$\cos\omega t$	$\dfrac{s}{s^2+\omega^2}$	23.　$\delta(t-a)$	e^{-as}
9.　$\sinh kt$	$\dfrac{k}{s^2-k^2}$	24.　$u_s(t-a)$	$\dfrac{e^{-as}}{s}$
10.　$\cosh kt$	$\dfrac{s}{s^2-k^2}$	25.　$\dfrac{e^{bt}-e^{at}}{t}$	$\ln\dfrac{s-a}{s-b}$
11.　e^{at}	$\dfrac{1}{s-a}$	26.　$e^{at}f(t)$	$F(s-a)$
12.　$e^{at}t$	$\dfrac{1}{(s-a)^2}$	27.　$f(t-a)u_s(t-a)$	$e^{-as}F(s)$
13.　$e^{at}t^n$	$\dfrac{n!}{(s-a)^{n+1}}$，n為正整數	28.　$f^{(n)}(t)$	$s^nF(s)-s^{n-1}f(0)-s^{n-2}f'(0)-\cdots-f^{(n-1)}(0)$
14.　$e^{at}\sin\omega t$	$\dfrac{\omega}{(s-a)^2+\omega^2}$	29.　$(-t)^nf(t)$	$\dfrac{d^n}{ds^n}F(s)$
15.　$e^{at}\cos\omega t$	$\dfrac{s-a}{(s-a)^2+\omega^2}$	30.　$\int_0^t f(\tau)g(t-\tau)d\tau$	$F(s)G(s)$

附錄 B　利用部份分式法推求反拉氏轉換

1.　$F(s)$有多階極點的部份分式展開法

$$F(s)=\frac{P(s)}{Q(s)}=\frac{P(s)}{(s-a)^k(s-b)(s-c)\cdots}$$

$$=\left[\frac{A_k}{(s-a)^k}+\frac{A_{k-1}}{(s-a)^{k-1}}+\frac{A_{k-2}}{(s-a)^{k-2}}+\cdots\right.$$

$$\left.+\frac{A_1}{(s-a)}\right]+\frac{B}{s-b}+\frac{C}{s-c}+\cdots$$

(B-1)

下面要做的是如何來求係數A_k，A_{k-1}，A_{k-2}，…，A_1(係數B、C、……可利用單階極點的方法求得)。

令$M(s)=\dfrac{B}{s-b}+\dfrac{C}{s-c}+\cdots$，則(B-1)式可表示成

$$\frac{P(s)}{(s-a)^k(s-b)(s-c)\cdots}=\left[\frac{A_k}{(s-a)^k}+\frac{A_{k-1}}{(s-a)^{k-1}}+\cdots+\frac{A_1}{(s-a)}\right]+M(s) \tag{B-2}$$

對(B-2)式左右二側同乘$(s-a)^k$

$$\frac{P(s)}{(s-b)(s-c)\cdots}=[A_k+A_{k-1}(s-a)+A_{k-2}(s-a)^2+\cdots$$
$$+A_1(s-a)^{k-1}]+M(s)(s-a)^k \tag{B-3}$$

若令$H(s)=\dfrac{P(s)}{(s-b)(s-c)\cdots}$，則(B-3)式可表示成

$$H(s)=[A_k+A_{k-1}(s-a)+A_{k-2}(s-a)^2+\cdots+A_1(s-a)^{k-1}]+M(s)(s-a)^k \tag{B-4}$$

令$s=a$代入(B-4)式，則

$$H(a)=[A_k+A_{k-1}(a-a)+A_{k-2}(a-a)^2+\cdots+A_1(a-a)^{k-1}]+M(s)(a-a)^k=A_k$$

即可求得$A_k=H(a)=\dfrac{1}{0!}H(a)$，又就(B-4)式左右二側，對$s$做微分，得

$$H'(s)=[1A_{k-1}+2A_{k-2}(s-a)+\cdots+(k-1)A_1(s-a)^{k-2}]+\frac{d}{ds}M(s)(s-a)^k \tag{B-5}$$

令$s=a$代入(B-5)式，則

$$H'(a)=[A_{k-1}+2A_{k-2}(a-a)+\cdots+(k-1)A_1(a-a)^{k-2}]+\frac{d}{ds}M(s)(s-a)^k\bigg|_{s=a}$$
$$=A_{k-1}$$

即$A_{k-1}=H'(a)=\dfrac{1}{1!}H'(a)$

又就(B-5)式左右二側再對s做微分，得

$$H''(s)=[(2)(1)A_{k-2}+\cdots]+\frac{d^2}{ds^2}M(s)(s-a)^k \tag{B-6}$$

令 $s=a$ 代入(B-6)式，則 $H''(a)=[(2)(1)A_{k-2}+\cdots]+\dfrac{d^2}{ds^2}M(s)(s-a)^k\bigg|_{s=a}$

即 $A_{k-2}=\dfrac{1}{(2)(1)}H''(a)=\dfrac{1}{2!}H''(a)$

推論：$A_{k-i}=\dfrac{1}{i!}H^{(i)}(a)$

2. $F(s)$ 的極點為單共軛複數的部份分式展開法

$$F(s)=\frac{P(s)}{Q(s)}=\frac{P(s)}{[(s-a)^2+b^2](s-c)(s-d)\cdots}$$
$$=\frac{As+B}{(s-a)^2+b^2}+\frac{C}{s-c}+\frac{D}{s-d}+\cdots \tag{B-7}$$

令 $M(s)=\dfrac{C}{s-c}+\dfrac{D}{s-d}+\cdots$ ，則(B-7)式可表示成

$$\frac{P(s)}{[(s-a)^2+b^2](s-c)(s-d)\cdots}=\frac{As+B}{(s-a)^2+b^2}+M(s) \tag{B-8}$$

對(B-8)式二側同乘 $[(s-a)^2+b^2]$

$$\frac{P(s)}{(s-c)(s-d)\cdots}=(As+B)+M(s)[(s-a)^2+b^2] \tag{B-9}$$

再令 $H(s)=\dfrac{P(s)}{(s-c)(s-d)\cdots}$ ，則(B-9)式可表成

$$H(s)=(As+B)+M(s)[(s-a)^2+b^2] \tag{B-10}$$

令 $s=a+jb$ 代入(B-10)式

$$H(a+jb)=(A(a+jb)+B)+M(s)[(a+jb-a)^2+b^2]$$
$$=(Aa+B)+jAb \tag{B-11}$$

令 $H(a+jb)=U+jV$ 代入(B-11)式，則 $U+jV=(Aa+B)+jAb$

比較係數：$\begin{cases} Aa+B=U \\ Ab=V \end{cases}$

解得 $A = \dfrac{V}{b}$, $B = U - Aa = U - \dfrac{a}{b}V$

故 $\dfrac{As + B}{(s - a)^2 + b^2} = \dfrac{\dfrac{V}{b}s + \left(U - \dfrac{a}{b}V\right)}{(s - a)^2 + b^2} = \dfrac{\dfrac{V}{b}(s - a) + U}{(s - a)^2 + b^2}$

$$= \dfrac{V}{b} \cdot \dfrac{(s - a)}{(s - a)^2 + b^2} + \dfrac{U}{b} \cdot \dfrac{b}{(s - a)^2 + b^2} \qquad \text{(B-12)}$$

對(B-12)式取反拉氏轉換，得

$$\dfrac{V}{b}e^{at}\cos bt + \dfrac{U}{b}e^{at}\sin bt = \dfrac{e^{at}}{b}[V\cos bt + U\sin bt]$$

附錄 C　BIBO 穩定度證明

定義

某線性非時變(L.T.I.)系統，輸入為 $u(t)$ ，輸出為 $y(t)$

$$u(t) \longrightarrow \boxed{\text{L.T.I.}} \longrightarrow y(t)$$

若 $|u(t)| \le N < \infty \Rightarrow |y(t)| \le M < \infty$

定理

$$\delta(t) \longrightarrow \boxed{\text{L.T.I.}} \longrightarrow h(t) \quad (\text{脈衝響應})$$

$$u(t) \longrightarrow \boxed{\text{L.T.I.}} \longrightarrow y(t) \quad (\text{任一輸入的響應})$$

$$\text{BIBO 穩定} \Leftrightarrow \int_{-\infty}^{\infty} |h(\tau)| d\tau < \infty \qquad \text{(c-1)}$$

證明

利用迴旋積分的觀念，得知 L.T.I.系統的輸入、輸出可表示成

$$y(t) = \int_{-\infty}^{\infty} u(\tau)h(t - \tau)d\tau = \int_{-\infty}^{\infty} h(\tau)u(t - \tau)d\tau \qquad \text{(c-2)}$$

(a)求證：若 $\int_{-\infty}^{\infty}|h(\tau)|d\tau<\infty\Rightarrow$ 系統爲 BIBO 穩定，由(c-2)，對方程式二側取絕對值

$|y(t)|=\left|\int_{-\infty}^{\infty}h(\tau)u(t-\tau)d\tau\right|\le\int_{-\infty}^{\infty}|h(\tau)||u(t-\tau)|d\tau$，因爲輸入爲有限，即 $|u(t)|\le N<\infty$

則 $|y(t)|\le\int_{-\infty}^{\infty}|h(\tau)|Md\tau=N\int_{-\infty}^{\infty}|h(\tau)|d\tau$　　　　　　　　　　　　　　(c-3)

又因爲已知 $\int_{-\infty}^{\infty}|h(\tau)|d\tau<\infty$(令 $\int_{-\infty}^{\infty}|h(\tau)|d\tau=P$)代入(c-3)

$|y(t)|\le NP=M<\infty$(令 NP 的乘積爲 M)，故系統爲 BIBO 穩定

(b)求證：若系統爲 BIBO 穩定 $\Rightarrow\int_{-\infty}^{\infty}|h(\tau)|d\tau<\infty$

　等效於：$\int_{-\infty}^{\infty}|h(\tau)|d\tau=\infty\Rightarrow$ 系統非 BIBO 穩定

　選定一個有界的輸入訊號 $u(t)$ 爲下述的符號函數

$$u(t-\tau)=sgn(h(t))=\begin{cases}-1 & , & h(\tau)<0\\ 0 & , & h(\tau)=0\\ 1 & , & h(\tau)>0\end{cases}$$

　由(c-2)

$$則 y(t)=\int_{-\infty}^{\infty}h(\tau)u(t-\tau)d\tau=\int_{-\infty}^{\infty}h(\tau)sgn(h(\tau))d\tau=\int_{-\infty}^{\infty}|h(\tau)|d\tau=\infty$$

　亦即有界輸入，卻得到無界的輸出，所以系統不是 BIBO 穩定

註：利用 L.T.I.系統的轉移函數(T.F.)判別系統的 BIBO 穩定

　　　BIBO 穩定 $\Leftrightarrow R_e(p_i)<0$，$i=1$，$2$，$\cdots$，$n$

證明

$$\delta(t)\longrightarrow\boxed{\text{L.T.I.}}\longrightarrow h(t)$$

$$T.F.=\pounds[h(t)]=H(s)$$

一般 $H(s)$ 可以表示成 $H(s)=\sum_{i=1}^{n}\frac{A_i}{(s-p_i)^k}$　(其中 p_i 爲具有實根或共軛複根的極點)

將其 $\pounds.T.^{-1}$

$$h(t)=\sum_{i=1}^{n}A_i\frac{t^{k_i-1}}{(k_i-1)_0^!}e^{p_it}$$

所以 $h(t)$ 滿足 BIBO 穩定的充要條件爲 $R_e(p_i)<0$，$\forall_i$

附錄 D　二階系統外加單位步級函數$u_s(t)$的輸出結果推導

外加單位步級函數$u_s(t)$到標準二階系統中，其輸出為

$$C(s) = \frac{\omega_n^2}{s^2 + 2\zeta\omega_n s + \omega_n^2} R(s) = \frac{\omega_n^2}{s^2 + 2\zeta\omega_n s + \omega_n^2} \frac{1}{s}$$

情況 1

當阻尼比 $0 < \zeta < 1$(欠阻尼)時

$$C(s) = \frac{\omega_n^2}{s[(s + \zeta\omega_n)^2 + \omega_n^2 - (\zeta\omega_n)^2]}$$

$$= \frac{\omega_n^2}{s[(s + \zeta\omega_n)^2 + (\omega_n\sqrt{1 - \zeta^2})^2]}$$

$$= \frac{1}{s} - \frac{s + 2\zeta\omega_n}{(s + \zeta\omega_n)^2 + (\omega_n\sqrt{1 - \zeta^2})^2}$$

其中$£^{-1}\left[\dfrac{s + 2\zeta\omega}{(s + \zeta\omega_n)^2 + (\omega_n\sqrt{1 - \zeta^2})^2}\right]$的求法，可利用附錄 B 所提到的反拉氏轉換中的具有單共軛複數極點的解法求之。

極點在$s = -\zeta\omega_n \pm j\omega_n\sqrt{1 - \zeta^2} = a \pm jb$

又$H(s) = \dfrac{\omega_n^2}{s}\Bigg|_{s = -\zeta\omega_n + j\omega_n\sqrt{1-\zeta^2}}$

$$= -\zeta\omega_n - j\omega_n\sqrt{1 - \zeta^2} = U + jV$$

反拉氏轉換的結果為

$$\frac{e^{at}}{b}(V\cos bt + U\sin bt)$$

$$= \frac{e^{-\zeta\omega_n t}}{\omega_n\sqrt{1 - \zeta^2}}(-\omega_n\sqrt{1 - \zeta^2}\cos\omega_n\sqrt{1 - \zeta^2}t$$

$$- \zeta\omega_n\sin\omega_n\sqrt{1 - \zeta^2}t)$$

$$= \frac{-e^{-\zeta\omega_n t}}{\sqrt{1 - \zeta^2}}(\sqrt{1 - \zeta^2}\cos\omega_n\sqrt{1 - \zeta^2}t + \zeta\sin\omega_n\sqrt{1 - \zeta^2}t)$$

$$= \frac{-e^{-\zeta\omega_n t}}{\sqrt{1-\zeta^2}}(1)\left(\frac{\sqrt{1-\zeta^2}}{1}\cos\omega_n\sqrt{1-\zeta^2}t + \frac{\zeta}{1}\sin\omega_n\sqrt{1-\zeta^2}t\right)$$

$$= \frac{-e^{-\zeta\omega_n t}}{\sqrt{1-\zeta^2}}\sin\left(\omega_n\sqrt{1-\zeta^2}t + \tan^{-1}\frac{\sqrt{1-\zeta^2}}{\zeta}\right)$$

故 $c(t) = 1 - \dfrac{e^{-\zeta\omega_n t}}{\sqrt{1-\zeta^2}}\sin\left(\omega_n\sqrt{1-\zeta^2}t + \tan^{-1}\dfrac{\sqrt{1-\zeta^2}}{\zeta}\right)$，$(t \geq 0)$

情況 2

當阻尼比 $\zeta = 1$(臨界阻尼)時

由 $\left. C(s) = \dfrac{\omega_n^2}{s^2 + 2\zeta\omega_n s + \omega_n^2}\dfrac{1}{s} \right|_{\zeta=1}$

$\qquad = \dfrac{\omega_n^2}{s^2 + 2\omega_n s + \omega_n^2}\dfrac{1}{s} = \dfrac{\omega_n^2}{s(s+\omega_n)^2}$

$\qquad = \dfrac{1}{s} + \dfrac{A_2}{(s+\omega_n)^2} + \dfrac{A_1}{(s+\omega_n)}$

係數 A_2、A_1 為：令 $H(s) = \dfrac{\omega_n^2}{s}$

$$A_2 = \left.\frac{1}{0!}H(s)\right|_{s=-\omega_n} = \frac{\omega_n^2}{-\omega_n} = -\omega_n$$

$$A_1 = \left.\frac{1}{1!}H'(s)\right|_{s=-\omega_n} = \left.\frac{-\omega_n^2}{s^2}\right|_{s=-\omega_n} = -1$$

故 $C(s) = \dfrac{1}{s} + \dfrac{-\omega_n}{(s+\omega_n)^2} + \dfrac{-1}{(s+\omega_n)}$，反拉氏轉換，可得

$$c(t) = \pounds^{-1}\left[\frac{1}{s} + \frac{-\omega_n}{(s+\omega_n)^2} + \frac{-1}{(s+\omega_n)}\right] = 1 - e^{-\omega_n t}(1 + \omega_n t)，(t \geq 0)$$

情況 3

當阻尼比 $\zeta > 1$(過阻尼)時

$$C(s) = \frac{\omega_n^2}{s^2 + 2\zeta\omega_n s + \omega_n^2}\frac{1}{s}$$

系統的特性方程式爲 $s^2 + 2\zeta\omega_n s + \omega_n^2 = 0$

特性根爲

$$s_{1,2} = -\zeta\omega_n \pm \omega_n\sqrt{\zeta^2 - 1} = \omega_n(-\zeta \pm \sqrt{\zeta^2 - 1})$$

故　$C(s) = \dfrac{\omega_n^2}{s(s - s_1)(s - s_2)}$

$$= \frac{\dfrac{\omega_n^2}{s_1 s_2}}{s} + \frac{\dfrac{\omega_n^2}{s_1(s_1 - s_2)}}{s - s_1} + \frac{\dfrac{\omega_n^2}{s_2(s_2 - s_1)}}{s - s_2}$$

$$= \frac{1}{s} + \frac{\omega_n^2}{s_1(s_1 - s_2)}\frac{1}{s - s_1} + \frac{\omega_n^2}{s_2(s_2 - s_1)}\frac{1}{s - s_2}$$

$$= \frac{1}{s} + \frac{\omega_n^2}{\omega_n(-\zeta + \sqrt{\zeta^2 - 1})(2\omega_n\sqrt{\zeta^2 - 1})}\frac{1}{s - \omega_n(-\zeta + \sqrt{\zeta^2 - 1})}$$

$$\quad + \frac{\omega_n^2}{\omega_n(-\zeta - \sqrt{\zeta^2 - 1})(-2\omega_n\sqrt{\zeta^2 - 1})}\frac{1}{s - \omega_n(-\zeta - \sqrt{\zeta^2 - 1})}$$

反拉氏轉換可得

$$c(t) = 1 - \frac{1}{2\sqrt{\zeta^2 - 1}(\zeta - \sqrt{\zeta^2 - 1})}e^{-(\zeta - \sqrt{\zeta^2 - 1})\omega_n t}$$

$$\quad + \frac{1}{2\sqrt{\zeta^2 - 1}(\zeta + \sqrt{\zeta^2 - 1})}e^{-(\zeta + \sqrt{\zeta^2 - 1})\omega_n t} \text{ , } (t \geq 0)$$

情況 4

當阻尼比 $\zeta = 0$(無阻尼)時

$$C(s) = \frac{\omega_n^2}{s^2 + 2\zeta\omega_n s + \omega_n^2}\bigg|_{\zeta = 0}\frac{1}{s} = \frac{\omega_n^2}{s(s^2 + \omega_n^2)} = \frac{1}{s} + \frac{-s}{s^2 + \omega_n^2}$$

反拉氏轉換的結果爲 $c(t) = 1 - \cos\omega_n t$ ，$(t \geq 0)$

又系統的特性方程式爲 $s^2 + \omega_n^2 = 0$

特性根爲 $s_1 = j\omega_n$，$s_2 = -j\omega_n$(共軛虛根)

附錄 E　標準二階欠阻尼系統性能規格的推導

欠阻尼系統的輸出響應為

$$c(t) = 1 - \frac{e^{-\zeta\omega_n t}}{\sqrt{1-\zeta^2}}\sin\left(\omega_n\sqrt{1-\zeta^2}t + \tan^{-1}\frac{\sqrt{1-\zeta^2}}{\zeta}\right)$$

1. 上升時間t_r

$$c(t)\big|_{t=t_r} = 1(欠阻尼系統可視上升時間t_r由0\sim100\%)$$

$$c(t_r) = 1 - \frac{e^{-\zeta\omega_n t}}{\sqrt{1-\zeta^2}}\sin\left(\omega_n\sqrt{1-\zeta^2}t + \tan^{-1}\frac{\sqrt{1-\zeta^2}}{\zeta}\right)\bigg|_{t=t_r} = 1$$

可解得　$\omega_n\sqrt{1-\zeta^2}t_r + \tan^{-1}\frac{\sqrt{1-\zeta^2}}{\zeta} = \pi$

故　$t_r = \dfrac{\pi - \tan^{-1}\dfrac{\sqrt{1-\zeta^2}}{\zeta}}{\omega_n\sqrt{1-\zeta^2}}$

2. 尖峰時間t_p

利用$\dfrac{dc(t)}{dt}\bigg|_{t=t_p} = 0$

即$\dfrac{d}{dt}\left[1 - \dfrac{e^{-\zeta\omega_n t}}{\sqrt{1-\zeta^2}}\sin\left(\omega_n\sqrt{1-\zeta^2}t + \tan^{-1}\dfrac{\sqrt{1-\zeta^2}}{\zeta}\right)\right] = 0$

$\dfrac{\zeta\omega_n e^{-\zeta\omega_n t}}{\sqrt{1-\zeta^2}}\sin\left(\omega_n\sqrt{1-\zeta^2}t + \tan^{-1}\dfrac{\sqrt{1-\zeta^2}}{\zeta}\right) -$

$\dfrac{e^{-\zeta\omega_n t}}{\sqrt{1-\zeta^2}}\cos\left(\omega_n\sqrt{1-\zeta^2}t + \tan^{-1}\dfrac{\sqrt{1-\zeta^2}}{\zeta}\right)\omega_n\sqrt{1-\zeta^2}\bigg|_{t=t_p} = 0$

化簡得　$\dfrac{e^{-\zeta\omega_n t}}{\sqrt{1-\zeta^2}}\bigg[\zeta\omega_n\sin\left(\omega_n\sqrt{1-\zeta^2}t + \tan^{-1}\dfrac{\sqrt{1-\zeta^2}}{\zeta}\right)$

$-\omega_n\sqrt{1-\zeta^2}\cos\left(\omega_n\sqrt{1-\zeta^2}t + \tan^{-1}\dfrac{\sqrt{1-\zeta^2}}{\zeta}\right)\bigg]\bigg|_{t=t_p} = 0$

整理得　$\dfrac{e^{-\zeta\omega_n t}}{\sqrt{1-\zeta^2}}\omega_n\bigg[\zeta\sin\left(\omega_n\sqrt{1-\zeta^2}t + \tan^{-1}\dfrac{\sqrt{1-\zeta^2}}{\zeta}\right)$

$-\sqrt{1-\zeta^2}\cos\left(\omega_n\sqrt{1-\zeta^2}t + \tan^{-1}\dfrac{\sqrt{1-\zeta^2}}{\zeta}\right)\bigg]\bigg|_{t=t_p} = 0$

再整理成

$$\frac{e^{-\zeta\omega_n t}}{\sqrt{1-\zeta^2}}\omega_n\sin\left(\omega_n\sqrt{1-\zeta^2}t+\tan^{-1}\frac{\sqrt{1-\zeta^2}}{\zeta}-\tan^{-1}\frac{\sqrt{1-\zeta^2}}{\zeta}\right)\Bigg|_{t=t_p}=0$$

亦即

$$\frac{e^{-\zeta\omega_n t}}{\sqrt{1-\zeta^2}}\omega_n\sin(\omega_n\sqrt{1-\zeta^2}t)\Bigg|_{t=t_p}=0$$

可解得 $\omega_n\sqrt{1-\zeta^2}t_p=\pi$，$2\pi$，$3\pi$，$\cdots$

故第一尖峰時間為　$t_{p_1}=\dfrac{\pi}{\omega_n\sqrt{1-\zeta^2}}=\dfrac{\pi}{\omega_d}$

第二尖峰時間為　$t_{p_2}=\dfrac{2\pi}{\omega_n\sqrt{1-\zeta^2}}=\dfrac{2\pi}{\omega_d}$

3.　最大超越量 M_p

$$M_p=c(t_p)-1=-\frac{e^{-\zeta\omega_n t}}{\sqrt{1-\zeta^2}}\sin\left(\omega_n\sqrt{1-\zeta^2}t+\tan^{-1}\frac{\sqrt{1-\zeta^2}}{\zeta}\right)\Bigg|_{t=t_{p_1}=\frac{\pi}{\omega_n\sqrt{1-\zeta^2}}}$$

$$=-\frac{e^{-\frac{\zeta\pi}{\sqrt{1-\zeta^2}}}}{\sqrt{1-\zeta^2}}\sin\left(\pi+\tan^{-1}\frac{\sqrt{1-\zeta^2}}{\zeta}\right)$$

$$=\frac{e^{-\frac{\zeta\pi}{\sqrt{1-\zeta^2}}}}{\sqrt{1-\zeta^2}}\sqrt{1-\zeta^2}=e^{-\frac{\zeta\pi}{\sqrt{1-\zeta^2}}}$$

最大超越量百分比　$\text{M.O.}=e^{-\frac{\zeta\pi}{\sqrt{1-\zeta^2}}}\times100\ \%$

附錄 F　穩態誤差公式的推導

如右圖所示標準負回授系統方塊圖，其誤差函數 $E(s)$ 滿足

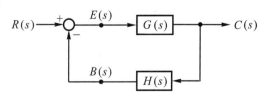

$$E(s)=R(s)-B(s)$$
$$=R(s)-C(s)H(s)$$
$$=R(s)-E(s)G(s)H(s)$$

$$E(s)[1 + G(s)H(s)] = R(s) \text{，} E(s) = \frac{R(s)}{1 + G(s)H(s)}$$

利用終值定理(若系統爲穩定)：$e_{ss} = \lim_{s \to 0} sE(s) = \lim_{s \to 0} \frac{sR(s)}{1 + G(s)H(s)}$

1. 考慮測試訊號爲單位步級函數($r(t) = u_s(t)$)時

$$e_{ss} = \lim_{s \to 0} \frac{sR(s)}{1 + GH(s)} = \lim_{s \to 0} \frac{s\left(\frac{1}{s}\right)}{1 + GH(s)} = \frac{1}{1 + \lim_{s \to 0} GH(s)}$$

定義：位置誤差常數　$K_p = \lim_{s \to 0} GH(s)$，則　$e_{ss} = \frac{1}{1 + K_p}$

2. 考慮測試訊號爲單位斜坡函數($r(t) = t$)時

$$e_{ss} = \lim_{s \to 0} \frac{sR(s)}{1 + GH(s)} = \lim_{s \to 0} \frac{s\left(\frac{1}{s^2}\right)}{1 + GH(s)} = \lim_{s \to 0} \frac{1}{s + sGH(s)} = \frac{1}{\lim_{s \to 0} sGH(s)}$$

定義：速度誤差常數　$K_v = \lim_{s \to 0} sGH(s)$，則　$e_{ss} = \frac{1}{K_v}$

3. 考慮測試訊號爲拋物線函數$\left(r(t) = \frac{1}{2}t^2\right)$時

$$e_{ss} = \lim_{s \to 0} \frac{sR(s)}{1 + GH(s)} = \lim_{s \to 0} \frac{s\left(\frac{1}{s^3}\right)}{1 + GH(s)} = \lim_{s \to 0} \frac{1}{s^2 + s^2GH(s)} = \frac{1}{\lim_{s \to 0} s^2GH(s)}$$

定義：加速度誤差常數　$K_a = \lim_{s \to 0} s^2GH(s)$，則　$e_{ss} = \frac{1}{K_a}$

4. 綜合上述的結果

測試訊號	穩態誤差
$\underset{\quad}{1\llcorner}$	$\dfrac{1}{1 + K_p}$
$t\diagup$	$\dfrac{1}{K_v}$
$\underset{\frac{t^2}{2}}{\diagup}$	$\dfrac{1}{K_a}$

5. 再對開路轉移函數$GH(s)$來分類

$$GH(s) = \frac{k_1(s + z_1)(s + z_2)\cdots}{s^N(s + p_1)(s + p_2)\cdots}(\text{極點－零點型式})$$

$$= \frac{k_2(1 + \tau_{z_1}s)(1 + \tau_{z_2}s)\cdots}{s^N(1 + \tau_{p_1}s)(1 + \tau_{p_2}s)\cdots}(\text{時間常數型式})$$

當$N = 0$時，系統為型式 0

　$N = 1$時，系統為型式 1

　$N = 2$時，系統為型式 2

　　⋮

討論系統的型式與e_{ss}的關係

若為型式 0 系統：

$$GH(s) = \frac{k_1(s + z_1)(s + z_2)\cdots}{s^0(s + p_1)(s + p_2)\cdots} = \frac{k_1(s + z_1)(s + z_2)\cdots}{(s + p_1)(s + p_2)\cdots}$$

(1) 當測試訊號為單位步級函數時

$$K_p = \lim_{s \to 0} GH = \lim_{s \to 0} \frac{k_1(s + z_1)(s + z_2)\cdots}{(s + p_1)(s + p_2)\cdots} = \frac{k_1 z_1 z_2 \cdots}{p_1 p_2 \cdots}，故 \quad e_{ss} = \frac{1}{1 + K_p}$$

(2) 當測試訊號為單位斜坡函數時

$$K_v = \lim_{s \to 0} s\,GH = \lim_{s \to 0} s\frac{k_1(s + z_1)(s + z_2)\cdots}{(s + p_1)(s + p_2)\cdots} = 0，故 \quad e_{ss} = \frac{1}{K_v} = \infty$$

(3) 當測試訊號為拋物線函數時

$$K_a = \lim_{s \to 0} s^2 GH = \lim_{s \to 0} s^2\frac{k_1(s + z_1)(s + z_2)\cdots}{(s + p_1)(s + p_2)\cdots} = 0，故 \quad e_{ss} = \frac{1}{K_a} = \infty$$

至於型式 1、型式 2、……的推導方式與上述的型式 0 相似。

附錄 G 二階單位回授系統頻域性能規格公式的推導

二階單位回授系統方塊圖如右所示：
二階單位回授系統的轉移函數為

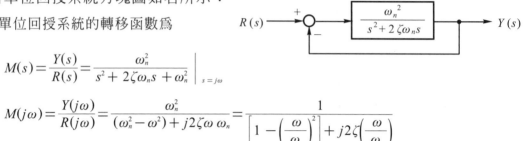

$$M(s) = \frac{Y(s)}{R(s)} = \frac{\omega_n^2}{s^2 + 2\zeta\omega_n s + \omega_n^2}\bigg|_{s=j\omega}$$

$$M(j\omega) = \frac{Y(j\omega)}{R(j\omega)} = \frac{\omega_n^2}{(\omega_n^2 - \omega^2) + j2\zeta\omega\,\omega_n} = \frac{1}{\left[1 - \left(\frac{\omega}{\omega_n}\right)^2\right] + j2\zeta\left(\frac{\omega}{\omega_n}\right)}$$

令　$u = \dfrac{\omega}{\omega_n}$ 代入上式，則

$$M(ju) = \frac{1}{[1 - u^2] + j2\zeta u}，可推得大小及相角$$

大小 $= |M(ju)| = \dfrac{1}{\sqrt{(1-u^2)^2 + (2\zeta u)^2}}$ ，

相角 $= -\tan^{-1}\dfrac{2\zeta u}{1-u^2}$

1.　共振頻率及尖峰共振

$$\frac{d\,|M(ju)|}{du}\bigg|_{u=u_p} = 0 \quad (極大值產生處)$$

$$\frac{d}{du}[(1-u^2)^2 + (2\zeta u)^2]^{-\frac{1}{2}} = 0$$

$$-\frac{1}{2}[(1-u^2)^2 + (2\zeta u)^2]^{\frac{-3}{2}}[2(1-u^2)(-2u) + 2(2\zeta u)2\zeta] = 0$$

即 $-4u(1-u^2) + 8\zeta^2 u = 0$

$\quad -4u[(1-u^2) - 2\zeta^2] = 0$

故 $u_p = 0$ 或 $u_p = \sqrt{1 - 2\zeta^2}$

選擇 $\omega_p = \omega_n\sqrt{1 - 2\zeta^2}$ $\left(因為 u = \dfrac{\omega}{\omega_n}\right)$

$\quad$ 共振頻率 $\omega_p = \omega_n\sqrt{1 - 2\zeta^2}$ $\quad (0 < \zeta < 0.707)$

當 $\omega_p = \omega_n \sqrt{1 - 2\zeta^2}$ 時

有尖峰共振 $M_p = \dfrac{1}{\sqrt{(1 - u^2)^2 + (2\zeta u)^2}} \Bigg|_{u = u_p = \sqrt{1 - 2\zeta^2}}$

整理得

$$尖峰共振 M_p = \frac{1}{2\zeta \sqrt{1 - \zeta^2}} \, , \, (0 < \zeta < 0.707)$$

2. 頻帶寬度 B.W.

$$|\, M(ju) \,| = \frac{1}{\sqrt{(1 - u^2)^2 + (2\zeta u)^2}}$$

因 $u = \dfrac{\omega}{\omega_n}$ ，當 $\omega = 0$ 時，$u = 0$

故 $|\, M(ju) \,| = \dfrac{1}{\sqrt{(1 - u^2)^2 + (2\zeta u)^2}} \Bigg|_{u = 0} \Rightarrow |\, M(j0) \,| = 1$

依頻帶寬度的定義

$$|\, M(ju) \,| = \frac{1}{\sqrt{(1 - u^2)^2 + (2\zeta u)^2}} = 0.707 \, |\, M(j0) \,|$$

即 $\dfrac{1}{\sqrt{(1 - u^2)^2 + (2\zeta u)^2}} = \dfrac{1}{\sqrt{2}} \times 1$

$(1 - u^2)^2 + (2\zeta u)^2 = 2$

$u^4 - 2u^2 + 1 + 4\zeta^2 u^2 = 2$

$u^4 - 2(1 - 2\zeta^2)u^2 - 1 = 0$

$u^2 = (1 - 2\zeta^2) \pm \sqrt{(1 - 2\zeta^2)^2 + 1}$

選擇 $u = [(1 - 2\zeta^2) + \sqrt{4\zeta^4 - 4\zeta^2 + 2}]^{\frac{1}{2}}$

即頻帶寬度 $\text{B.W.} = \omega_n \sqrt{(1 - 2\zeta^2) + \sqrt{4\zeta^4 - 4\zeta^2 + 2}}$

附錄 **H**　矩陣的表示及其運算法則

一、矩陣

$$\mathbf{A} = \begin{bmatrix} a_{11} & a_{12} & \cdots & a_{1n} \\ a_{21} & a_{22} & \cdots & a_{2n} \\ \vdots & & & \\ a_{m1} & a_{m2} & \cdots\cdots & a_{mn} \end{bmatrix}_{(m \times n) \cdots m \,列\, n \,行的(m \times n)矩陣}$$

　　當$m = n$時，則矩陣$\mathbf{A}$稱為方矩陣，階數為m。

二、矩陣的種類

1.　列矩陣(row matrix)：由一列元素組成的矩陣

2.　行矩陣(column matrix)：由一行元素組成的矩陣。

3.　方矩陣(square matrix)：列數與行數相同的矩陣。

4.　對角矩陣(diagonal matrix)：在方矩陣中，不在主對角線上的元素均為零的矩陣。

5.　單位矩陣(unit matrix)：在對角矩陣中，主對角線上的元素均為1的矩陣。

6.　轉置矩陣(transpose matrix)：將一矩陣的行、列互換所得的另一矩陣。此二矩陣互稱為對方的轉置矩陣。

名稱	列矩陣	行矩陣	方矩陣	對角矩陣	單位矩陣	轉置矩陣
範例	$\begin{bmatrix} 1 & 2 & 3 & \cdots & 8 \end{bmatrix}$	$\begin{bmatrix} 1 \\ 2 \\ 3 \\ \vdots \\ 8 \end{bmatrix}$	$\begin{bmatrix} 1 & 2 & 3 \\ 4 & 5 & 6 \\ 3 & 5 & 2 \end{bmatrix}$	$\begin{bmatrix} 2 & 0 & 0 \\ 0 & 3 & 0 \\ 0 & 0 & 8 \end{bmatrix}$	$\begin{bmatrix} 1 & 0 & 0 \\ 0 & 1 & 0 \\ 0 & 0 & 1 \end{bmatrix}$	$\begin{bmatrix} 1 & 2 & 3 \\ 4 & 5 & 6 \end{bmatrix}^T = \begin{bmatrix} 1 & 4 \\ 2 & 5 \\ 3 & 6 \end{bmatrix}$

三、矩陣的運算

1.　加減法

　　　　需二個矩陣的維度相同時，方可進行加、減法運算；其運算原則為對應的元素做相加、減。

　　如 $\begin{bmatrix} 1 & 2 \\ 3 & 4 \end{bmatrix} \pm \begin{bmatrix} 5 & 6 \\ 7 & 8 \end{bmatrix} = \begin{bmatrix} 1 \pm 5 & 2 \pm 6 \\ 3 \pm 7 & 4 \pm 8 \end{bmatrix}$

2. 乘法

(1) 乘一常係數K：$K\mathbf{A}_{m \times n} = [Ka_{ij}]$

(2) 二矩陣$\mathbf{A}$與$\mathbf{B}$相乘時，需矩陣$\mathbf{A}$的行數等於矩陣$\mathbf{B}$的列數時方可運算。

$$\mathbf{AB} = \begin{bmatrix} 1 & 2 & 3 \\ 4 & 5 & 6 \end{bmatrix} \begin{bmatrix} 7 & 10 \\ 8 & 11 \\ 9 & 12 \end{bmatrix} = \begin{bmatrix} 1 \times 7 + 2 \times 8 + 3 \times 9 & 1 \times 10 + 2 \times 11 + 3 \times 12 \\ 4 \times 7 + 5 \times 8 + 6 \times 9 & 4 \times 10 + 5 \times 11 + 6 \times 12 \end{bmatrix}$$

3. 方矩陣的行列式(determinant)值

方矩陣$\mathbf{A}$的行列式值以$\det \mathbf{A}$或$|\mathbf{A}|$表示。

$$\mathbf{A} = \begin{bmatrix} a_{11} & a_{12} \\ a_{21} & a_{22} \end{bmatrix} \rightarrow \det \mathbf{A} = \det \begin{bmatrix} a_{11} & a_{12} \\ a_{21} & a_{22} \end{bmatrix} = a_{11}a_{22} - a_{21}a_{12}$$

$$\mathbf{A} = \begin{bmatrix} a_{11} & a_{12} & a_{13} \\ a_{21} & a_{22} & a_{23} \\ a_{31} & a_{32} & a_{33} \end{bmatrix} \rightarrow \det \mathbf{A} = \det \begin{bmatrix} a_{11} & a_{12} & a_{13} \\ a_{21} & a_{22} & a_{23} \\ a_{31} & a_{32} & a_{33} \end{bmatrix}$$

$$= a_{11} \begin{vmatrix} a_{22} & a_{23} \\ a_{32} & a_{33} \end{vmatrix} - a_{21} \begin{vmatrix} a_{12} & a_{13} \\ a_{32} & a_{33} \end{vmatrix} + a_{31} \begin{vmatrix} a_{12} & a_{13} \\ a_{22} & a_{23} \end{vmatrix}$$

註：$\det \mathbf{A} \neq 0$，稱矩陣$\mathbf{A}$爲非奇異矩陣(nonsingular matrix)

$\det \mathbf{A} = 0$，稱矩陣$\mathbf{A}$爲奇異矩陣(singular matrix)

4. 反矩陣(inverse matrix)：方矩陣$\mathbf{A}$的反矩陣表示成$\mathbf{A}^{-1}$，其會滿足

$$\mathbf{AA}^{-1} = \mathbf{A}^{-1}\mathbf{A} = \mathbf{I}(單位矩陣)$$

(1) 若$\mathbf{A}$的反矩陣存在，需$\det \mathbf{A} \neq 0$

$$\mathbf{A}^{-1} = \frac{\text{adj}\mathbf{A}}{\det \mathbf{A}}$$

(2) 矩陣元素的餘因子$\mathbf{A}_{ij}$

元素a_{ij}的餘因子表示成$\mathbf{A}_{ij}$，將矩陣$\mathbf{A}$的第i列第j行元素消去所得餘矩陣之行列式值再乘$(-1)^{i+j}$

(3) 伴隨矩陣

將矩陣$\mathbf{A}$的每個元素的餘因子所組成的矩陣再轉置，表示成$[\mathbf{A}_{ij}]^T = \text{adj}\mathbf{A}$

5.　秩(rank)

若矩陣$\mathbf{A}$的維度爲$(m{\times}n)$，若存在一個(至少有一個)r階的子方陣的行列式值不爲零，而其所有的$(r+1)$階子方陣的行列式值均爲零，則稱矩陣$\mathbf{A}$的秩爲r，以 $\text{Rank}(\mathbf{A})=r$表示。

四、運算性質

結合律

$$(\mathbf{A}+\mathbf{B})+\mathbf{C}=\mathbf{A}+(\mathbf{B}+\mathbf{C})$$

$$(\mathbf{AB})\mathbf{C}=\mathbf{A}(\mathbf{BC})$$

交換律

$$\mathbf{A}+\mathbf{B}=\mathbf{B}+\mathbf{A}$$

$$K\mathbf{A}=\mathbf{A}K$$

分配律

$$K(\mathbf{A}+\mathbf{B})=K\mathbf{A}+K\mathbf{B}$$

$$\mathbf{A}(\mathbf{B}+\mathbf{C})=\mathbf{AB}+\mathbf{AC}$$

【例1】　矩陣$\mathbf{A}=\begin{bmatrix}1&3&2\\2&6&4\end{bmatrix}$，$\mathbf{B}=\begin{bmatrix}2&0&1\\3&1&2\end{bmatrix}$，$\mathbf{C}=\begin{bmatrix}1&3\\0&1\\1&2\end{bmatrix}$

試求：(1)$2\mathbf{A}-\mathbf{B}$　(2)$\mathbf{AB}$　(3)$\mathbf{AC}$　(4) rank $\mathbf{A}$　(5) rank $\mathbf{B}$

解：(1)$2\mathbf{A}-\mathbf{B}=2\begin{bmatrix}1&3&2\\2&6&4\end{bmatrix}-\begin{bmatrix}2&0&1\\3&1&2\end{bmatrix}=\begin{bmatrix}2&6&4\\4&12&8\end{bmatrix}-\begin{bmatrix}2&0&1\\3&1&2\end{bmatrix}$

$$=\begin{bmatrix}2-2&6-0&4-1\\4-3&12-1&8-2\end{bmatrix}=\begin{bmatrix}0&6&3\\1&11&6\end{bmatrix}$$

(2)$\mathbf{AB}=\begin{bmatrix}1&3&2\\2&6&4\end{bmatrix}\begin{bmatrix}2&0&1\\3&1&2\end{bmatrix}$(無法相乘)

(3)$\mathbf{AC}=\begin{bmatrix}1&3&2\\2&6&4\end{bmatrix}\begin{bmatrix}1&3\\0&1\\1&2\end{bmatrix}=\begin{bmatrix}1\times1+3\times0+2\times1&1\times3+3\times1+2\times2\\2\times1+6\times0+4\times1&2\times3+6\times1+4\times2\end{bmatrix}=\begin{bmatrix}3&10\\6&20\end{bmatrix}$

(4) $\begin{vmatrix} 1 & 3 \\ 2 & 6 \end{vmatrix} = 0$ ， $\begin{vmatrix} 1 & 2 \\ 2 & 4 \end{vmatrix} = 0$ ， $\begin{vmatrix} 3 & 2 \\ 6 & 4 \end{vmatrix} = 0$ ， $\begin{vmatrix} 1 \end{vmatrix} \neq 0$ ，故 $\mathrm{rank}\begin{bmatrix} 1 & 3 & 2 \\ 2 & 6 & 4 \end{bmatrix} = 1$

(5) $\begin{vmatrix} 2 & 0 \\ 3 & 1 \end{vmatrix} \neq 0$ ，　故 $\mathrm{rank}\begin{bmatrix} 2 & 0 & 1 \\ 3 & 1 & 2 \end{bmatrix} = 2$

【例 2】 若 $\mathbf{A} = \begin{bmatrix} 1 & 1 & 1 \\ 3 & 0 & 0 \\ 1 & 1 & 2 \end{bmatrix}$ ， $\mathbf{B} = \begin{bmatrix} 1 & 0 & 1 \\ 2 & 1 & 8 \\ 3 & 0 & 4 \end{bmatrix}$ ，試求其行列值： $\det(2\mathbf{AB}) = ?$

　　　(A)-3　(B)6　(C)-6　(D)-24 。　　　　　　　　　　【86 二技電機】

解： $\det(2\mathbf{AB}) = \det\left(2\begin{bmatrix} 1 & 1 & 1 \\ 3 & 0 & 0 \\ 1 & 1 & 2 \end{bmatrix}\begin{bmatrix} 1 & 0 & 1 \\ 2 & 1 & 8 \\ 3 & 0 & 4 \end{bmatrix}\right)$

$$= 2^3 \det\begin{bmatrix} 6 & 1 & 13 \\ 3 & 0 & 3 \\ 9 & 1 & 17 \end{bmatrix}$$

$$= 8\left(6\begin{vmatrix} 0 & 3 \\ 1 & 17 \end{vmatrix} - 3\begin{vmatrix} 1 & 13 \\ 1 & 17 \end{vmatrix} + 9\begin{vmatrix} 1 & 13 \\ 0 & 3 \end{vmatrix}\right)$$

$$= 8(-18 - 12 + 27) = -24$$

　　　答：(D)

【例 3】 試求下列各小題的反矩陣

　　(1)$\mathbf{A} = \begin{bmatrix} 7 & 4 \\ 5 & 3 \end{bmatrix}$　(2)$\mathbf{A} = \begin{bmatrix} 3 & -2 & 1 \\ -2 & 6 & 4 \\ 1 & 4 & 8 \end{bmatrix}$　(3)$\mathbf{A} = \begin{bmatrix} 1 & 3 & 0 & 0 & 0 \\ 2 & 8 & 0 & 0 & 0 \\ 0 & 0 & 1 & 0 & 1 \\ 0 & 0 & 2 & 3 & 2 \\ 0 & 0 & 4 & 1 & 1 \end{bmatrix}$

解： (1) $\mathbf{A}^{-1} = \dfrac{\mathrm{adj}\mathbf{A}}{\det \mathbf{A}}$

$$\det \mathbf{A} = \begin{vmatrix} 7 & 4 \\ 5 & 3 \end{vmatrix} = 21 - 20 = 1$$

$$\mathrm{adj}\mathbf{A} = \begin{bmatrix} 3 & -5 \\ -4 & 7 \end{bmatrix}^{T} = \begin{bmatrix} 3 & -4 \\ -5 & 7 \end{bmatrix}$$

$$\therefore \mathbf{A}^{-1} = \frac{\begin{bmatrix} 3 & -4 \\ -5 & 7 \end{bmatrix}}{1} = \begin{bmatrix} 3 & -4 \\ -5 & 7 \end{bmatrix}$$

(2) $\mathbf{A}^{-1} = \dfrac{\mathrm{adj}\mathbf{A}}{\det \mathbf{A}}$

$$\det \mathbf{A} = \begin{vmatrix} 3 & -2 & 1 \\ -2 & 6 & 4 \\ 1 & 4 & 8 \end{vmatrix}$$

$$= 3\begin{vmatrix} 6 & 4 \\ 4 & 8 \end{vmatrix} + 2\begin{vmatrix} -2 & 1 \\ 4 & 8 \end{vmatrix} + 1\begin{vmatrix} -2 & 1 \\ 6 & 4 \end{vmatrix}$$

$$= 3 \times (48 - 16) + 2 \times (-16 - 4) + 1 \times (-8 - 6)$$

$$= 42$$

$$\mathrm{adj}\mathbf{A} = \begin{bmatrix} \begin{vmatrix} 6 & 4 \\ 4 & 8 \end{vmatrix} & -\begin{vmatrix} -2 & 4 \\ 1 & 8 \end{vmatrix} & \begin{vmatrix} -2 & 6 \\ 1 & 4 \end{vmatrix} \\ -\begin{vmatrix} -2 & 1 \\ 4 & 8 \end{vmatrix} & \begin{vmatrix} 3 & 1 \\ 1 & 8 \end{vmatrix} & -\begin{vmatrix} 3 & -2 \\ 1 & 4 \end{vmatrix} \\ \begin{vmatrix} -2 & 1 \\ 6 & 4 \end{vmatrix} & -\begin{vmatrix} 3 & 1 \\ -2 & 4 \end{vmatrix} & \begin{vmatrix} 3 & -2 \\ -2 & 6 \end{vmatrix} \end{bmatrix}^{T}$$

$$= \begin{bmatrix} 32 & 20 & -14 \\ 20 & 23 & -14 \\ -14 & -14 & 14 \end{bmatrix}$$

$$\mathbf{A}^{-1} = \frac{\mathrm{adj}\mathbf{A}}{\det \mathbf{A}} = \frac{1}{42}\begin{bmatrix} 32 & 20 & -14 \\ 20 & 23 & -14 \\ -14 & -14 & 14 \end{bmatrix}$$

(3)將矩陣 **A** 以分割矩陣 **A**₁₁ 及 **A**₁₂

$$A = \begin{bmatrix} 1 & 3 & 0 & 0 & 0 \\ 2 & 8 & 0 & 0 & 0 \\ \hline 0 & 0 & 1 & 0 & 1 \\ 0 & 0 & 2 & 3 & 2 \\ 0 & 0 & 4 & 1 & 1 \end{bmatrix} = \begin{bmatrix} A_{11} & 0 \\ \hline 0 & A_{22} \end{bmatrix}$$

①求 $\mathbf{A}_{11}^{-1}$

$$\begin{bmatrix} 1 & 3 \\ 2 & 8 \end{bmatrix}^{-1} = \frac{1}{\begin{vmatrix} 1 & 3 \\ 2 & 8 \end{vmatrix}} \begin{bmatrix} 8 & -2 \\ -3 & 1 \end{bmatrix}^T = \frac{1}{2} \begin{bmatrix} 8 & -3 \\ -2 & 1 \end{bmatrix} = \begin{bmatrix} 4 & -\dfrac{3}{2} \\ -1 & \dfrac{1}{2} \end{bmatrix}$$

②求 $\mathbf{A}_{22}^{-1}$

【法一】利用反矩陣公式求解

$$\begin{bmatrix} 1 & 0 & 1 \\ 2 & 3 & 2 \\ 4 & 1 & 1 \end{bmatrix}^{-1}$$

$$= \frac{1}{\Delta} \begin{bmatrix} \begin{vmatrix} 3 & 2 \\ 1 & 1 \end{vmatrix} & -\begin{vmatrix} 2 & 2 \\ 4 & 1 \end{vmatrix} & \begin{vmatrix} 2 & 3 \\ 4 & 1 \end{vmatrix} \\ -\begin{vmatrix} 0 & 1 \\ 1 & 1 \end{vmatrix} & \begin{vmatrix} 1 & 1 \\ 4 & 1 \end{vmatrix} & -\begin{vmatrix} 1 & 0 \\ 4 & 1 \end{vmatrix} \\ \begin{vmatrix} 0 & 1 \\ 3 & 2 \end{vmatrix} & -\begin{vmatrix} 1 & 1 \\ 2 & 2 \end{vmatrix} & \begin{vmatrix} 1 & 0 \\ 2 & 3 \end{vmatrix} \end{bmatrix}^T \cdots ①$$

$$其中 \Delta = \begin{vmatrix} 1 & 0 & 1 \\ 2 & 3 & 2 \\ 4 & 1 & 1 \end{vmatrix} = -9$$

$$故 ① = \frac{1}{-9} \begin{bmatrix} 1 & 1 & -3 \\ 6 & -3 & 0 \\ -10 & -1 & 3 \end{bmatrix}$$

$$= \begin{bmatrix} -\dfrac{1}{9} & -\dfrac{1}{9} & \dfrac{1}{3} \\[3mm] -\dfrac{2}{3} & \dfrac{1}{3} & 0 \\[3mm] \dfrac{10}{9} & \dfrac{1}{9} & -\dfrac{1}{3} \end{bmatrix}$$

【法二】利用擴張矩陣的方法求解

$$\left[\begin{array}{ccc|ccc} 1 & 0 & 1 & 1 & 0 & 0 \\ 2 & 3 & 2 & 0 & 1 & 0 \\ 4 & 1 & 1 & 0 & 0 & 1 \end{array} \right] \xrightarrow[\substack{R1 \times (-4) + R3 \to R3}]{\substack{R1 \times (-2) + R2 \to R2}} \left[\begin{array}{ccc|ccc} 1 & 0 & 1 & 1 & 0 & 0 \\ 0 & 3 & 0 & -2 & 1 & 0 \\ 0 & 1 & -3 & -4 & 0 & 1 \end{array} \right]$$

註：$R1 \times (-2) + R2 \to R2$

表示第一列乘上(-2)與第二列相加置入第二列

$R1 \times (-4) + R3 \to R3$

表示第一列乘上(-4)與第三列相加置入第三列

$$\xrightarrow[\substack{R2 \times (\frac{1}{3}) \to R2}]{\substack{R2 \times (\frac{-1}{3}) + R3 \to R3}} \left[\begin{array}{ccc|ccc} 1 & 0 & 1 & 1 & 0 & 0 \\ 0 & 1 & 0 & \dfrac{-2}{3} & \dfrac{1}{3} & 0 \\ 0 & 0 & -3 & \dfrac{-10}{3} & \dfrac{-1}{3} & 1 \end{array} \right]$$

$$\xrightarrow[\substack{R3 \times (\frac{-1}{3}) \to R3}]{} \left[\begin{array}{ccc|ccc} 1 & 0 & 1 & 1 & 0 & 0 \\ 0 & 1 & 0 & \dfrac{-2}{3} & \dfrac{1}{3} & 0 \\ 0 & 0 & 1 & \dfrac{10}{9} & \dfrac{1}{9} & \dfrac{-1}{3} \end{array} \right]$$

$$\xrightarrow[\substack{R3 \times (-1) + R1 \to R1}]{} \left[\begin{array}{ccc|ccc} 1 & 0 & 0 & \dfrac{-1}{9} & \dfrac{-1}{9} & \dfrac{1}{3} \\ 0 & 1 & 0 & \dfrac{-2}{3} & \dfrac{1}{3} & 0 \\ 0 & 0 & 1 & \dfrac{10}{9} & \dfrac{1}{9} & \dfrac{-1}{3} \end{array} \right]$$

$$故\ A_{22}^{-1}=\begin{bmatrix} 1 & 0 & 1 \\ 2 & 3 & 2 \\ 4 & 1 & 1 \end{bmatrix}^{-1}=\begin{bmatrix} -\dfrac{1}{9} & -\dfrac{1}{9} & \dfrac{1}{3} \\ -\dfrac{2}{3} & \dfrac{1}{3} & 0 \\ \dfrac{10}{9} & \dfrac{1}{9} & -\dfrac{1}{3} \end{bmatrix}$$

③屬於可分割矩陣，左上角為第①小題的部份，右下角為第②小題的部份，將第①、②小題的結果置入即為本題的答案。

$$\begin{bmatrix} 1 & 3 & 0 & 0 & 0 \\ 2 & 8 & 0 & 0 & 0 \\ 0 & 0 & 1 & 0 & 1 \\ 0 & 0 & 2 & 3 & 2 \\ 0 & 0 & 4 & 1 & 1 \end{bmatrix}^{-1}=\begin{bmatrix} 4 & \dfrac{-3}{2} & 0 & 0 & 0 \\ -1 & \dfrac{1}{2} & 0 & 0 & 0 \\ 0 & 0 & \dfrac{-1}{9} & \dfrac{-1}{9} & \dfrac{1}{3} \\ 0 & 0 & \dfrac{-2}{3} & \dfrac{1}{3} & 0 \\ 0 & 0 & \dfrac{10}{9} & \dfrac{1}{9} & \dfrac{-1}{3} \end{bmatrix}$$

【例4】試求下列各小題的秩

$$(1)\begin{bmatrix} 1 & -1 & 3 \\ 2 & 0 & 4 \\ -1 & -3 & 1 \end{bmatrix}\qquad (2)\begin{bmatrix} 1 & 1 & 1 \\ 2 & 2 & 2 \\ -1 & 1 & -3 \\ 1 & 2 & 0 \end{bmatrix}$$

解：(1) $\begin{vmatrix} 1 & -1 & 3 \\ 2 & 0 & 4 \\ -1 & -3 & 1 \end{vmatrix}=0-18+4+2+12=0$

$\begin{vmatrix} 1 & -1 \\ 2 & 0 \end{vmatrix}=2\neq 0$

因為可以找到二階子方陣的行列式值不為零，故矩陣的秩為2。

(2)
$$\begin{bmatrix} 1 & 1 & 1 \\ 2 & 2 & 2 \\ -1 & 1 & -3 \\ 1 & 2 & 0 \end{bmatrix} \rightarrow \begin{bmatrix} 1 & 1 & 1 \\ 0 & 0 & 0 \\ 0 & 2 & -2 \\ 0 & 1 & -1 \end{bmatrix} \begin{matrix} \\ (R1 \times (-2) + R2 \rightarrow R2) \\ (R1 + R3 \rightarrow R3) \\ (R1 \times (-1) + R4 \rightarrow R4) \end{matrix}$$

$$\rightarrow \begin{bmatrix} 1 & 2 & 0 \\ 0 & 0 & 0 \\ 0 & 0 & 0 \\ 0 & 1 & -1 \end{bmatrix} \begin{matrix} (R4 + R1 \rightarrow R1) \\ \\ (R4 \times (-2) + R3 \rightarrow R3) \\ \end{matrix}$$

因為所有(3×3)矩陣均含有零列,故其行列式值均為零

$$\begin{vmatrix} 1 & 2 \\ 0 & 1 \end{vmatrix} = 1 - 0 = 1$$

因為可以找到二階子方陣的行列式值不為零,故矩陣的秩為 2。

附錄 I 特徵向量與特徵值

一、在說明特徵向量與特徵值之前,先強調轉換的觀念,轉換包括有平移、旋轉、
鏡射,這三者均為可移動一物件但不會影響其原物件的大小及形狀。另外可以
使物件在某方向做放大、縮小。在此處僅討論旋轉及放大的觀念。

二、旋轉

在下圖所示x-y平面上的點A的座標為(x_1, y_1),若將座標軸逆時針旋轉θ角度(即新座標軸為$\overline{X}$-$\overline{Y}$平面),
則點A在新的座標平面的表示可解析如下:

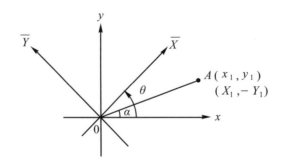

若 $|\overline{OA}| = \sqrt{x_1^2 + y_1^2} = l$

則在 x-y 平面時：

$$x_1 = l\cos\alpha \ , \ y_1 = l\sin\alpha \qquad\qquad\qquad (I\text{-}1)$$

又在 $\overline{X}$-$\overline{Y}$ 平面時若表示成 $(X_1 \ , \ -Y_1)$，則

$$
\begin{aligned}
X_1 &= l\cos(\theta - \alpha) \\
&= l\cos\theta\cos\alpha + l\sin\theta\sin\alpha \\
&= (l\cos\alpha)\cos\theta + (l\sin\alpha)\sin\theta \cdots\cdots 將(I\text{-}1)式代入 \\
&= x_1\cos\theta + y_1\sin\theta \qquad\qquad\qquad (I\text{-}2) \\
-Y_1 &= l\sin(\theta - \alpha) \\
&= l\sin\theta\cos\alpha - l\cos\theta\sin\alpha \\
Y_1 &= -l\sin\theta\cos\alpha + l\cos\theta\sin\alpha \\
&= -(l\cos\alpha)\sin\theta + (l\sin\alpha)\cos\theta \cdots\cdots 將(I\text{-}1)式代入 \\
&= -x_1\sin\theta + y_1\cos\theta \qquad\qquad\qquad (I\text{-}3)
\end{aligned}
$$

將(I-2)、(I-3)式表示成矩陣型式，可得將座標軸旋轉 θ 角度時的座標表示

$$
\begin{bmatrix} X_1 \\ Y_1 \end{bmatrix} =
\begin{bmatrix} \cos\theta & \sin\theta \\ -\sin\theta & \cos\theta \end{bmatrix}
\begin{bmatrix} x_1 \\ y_1 \end{bmatrix}
$$

［新平面座標］＝［旋轉矩陣］［原平面座標］

【例1】

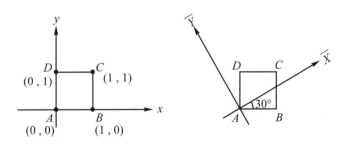

在 x-y 座標平面上的單位正方形，當將座標軸逆時針旋轉 $30°$ 時，得新座標平面 $\overline{X}$-$\overline{Y}$，試求在新座標平面上 A、B、C、D 四點的座標。

解：旋轉矩陣為

$$\begin{bmatrix} \cos 30° & \sin 30° \\ -\sin 30° & \cos 30° \end{bmatrix} = \begin{bmatrix} 0.866 & 0.5 \\ -0.5 & 0.866 \end{bmatrix}$$

A點在新座標平面上的座標為 $\begin{bmatrix} 0.866 & 0.5 \\ -0.5 & 0.866 \end{bmatrix}\begin{bmatrix} 0 \\ 0 \end{bmatrix} = \begin{bmatrix} 0 \\ 0 \end{bmatrix}$

B點在新座標平面上的座標為 $\begin{bmatrix} 0.866 & 0.5 \\ -0.5 & 0.866 \end{bmatrix}\begin{bmatrix} 1 \\ 0 \end{bmatrix} = \begin{bmatrix} 0.866 \\ -0.5 \end{bmatrix}$

C點在新座標平面上的座標為 $\begin{bmatrix} 0.866 & 0.5 \\ -0.5 & 0.866 \end{bmatrix}\begin{bmatrix} 1 \\ 1 \end{bmatrix} = \begin{bmatrix} 1.366 \\ 0.366 \end{bmatrix}$

D點在新座標平面上的座標為 $\begin{bmatrix} 0.866 & 0.5 \\ -0.5 & 0.866 \end{bmatrix}\begin{bmatrix} 0 \\ 1 \end{bmatrix} = \begin{bmatrix} 0.5 \\ 0.866 \end{bmatrix}$

在新座標平面的圖形如

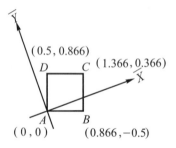

三、放大(縮小)

在x方向放大(縮小)M_x倍，則其放大(縮小)矩陣為 $\mathbf{M} = \begin{bmatrix} M_x & 0 \\ 0 & 1 \end{bmatrix}$

在y方向放大(縮小)M_y倍，則其放大(縮小)矩陣為 $\mathbf{M} = \begin{bmatrix} 1 & 0 \\ 0 & M_y \end{bmatrix}$

若原座標為$(x_1，y_1)$，則經過放大(縮小)後的座標的表示為 $\mathbf{M}\begin{bmatrix} x_1 \\ y_1 \end{bmatrix}$

【例2】試描繪下列各小題的圖形

　　　　(1)在 x 方向放大 3 倍

　　　　(2)在 y 方向放大 2 倍

解：(1)放大矩陣爲 $\mathbf{M} = \begin{bmatrix} 3 & 0 \\ 0 & 1 \end{bmatrix}$

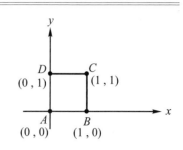

則 A、B、C、D 四點的新座標分別爲

A 點：$\begin{bmatrix} 3 & 0 \\ 0 & 1 \end{bmatrix} \begin{bmatrix} 0 \\ 0 \end{bmatrix} = \begin{bmatrix} 0 \\ 0 \end{bmatrix}$，$B$ 點：$\begin{bmatrix} 3 & 0 \\ 0 & 1 \end{bmatrix} \begin{bmatrix} 1 \\ 0 \end{bmatrix} = \begin{bmatrix} 3 \\ 0 \end{bmatrix}$

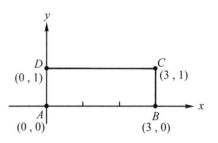

C 點：$\begin{bmatrix} 3 & 0 \\ 0 & 1 \end{bmatrix} \begin{bmatrix} 1 \\ 1 \end{bmatrix} = \begin{bmatrix} 3 \\ 1 \end{bmatrix}$，$D$ 點：$\begin{bmatrix} 3 & 0 \\ 0 & 1 \end{bmatrix} \begin{bmatrix} 0 \\ 1 \end{bmatrix} = \begin{bmatrix} 0 \\ 1 \end{bmatrix}$

其座標圖形如右

(2)放大矩陣爲 $\mathbf{M} = \begin{bmatrix} 1 & 0 \\ 0 & 2 \end{bmatrix}$

則 A、B、C、D 四點的新座標分別爲

A 點：$\begin{bmatrix} 1 & 0 \\ 0 & 2 \end{bmatrix} \begin{bmatrix} 0 \\ 0 \end{bmatrix} = \begin{bmatrix} 0 \\ 0 \end{bmatrix}$，$B$ 點：$\begin{bmatrix} 1 & 0 \\ 0 & 2 \end{bmatrix} \begin{bmatrix} 1 \\ 0 \end{bmatrix} = \begin{bmatrix} 1 \\ 0 \end{bmatrix}$

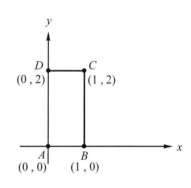

C 點：$\begin{bmatrix} 1 & 0 \\ 0 & 2 \end{bmatrix} \begin{bmatrix} 1 \\ 1 \end{bmatrix} = \begin{bmatrix} 1 \\ 2 \end{bmatrix}$，$D$ 點：$\begin{bmatrix} 1 & 0 \\ 0 & 2 \end{bmatrix} \begin{bmatrix} 0 \\ 1 \end{bmatrix} = \begin{bmatrix} 0 \\ 2 \end{bmatrix}$

其座標圖形如右

四、複合轉換

　　在進入討論特徵值與特徵向量前，先舉有關複合轉換一例，所謂複合轉換即爲同時具有旋轉、放大等的轉換

【例3】試將右圖沿 $y = x$ 的方向放大 2 倍的圖形。

解：沿 $y = x$ 方向，表示將軸旋轉 45°，則其旋轉矩陣爲

$$\begin{bmatrix} \cos 45° & \sin 45° \\ -\sin 45° & \cos 45° \end{bmatrix} = \begin{bmatrix} \dfrac{1}{\sqrt{2}} & \dfrac{1}{\sqrt{2}} \\ \dfrac{-1}{\sqrt{2}} & \dfrac{1}{\sqrt{2}} \end{bmatrix}$$

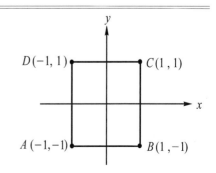

沿 $y = x$ 方向放大 2 倍，若座標軸已旋轉 45° 時，則表示朝新座標軸的 x 方向放大 2 倍，則

其放大矩陣為 $\begin{bmatrix} 2 & 0 \\ 0 & 1 \end{bmatrix}$

又需將其轉為原來的座標系統，即將軸旋轉(− 45°)，則其

旋轉矩陣為 $\begin{bmatrix} \cos(-45°) & \sin(-45°) \\ -\sin(-45°) & \cos(-45°) \end{bmatrix} = \begin{bmatrix} \dfrac{1}{\sqrt{2}} & \dfrac{-1}{\sqrt{2}} \\ \dfrac{1}{\sqrt{2}} & \dfrac{1}{\sqrt{2}} \end{bmatrix}$

將上述的三個矩陣整合，可得出完整的轉換矩陣為

$$\begin{bmatrix} \dfrac{1}{\sqrt{2}} & \dfrac{-1}{\sqrt{2}} \\ \dfrac{1}{\sqrt{2}} & \dfrac{1}{\sqrt{2}} \end{bmatrix} \begin{bmatrix} 2 & 0 \\ 0 & 1 \end{bmatrix} \begin{bmatrix} \dfrac{1}{\sqrt{2}} & \dfrac{1}{\sqrt{2}} \\ \dfrac{-1}{\sqrt{2}} & \dfrac{1}{\sqrt{2}} \end{bmatrix} = \begin{bmatrix} \dfrac{3}{2} & \dfrac{1}{2} \\ \dfrac{1}{2} & \dfrac{3}{2} \end{bmatrix}$$

則 A、B、C、D 四點在完成上述運算後的位置座標分別為

A 點：$\begin{bmatrix} \dfrac{3}{2} & \dfrac{1}{2} \\ \dfrac{1}{2} & \dfrac{3}{2} \end{bmatrix} \begin{bmatrix} -1 \\ -1 \end{bmatrix} = \begin{bmatrix} -2 \\ -2 \end{bmatrix}$，$B$ 點：$\begin{bmatrix} \dfrac{3}{2} & \dfrac{1}{2} \\ \dfrac{1}{2} & \dfrac{3}{2} \end{bmatrix} \begin{bmatrix} 1 \\ -1 \end{bmatrix} = \begin{bmatrix} 1 \\ -1 \end{bmatrix}$

C 點：$\begin{bmatrix} \dfrac{3}{2} & \dfrac{1}{2} \\ \dfrac{1}{2} & \dfrac{3}{2} \end{bmatrix} \begin{bmatrix} 1 \\ 1 \end{bmatrix} = \begin{bmatrix} 2 \\ 2 \end{bmatrix}$

D 點：$\begin{bmatrix} \dfrac{3}{2} & \dfrac{1}{2} \\ \dfrac{1}{2} & \dfrac{3}{2} \end{bmatrix} \begin{bmatrix} -1 \\ 1 \end{bmatrix} = \begin{bmatrix} -1 \\ 1 \end{bmatrix}$

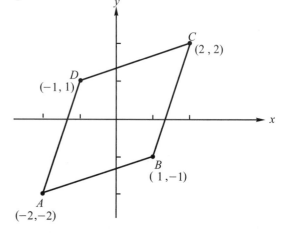

可得新的座標圖形如右。

觀察上圖可知，在 $x = y$ 的方向上已被放大

2 倍，而在 $y = -x$ 的方向上則並未改變，其形狀像一只菱形。

五、特徵值與特徵向量

1.　由上面的例 3 的結果可看出在沿 $y = x$ 的方向上可放大 2 倍，在沿 $y = -x$ 的方向上並未

　　改變，亦即在方向為 $(1, 1)$ 上的任何點經過轉換矩陣

$$\begin{bmatrix} \dfrac{3}{2} & \dfrac{1}{2} \\[2mm] \dfrac{1}{2} & \dfrac{3}{2} \end{bmatrix}$$

　　的運算後，都會被放大 2 倍，在方向為 $(-1，1)$ 上的任何點經過上述矩陣的運算是不
　　會改變其值，至於其它方向的點經過上述矩陣運算後則會有混合的效果。

2. 現在將問題顛倒過來考慮，如果已知轉換矩陣(假設為矩陣A)，則應如何得知其在哪
　　個方向做比例的改變，下面就要來說明如何來求出此方向及比例常數。我們可假設一
　　個向量V，將其乘以矩陣A後，其所得結果具有比例常數為λ，亦即滿足

$$AV = \lambda V$$

　　所求得的λ及V稱為矩陣A的特徵值與特徵向量。

3. 利用前面的例子來解出特徵值及特徵向量，並說明其結果的意義並與例 3 做比較。

【例 4】　已知矩陣 $A = \begin{bmatrix} \dfrac{3}{2} & \dfrac{1}{2} \\[2mm] \dfrac{1}{2} & \dfrac{3}{2} \end{bmatrix}$ ，若其滿足 $AV = \lambda V$ ，試求特徵值λ及特徵向量V。

解：$AV = \lambda V \Leftrightarrow AV - \lambda V = 0$

$$\Leftrightarrow (A - \lambda I)V = 0$$

$$\Leftrightarrow \left(\begin{bmatrix} \dfrac{3}{2} & \dfrac{1}{2} \\[2mm] \dfrac{1}{2} & \dfrac{3}{2} \end{bmatrix} - \lambda \begin{bmatrix} 1 & 0 \\ 0 & 1 \end{bmatrix} \right) V = 0$$

$$\Leftrightarrow \begin{bmatrix} \dfrac{3}{2} - \lambda & \dfrac{1}{2} \\[2mm] \dfrac{1}{2} & \dfrac{3}{2} - \lambda \end{bmatrix} V = \begin{bmatrix} 0 \\ 0 \end{bmatrix}$$

令 $V = \begin{bmatrix} x \\ y \end{bmatrix}$ ，代入上式可得

$$\begin{bmatrix} \dfrac{3}{2}-\lambda & \dfrac{1}{2} \\[3mm] \dfrac{1}{2} & \dfrac{3}{2}-\lambda \end{bmatrix}\begin{bmatrix} x \\ y \end{bmatrix}=\begin{bmatrix} 0 \\ 0 \end{bmatrix}, \qquad 即\left(\dfrac{3}{2}-\lambda\right)x+\dfrac{1}{2}y=0$$

$$\dfrac{1}{2}x+\left(\dfrac{3}{2}-\lambda\right)y=0$$

解得 $x=0$，$y=0$(無效解)，這不是我們想要的答案。

因為要找一個方向，使在這個方向上的點，經過此矩陣運算後可以做比例的改變。換句話說就是要找到一條線的解答，亦即此方程組要有無限多組解，故

$$\begin{vmatrix} \dfrac{3}{2}-\lambda & \dfrac{1}{2} \\[3mm] \dfrac{1}{2} & \dfrac{3}{2}-\lambda \end{vmatrix}=0 \Rightarrow \left(\dfrac{3}{2}-\lambda\right)\left(\dfrac{3}{2}-\lambda\right)-\dfrac{1}{4}=0$$

$\lambda^2-3\lambda+2=0$，$(\lambda-1)(\lambda-2)=0$

$\Leftrightarrow \lambda=1$ 或 $\lambda=2$

即矩陣 $\mathbf{A}$ 的特徵值為 1 及 2。

下面求相對應於特徵值的特徵向量，先代入方程組

當 $\lambda=2$ 時，$\begin{cases} \dfrac{-1}{2}x+\dfrac{1}{2}y=0 \\[3mm] \dfrac{1}{2}x-\dfrac{1}{2}y=0 \end{cases}$ （相依方程組）

即 $x=y$，表示在 $x=y$ 方向上的任何點，當乘以矩陣 $\mathbf{A}$ 時，會被放大 2 倍(因為 $\lambda=2$)。又特徵向量代表著方向，因為 $x=y$，故特徵向量可表示成$(1，1)$。亦即在$(1，1)$方向上的任何點，當乘以矩陣 $\mathbf{A}$ 時會被放大 2 倍。

當 $\lambda=1$ 時，$\begin{cases} \dfrac{1}{2}x+\dfrac{1}{2}y=0 \\[3mm] \dfrac{1}{2}x+\dfrac{1}{2}y=0 \end{cases}$ （相依方程組）

即 $x=-y$，表示在 $x=-y$ 方向上的任何點，當乘以矩陣 $\mathbf{A}$ 時，會被放大 1 倍(即保持不變，因為 $\lambda=1$)。其特徵向量可表示成$(1，-1)$。

結論

求矩陣 $\mathbf{A}$ 的特徵值與特徵向量的方法。

1. 利用特徵方程式 $|\lambda\mathbf{I}-\mathbf{A}|=0$，求解特徵值。
2. 由上述求得的 λ 值，代入 $(\lambda\mathbf{I}-\mathbf{A})\mathbf{V}=0$，可求得特徵向量 $\mathbf{V}$。

參考書目

1. 張宏，王振華　二技自動控制，超級科技
2. 王錦銘　控制系統解析，超級科技
3. 王錦銘　信號與線性系統解析，超級科技
4. 江達　控制系統應試寶典，超級科技
5. 黃智明，金強　二技自動控制題型寶典，維科
6. 潘純新　自動控制，全華科技
7. 謝柄麟，蔡春益　自動控制，全華科技
8. 林崧銘　自動控制數學突破，全華科技
9. 曾強　自動控制，全華科技
10. 陸家樑　自動控制系統，全華科技
11. 吳煥文，張朝棋　自動控制工程，全華科技
12. 黃學亮　線性代數——基礎問題集，全華科技
13. 李宜達　控制系統設計模擬，使用 MATLAB/SIMULINK，全華科技
14. 鍾明吉，陳維芳，劉永欽　自動控制，復文
15. 陳榮良　自動控制，復文
16. 張振添　自動控制，大揚
17. 周瑞雄，李文寶　工程數學，大揚
18. 童景賢，陳育堂，藍天雄　自動控制概論，全威
19. 林俊良，劉煥彩，蘇懷文　自動控制精義，全威
20. 葉榮木，自動控制—visual Basic 輔助分析與設計，松崗
21. 楊受陞，江東昇　自動控制，儒林
22. 鄒宏基，陳自雄　自動控制，儒林
23. 江山，楊受陞　研究所高考自動控制系統，儒林
24. 陳朝光，陳介力，楊錫凱　自動控制，高立

25.　林立，自動控制總整理，高立

26.　陳安溪　自動控制，高立

27.　王正男，張培華，陳明賢譯　自動控制，高立

28.　陳楳三，曾逸　工程數學，高立

29.　柴雲清　自動控制，文京

30.　陳鴻誠，洪清寶　自動控制，文京

31.　張碩，張益　自動控制系統分類題庫，鼎茂

32.　黃永達譯　信號與線性系統解析，東華

33.　莊紹容，楊精松　高等工程數學，東華

34.　黃漢邦譯　自動控制系統，東華

35.　李安財，謝振中　自動控制問題綜合研究與解析，東華

36.　洪清寶，白能勝，王孟輝，段秋庚譯　控制系統工程，滄海

37.　黃英哲　自動控制，五南

38.　黃英哲　頻域控制系統，五南

39.　盧伯英譯　自動控制，北京科學出版社

40.　劉柄麟，蔡春益　自動控制，全華

41.　丁紅，李學軍　自動控制原理，北京大學出版社

42.　黃中彥　基礎自動控制，五南

43.　傅鶴齡　自動控制，東華

44.　工業技術研究院機械與機電系統研究所　自動控制系統基礎與應用，五南

45.　Panos J. Antsaklis, and Anthony N. Michel, Linear System. McGraw Hill, 1998.

46.　John Van De Vegte, Feedback Control system. Prentice-Hall, 1995.

47.　Richard C. Dorf, Modern Control Systems. Addison-Wesley, 1995.

48.　Stefani, Savant, shahian, and Hostertter, Design of Feedback Control System. Gau Lih, 1994.

49.　I.J. Nagrath, and M. Gopal, Control System Engineering, Wiley Eastern, 1975.

50.　W. Bolton, Control Engineering, Longman Scientific & Technical, 1994。

51.　Chi-Tsong Chen, Analog and Digital Control System Design: Transfer-Function, State-Space, and Algebraic Method, Saunders College publish, 1993。

52.　Kuo, Benjamin C., Automatic Control System, 7th Edition, Prentice-Hall, 1995。

國家圖書館出版品預行編目資料

自動控制 / 蔡瑞昌, 陳維, 林忠火編著. -- 七版.
-- 新北市 : 全華圖書, 2018.10
面 ； 公分
ISBN 978-986-463-946-5(平裝附光碟片)

1.CST: 自動控制

448.9   107015959

自動控制

作者 / 蔡瑞昌、陳維、林忠火

發行人 / 陳本源

執行編輯 / 張峻銘

出版者 / 全華圖書股份有限公司

郵政帳號 / 0100836-1 號

印刷者 / 宏懋打字印刷股份有限公司

圖書編號 / 03754067

七版五刷 / 2022 年 05 月

定價 / 新台幣 550 元

ISBN / 978-986-463-946-5 (平裝附光碟)

全華圖書 / www.chwa.com.tw

全華網路書店 Open Tech / www.opentech.com.tw

若您對本書有任何問題，歡迎來信指導 book@chwa.com.tw

臺北總公司(北區營業處)
地址：23671 新北市土城區忠義路 21 號
電話：(02) 2262-5666
傳真：(02) 6637-3695、6637-3696

南區營業處
地址：80769 高雄市三民區應安街 12 號
電話：(07) 381-1377
傳真：(07) 862-5562

中區營業處
地址：40256 臺中市南區樹義一巷 26 號
電話：(04) 2261-8485
傳真：(04) 3600-9806(高中職)
　　　(04) 3601-8600(大專)

（請由此線剪下）

歡迎加入 全華會員

● 會員獨享

會員享購書折扣、紅利積點、生日禮金、不定期優惠活動…等。

● 如何加入會員

填妥讀者回函卡寄回，將由專人協助登入會員資料，待收到E-MAIL通知後即可成為會員。

如何購買 全華書籍

1. 網路購書

全華網路書店「http://www.opentech.com.tw」，加入會員購書更便利，並享有紅利積點回饋等各式優惠。

2. 全華門市、全省書局

歡迎至全華門市（新北市土城區忠義路21號）或全省各大書局、連鎖書店選購。

3. 來電訂購

(1) 訂購專線：(02) 2262-5666 轉 321-324
(2) 傳真專線：(02) 6637-3696
(3) 郵局劃撥（帳號：0100836-1　戶名：全華圖書股份有限公司）
※ 購書未滿一千元者，酌收運費 70 元。

OpenTech.com.tw 全華網路書店

全華網路書店 www.opentech.com.tw
E-mail: service@chwa.com.tw

※ 本會員制如有變更則以最新修訂制度為準，造成不便請見諒。

（請由此線撕下）

讀者回函卡

全華網路書店 http://www.opentech.com.tw
客服信箱 service@chwa.com.tw
2011.03 修訂

填寫日期： / /

姓名： 生日：西元 年 月 日 性別：□男 □女

電話：（ ） 傳真：（ ） 手機：

e-mail：（必填）

註：數字零，請用 Φ 表示，數字 1 與英文 L 請另註明並書寫端正，謝謝。

通訊處：□□□□□

學歷：□博士 □碩士 □大學 □專科 □高中・職

職業：□工程師 □教師 □學生 □軍・公 □其他

學校/公司： 科系/部門：

· 需求書類：

□A. 電子 □B. 電機 □C. 計算機工程 □D. 資訊 □E. 機械 □F. 汽車 □I. 工管 □J. 土木

□K. 化工 □L. 設計 □M. 商管 □N. 日文 □O. 美容 □P. 休閒 □Q. 餐飲 □B. 其他

· 本次購買圖書為： 書號：

· 您對本書的評價：

封面設計：□非常滿意 □滿意 □尚可 □需改善，請說明

內容表達：□非常滿意 □滿意 □尚可 □需改善，請說明

版面編排：□非常滿意 □滿意 □尚可 □需改善，請說明

印刷品質：□非常滿意 □滿意 □尚可 □需改善，請說明

書籍定價：□非常滿意 □滿意 □尚可 □需改善，請說明

整體評價：請說明

· 您在何處購買本書？

□書局 □網路書店 □書展 □團購 □其他

· 您購買本書的原因？（可複選）

□個人需要 □公司採購 □親友推薦 □老師指定之課本 □其他

· 您希望全華以何種方式提供出版訊息及特惠活動？

□電子報 □DM □廣告 （媒體名稱 ）

· 您是否上過全華網路書店？（www.opentech.com.tw）

□是 □否 您的建議

· 您希望全華出版那方面書籍？

· 您希望全華加強那些服務？

~感謝您提供寶貴意見，全華將秉持服務的熱忱，出版更多好書，以饗讀者。

親愛的讀者：

感謝您對全華圖書的支持與愛護，雖然我們很慎重的處理每一本書，但恐仍有疏漏之處，若您發現本書有任何錯誤，請填寫於勘誤表內寄回，我們將於再版時修正，您的批評與指教是我們進步的原動力，謝謝！

全華圖書 敬上

勘　誤　表

頁　數	行　數	書　　名		書　號
		錯誤或不當之詞句	建議修改之詞句	作　者

我有話要說：　（其它之批評與建議，如封面、編排、內容、印刷品質等・・・）